クロスセクショナル統計シリーズ
4

ここから始める言語学プラス統計分析

小泉政利
［編著］

照井伸彦・小谷元子・赤間陽二・花輪公雄
［編］

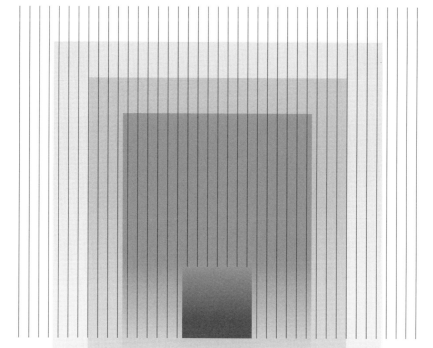

共立出版

本シリーズの刊行にあたって

　現代社会では，各種センサーによるデータがネットワークを経由して収集・アーカイブされることにより，データの量と種類とが爆発的と表現できるほど急激に増加している．このデータを取り巻く環境の劇変を背景として，学問領域では既存理論の検証や新理論の構築のための分析手法が格段に進展し，実務（応用）領域においては政策評価や行動予測のための分析が従来にも増して重要になってきている．その共通の方法が統計学である．

　さらに，コンピュータの発達とともに計算環境がより一層身近なものとなり，高度な統計分析手法が机の上で手軽に実行できるようになったことも現代社会の特徴である．これら多様な分析手法を適切に使いこなすためには，統計的方法の性質を理解したうえで，分析目的に応じた手法を選択・適用し，なおかつその結果を正しく解釈しなければならない．

　本シリーズでは，統計学の考え方や各種分析方法の基礎理論からはじめ，さまざまな分野で行われている最新の統計分析を領域横断的—クロスセクショナル—に鳥瞰する．各々の学問分野で取り上げられている「統計学」を論ずることは，統計分析の理解や経験を深めるばかりでなく，対象に関する異なる視点の獲得や理論・分析法の新しい組合せの発見など，学際的研究の広がりも期待できるものとなろう．

　本シリーズの執筆陣には，東北大学において教育研究に携わる研究者を中心として配置した．すなわち，読者層を共通に想定しながら総合大学の利点を生かしたクロスセクショナルなチーム編成をとっている点が本シリーズを特徴づけている．

　また，本シリーズでは，統計学の基礎から最先端の理論や適用例まで，幅広

く扱っていることも特徴的である．さまざまな経験と興味を持つ読者の方々に，本シリーズをお届けしたい．そして「クロスセクショナル統計」を楽しんでいただけることを，編集委員一同願っている．

編集委員会　　照井 伸彦
　　　　　　　小谷 元子
　　　　　　　赤間 陽二
　　　　　　　花輪 公雄

はじめに

　筆者が通っていた小学校には「旅行クラブ」というクラブがあった．といっても小学校のことであるから，実際に旅行をするクラブではなく，旅行の計画を立てるクラブである．日本各地のことを調べ，時刻表片手に，いつどこにどうやって行って何をするかを考えて楽しむのである．今でもそのクラブが続いているとしたら，きっと国内旅行だけでなく海外旅行も視野に入っていることだろう．飛行機で仙台から成田経由でパリに行き，美術館を巡ってから，電車でベルサイユに移動して，宮殿を見学し庭園を散策する．新幹線で東京に出て，羽田から直行便でボストンに飛び，メジャーリーグ・ベースボールの試合（もちろん，レッドソックス vs. ヤンキース）を観戦する．あるいは，船でガラパゴス諸島を巡りダーウィンの興奮を追体験する，などなど，考えただけでわくわくする計画を立てているかもしれない．本書は，言葉の世界の旅行クラブに皆さんを誘うガイドブックである．

　第Ⅰ部（第1〜6章）では，言葉の世界を言語の単位（音，単語，文など）ごとに分けて紹介している．世界各地を地理的にアジア，アフリカ，などと分割して概観するようなものだろうか．第Ⅰ部各章の前半は，その章で取り上げる言語単位について誰もが知っておくべき基礎事項を解説している．旅行ガイドブックでいえば，文化や気候，通貨，食事，主な見どころなどについての説明にあたる．第5章を除く各章の後半では，その言語単位についての具体的な研究事例が2例ずつ紹介してある．すでにその地域を旅した人の旅行記を読むような気分で楽しんでいただきたい．研究事例には，交通手段や宿泊施設（研究手法や統計分析）についての紹介とともに，「ボストンに行ったら，もちろんクラムチャウダーとロブスターは外せないけど，小さな中華料理店のホット・アンド・サワー・スープもぜひ試してほしい」といった通好みの情報（興味深い

言語現象など）も盛り込まれている．

　第Ⅱ部（第7～12章）では，言葉の世界を運用の観点から分類し，解説している．美術館巡りやトレッキング，ビーチ・リゾートなど，目的別旅行先の分類に相当するであろうか．第Ⅱ部の各章も，前半で基礎知識を身に付け，後半でより実践的な事例に触れられるような構成になっている．

　本物の旅で行きたいところに行き，やりたいことをやるには交通手段や宿泊施設の選択が重要である．言葉の世界の旅（＝言語の科学的研究）においては，調査・実験や統計解析の手法の選択がこれにあたる．言語について何かを検証したいと思った場合，それが検証できる統計分析の手法を選択することが非常に重要である．また，特定の統計分析手法を使うには，調査や実験で得られたデータがその分析手法を適用するための前提条件を満たしていなければならない．換言すれば，使いたい統計分析手法を使えるようなデータを提供してくれる調査・実験の方法やデザインを，あらかじめ選択しておかなければならないということである．言葉の世界の旅を楽しく，かつ実りあるものにするためには，統計分析に関する知識が必要不可欠なのだ．よって，第Ⅰ部と第Ⅱ部の第5章を除く各章の後半では，どのようなことを知りたいときにどのような統計手法を使うとよいのかが例示されている．

　第Ⅲ部（第13～17章）では，言語の研究で有用な統計手法や統計ソフト，ならびにその使い方について，予備知識のない人にもわかりやすいように平易に系統立てて解説してある．本書が一般の言語学入門書と最も異なる点は，この「統計（ソフト）の使い方」の説明に重きを置いているところである．すなわち，ボストンは地ビールのサミュエル・アダムスを飲みながら野球観戦ができて楽しいよと伝えるだけでなく，ボストンの球場（フェンウェイ・パーク）にたどり着くためにはバスよりも地下鉄が便利であることや，球場でサミュエル・アダムスを買うためにはパスポートの提示が必要であることなどを，きちんと説明している．なお，本書で紹介しているのは，あくまで「統計（ソフト）の使い方」（交通手段の選択方法，乗り方など）であり，各統計手法の数学的裏付け（地下鉄の原理，設計など）ではないので注意されたい．後者について学びたい方には，本書とあわせて，本シリーズ第1巻『数理統計学の基礎』（尾畑，2014）をお読みいただきたい．

また第Ⅲ部は，第Ⅰ部や第Ⅱ部と独立して読んでもわかるように書かれている．したがって，第Ⅰ部や第Ⅱ部を読みながら並行して第Ⅲ部を参照するとか，あるいは第Ⅲ部の指示に従って先に統計ソフトの使い方を練習してから第Ⅰ部や第Ⅱ部に取り組むといった利用の仕方も可能である．また，第Ⅰ部と第Ⅱ部の各章は，どの順番で読んでも構わない．ただし，第6章「音韻論」を理解するためには最低限の音声学の予備知識が必要不可欠なので，音声学になじみのない方は第6章の前に第5章「音声学」を読むことをおすすめする．

　なお，第5章を除く各章末には，練習問題とさらに学びたい人のための文献案内がついている．練習問題は，本文を読んでいればすぐに答えられる易しいものから，他の文献にあたったり統計分析などの作業をしたりしなければならないやや高度なものまで，さまざまな種類のものが用意されている．自分の答案ができたら，巻末の「解答の手引き」でチェックしてみよう．

　以上のように，本書はこれから言語学の勉強や研究を始めようという人（たとえば大学の学部生）や，言語学を始めてから日が浅いという人（大学院修士課程の院生など）に，研究計画を立てて楽しめるようになってもらうことを念頭に書かれた入門書である．言葉の世界の旅行クラブに新規入会したつもりでページをめくってほしい．言語学や統計の予備知識が少しでもある「経験者」なら，さらに多くの楽しみを本書から引き出すことができるだろう．

　「実際に旅行に行かないなら，計画だけ立ててもつまらない」という人もいるかもしれない．実は私も小学生の頃にはそう考えて，旅行クラブには入らなかった．しかし，大人になって実際に世界各地を旅してみてわかったことは，「旅行は出発前にわくわくして計画を立てているときが一番楽しい（かも）」ということである．いざ出発すると，現地の空港に荷物が届かなかったり，時差ボケに苦しんだり，スリに財布をとられそうになったりと，結構大変なことが多い．もちろん最終的にはそれらのことも含めてさまざまな経験がプライスレスな思い出になるのだが，計画段階はその重要な一部である．さらに，実際の旅行にはそんなに頻繁に行けないが，計画はいくらでも立てて楽しむことができる．ぜひ，皆さんにも想像の翼を思いっきり広げて言葉の世界の旅行計画を堪能してほしい．そして，これはと思う計画ができたときには，ぜひ実行に移してもらいたい．

残念ながら，本書を読むだけで実施できる調査・実験の種類は限られている．旅行の初心者がそうするように，研究の初心者も最初は経験者やガイドの助けを借りるとよい．周囲にそういう頼れる存在が見あたらないという人は，本書の執筆陣に連絡をとってみてはどうだろうか．誰か近くの人を紹介してくれるかもしれないし，あるいはその人自身が旅への同伴を申し出てくれるかもしれない．

なお，本書の各章は下記の執筆者（ガイド）が草稿を書き，編者の小泉が各執筆者の個性を尊重しつつ表現や体裁の統一を試みた．アジアのガイドはやたら屋台の食事にこだわるけれど，オーストラリアのガイドはダイビングが好きそうだなあ，などといった，各ガイドの持ち味の違いも楽しんでみてほしい．

第1章	中谷健太郎（甲南大学）
第2章	小野 創（津田塾大学）
第3・4章	八代和子（ドイツZAS言語研究所）・Uli Sauerland（ドイツZAS言語研究所）
第5・6章	那須川訓也（東北学院大学）
第7章	酒井 弘（早稲田大学）
第8章	玉岡賀津雄（名古屋大学）・小泉政利（東北大学）
第9章	杉崎鉱司（三重大学）
第10章	遊佐典昭（宮城学院女子大学）
第11章	萩原裕子（首都大学東京）・秦 政寛（首都大学東京）
第12章	後藤 斉（東北大学）
第13〜17章	金 情浩（京都女子大学）

教員の方へ（授業プランの参考）

本書は学生が自習できるように書かれているが，大学等の授業の教科書として使われることも念頭に企画された．

学部1〜2年生向けに通年で開講される「言語学入門」あるいはそれに類する授業では，前期に第Ⅰ部，後期に第Ⅱ部を，各章2週（90分の授業を2コマ）ずつかけてカバーすれば，教室で学生が練習問題に取り組む時間もとれて，ちょ

うどよい分量になっている．その場合，第Ⅲ部の内容は，各大学・授業の事情にあわせて教員が適宜，取捨選択して紹介することになる．

「言語学入門」履修済みの学部 3〜4 年生を対象とした 1 学期 15 週の授業の場合には，第Ⅰ部と第Ⅱ部を自習用にして，第Ⅲ部の内容を実際にパソコンを使って演習形式で学ばせるという方法が考えられる．通年 30 週の授業であれば，後期には履修者各自の興味にあわせて実際に研究計画を立て，それを実施し，統計解析を行い，レポートを書く，というところまでもっていけるかもしれない．

大学院レベルの言語学概論の授業では，学部で言語学を専攻した学生だけでなく，心理学など関連分野出身の学生，また学部で日本語・日本文化を学んできた（言語学の基礎知識のない）海外からの留学生など，多様な背景をもった履修生が混在していることが多い．そのような場合は，前期に第Ⅰ部と第Ⅱ部の各章を週に 1 章ずつのペースで講義し，後期に第Ⅲ部を演習形式で学ばせるというプランにすると，さまざまなニーズに応えることができるであろう．

最後に，本書の執筆を勧めてくださった編集委員の諸先生方ならびに原稿の提出が予定よりも大幅に遅れたにもかかわらず辛抱強く待ってくださった共立出版編集部の山内千尋氏に謝意を表します．原稿に目を通し数々の有益なコメントを下さった木山幸子氏と編集委員の先生方にも御礼を申し上げます．第 11 章の著者のおひとりである萩原裕子先生は，ご病気のため本書の完成を待たずに旅立たれました．ご遺稿の出版を許可して下さったご遺族の方々に感謝申し上げるとともに，萩原先生のご冥福をお祈りいたします．なお，本書には JSPS 科研費 22222001 と 15H02603 による研究の成果の一部が反映されています．

  2015 年 8 月　　　　台湾花蓮縣秀林郷景美村にて実験の合間に　小泉政利

目　　次

第Ⅰ部　言語知識の内容を探る　　1

第1章　形態論　　2
- 1.1 形態論の歩き方 3
  - 1.1.1 異形態と異音 5
  - 1.1.2 自由形態素と拘束形態素 5
  - 1.1.3 内容語と機能語 6
  - 1.1.4 品　詞 7
  - 1.1.5 接辞と派生と屈折 9
- 1.2 研究事例 11
  - 1.2.1 研究事例1　語彙的使役と統語的使役 11
  - 1.2.2 研究事例2　複雑述語 15

第2章　統語論　　23
- 2.1 統語論の歩き方 24
  - 2.1.1 句構造 24
  - 2.1.2 統語的曖昧性 26
  - 2.1.3 複文構造 27
  - 2.1.4 島の制約 28
- 2.2 研究事例 29
  - 2.2.1 研究事例1　数量詞遊離 29

　　　　　2.2.2　研究事例 2　統語的飽和 32

第 3 章　意味論　38

3.1　意味論の歩き方 39
　　3.1.1　意味とは？ 39
　　3.1.2　単語レベルの意味 39
　　3.1.3　文レベルの意味 42
　　3.1.4　実験の意味論への貢献 45
3.2　研究事例 50
　　3.2.1　研究事例 1　文の曖昧性 50
　　3.2.2　研究事例 2　2 項から成る真理値について . . 53

第 4 章　語用論　58

4.1　語用論の歩き方 59
　　4.1.1　グライス (1959) 59
　　4.1.2　グライスの協調の原理 60
　　4.1.3　スケーラー・インプリカチャー (scalar implicature) . . 62
　　4.1.4　誇　張 64
　　4.1.5　語用論への実験の貢献 65
4.2　研究事例 66
　　4.2.1　研究事例 1　スケーラー・インプリカチャーの言語習得 . . 66
　　4.2.2　研究事例 2　端数のない数字の用法について 68

第 5 章　音声学　74

5.1　音声と言語研究 74
5.2　音声の生理学的様相 75
5.3　子音の構音 77
5.4　母音の構音 79

第6章　音韻論　　**83**

- 6.1 音韻論の歩き方 84
  - 6.1.1 分節音と音素 84
  - 6.1.2 音韻素性 88
  - 6.1.3 モーラとピッチ 91
  - 6.1.4 音　節 93
  - 6.1.5 韻　律 94
  - 6.1.6 静的分布規則と動的交替規則 96
- 6.2 研究事例 100
  - 6.2.1 研究事例 1 複合語第 1 要素の音韻的長さと連濁生起の関係 101
  - 6.2.2 研究事例 2 複合語第 1 要素の使用頻度と連濁生起の関係 105

第 II 部　言語処理機構の性質を探る　　**113**

第7章　言語産出　　**114**

- 7.1 言語産出の歩き方 114
  - 7.1.1 言い間違いと言語産出モデル 115
  - 7.1.2 語彙標示 (lexical encoding) 過程と文法標示 (grammatical encoding) 過程 117
- 7.2 研究事例 119
  - 7.2.1 研究事例 1 統語的プライミング効果を手掛かりとした研究 119
  - 7.2.2 研究事例 2 言語産出時の視線を手掛かりとした研究 ... 122

第8章　言語理解　　**129**

- 8.1 言語理解の歩き方 130
  - 8.1.1 語の理解 130
  - 8.1.2 句の理解 132
  - 8.1.3 文の理解 134

	8.2	研究事例.	136
		8.2.1　研究事例 1　かき混ぜと眼球運動	136
		8.2.2　研究事例 2　語順と文脈	139

第 9 章　母語獲得　　146

9.1	母語獲得の歩き方	147
	9.1.1　母語獲得とそれを支える内的メカニズム	147
	9.1.2　生成文法理論の母語獲得モデル	149
	9.1.3　生成文法理論に基づく母語獲得研究	150
9.2	研究事例.	153
	9.2.1　パラメータに基づく母語獲得研究 1　複合語形成	153
	9.2.2　パラメータに基づく母語獲得研究 2　前置詞残留	156
9.3	まとめ.	160

第 10 章　第二言語習得　　162

10.1	第二言語習得の歩き方	162
	10.1.1　母語獲得と第二言語習得	163
	10.1.2　転移による第二言語知識	164
	10.1.3　経験以上の第二言語知識	165
	10.1.4　第二言語知識と言語運用	166
	10.1.5　SLA と年齢の影響	167
	10.1.6　外国語教育への示唆	167
10.2	研究事例	168
	10.2.1　研究事例 1　Yusa *et al.* (2011)	168
	10.2.2　研究事例 2　Inagaki (2001)	171

第 11 章　言語の神経基盤　　176

11.1	言語の神経基盤の歩き方	177
	11.1.1　脳の構造と機能	177

11.1.2　意味の神経基盤 179
　　　11.1.3　統語の神経基盤 182
　　　11.1.4　音韻・プロソディの神経基盤 184
　　11.2　研究事例 186
　　　11.2.1　研究事例 1　「転位」の特性にかかわる神経活動 . . . 186
　　　11.2.2　研究事例 2　単語復唱課題時における脳の血流変化 . . . 189

第 12 章　コーパス　　　　　　　　　　　　　　　　　　　　195
　　12.1　コーパスの歩き方 195
　　　12.1.1　コーパスとは 195
　　　12.1.2　さまざまなコーパスとツール 197
　　　12.1.3　日本語のコーパス 199
　　12.2　コーパスの使用例 201
　　　12.2.1　「やはり」 201
　　　12.2.2　「卑下」 204

第 III 部　統計分析の手法に親しむ　　　　　　　　　　　209

第 13 章　統計の考え方　　　　　　　　　　　　　　　　　210
　　13.1　統計的検定の流れを理解する 211
　　　13.1.1　帰無仮説を立てる 211
　　　13.1.2　有意水準を決める 213
　　　13.1.3　検定統計量を計算する 213
　　　13.1.4　統計量が有意水準より小さい確率か大きい確率かを確かめる 214
　　　13.1.5　最終的な判断を下す 216
　　13.2　変数（尺度）の種類 216

第 14 章　2 つの平均の比較（t 検定）　　　　　　　　　220
　　14.1　対応のない場合の t 検定 221

    14.1.1 帰無仮説を立てる 222
    14.1.2 検定統計量を計算する 222
    14.1.3 結果を報告する 229
  14.2 対応のある場合の t 検定 230
    14.2.1 帰無仮説を立てる 230
    14.2.2 検定統計量を計算する 230
    14.2.3 結果を報告する 234
  14.3 まとめ 235

第15章　3つ以上の平均の比較（一元配置の分散分析）237
  15.1 一元配置の繰り返しのない分散分析（被験者間の分散分析）. . 238
    15.1.1 帰無仮説を立てる 239
    15.1.2 検定統計量を計算する 239
    15.1.3 結果を報告する 247
  15.2 一元配置の繰り返しのある分散分析（被験者内の分散分析，反復測定による分散分析） 247
    15.2.1 帰無仮説を立てる 247
    15.2.2 検定統計量を計算する 248
    15.2.3 結果を報告する 256
  15.3 まとめ 257

第16章　3つ以上の平均の比較（二元配置の分散分析）259
  16.1 二元配置の繰り返しのない分散分析（被験者間の分散分析）. . 259
    16.1.1 帰無仮説を立てる 260
    16.1.2 検定統計量を計算する 262
    16.1.3 結果を報告する 270
  16.2 二元配置の繰り返しのある分散分析（被験者内の分散分析）. . 271
    16.2.1 帰無仮説を立てる 271
    16.2.2 検定統計量を計算する 271

16.2.3　結果を報告する．．．．．．．．．．．．．．．．．．．．．．．．．276
　　16.3　まとめ．．．．．．．．．．．．．．．．．．．．．．．．．．．．．．．．．277

第17章　カイ2乗 (χ^2) 検定　　　　　　　　　　　　　　　　　　　280
　　17.1　適合度（一様性）の検定．．．．．．．．．．．．．．．．．．．．．．．281
　　　　17.1.1　帰無仮説を立てる．．．．．．．．．．．．．．．．．．．．．．．282
　　　　17.1.2　検定統計量を計算する．．．．．．．．．．．．．．．．．．．．．282
　　　　17.1.3　結果を報告する．．．．．．．．．．．．．．．．．．．．．．．．289
　　17.2　独立性の検定 (test of independence)．．．．．．．．．．．．．．．．．289
　　　　17.2.1　帰無仮説を立てる．．．．．．．．．．．．．．．．．．．．．．．289
　　　　17.2.2　検定統計量を計算する．．．．．．．．．．．．．．．．．．．．．290
　　　　17.2.3　結果を報告する．．．．．．．．．．．．．．．．．．．．．．．．295
　　17.3　まとめ．．．．．．．．．．．．．．．．．．．．．．．．．．．．．．．．．295

練習問題解答への手引き　　　　　　　　　　　　　　　　　　　　　　297

参考文献　　　　　　　　　　　　　　　　　　　　　　　　　　　　　315

索　　引　　　　　　　　　　　　　　　　　　　　　　　　　　　　　329

第 I 部

言語知識の内容を探る

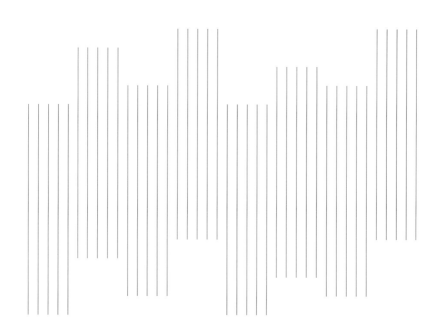

1 形態論

　本章では「形態論」の基本的な用語・概念を紹介する．ヒトの言語能力は大雑把にいって，語の情報に関する「語彙辞書」，語を組み合わせる「統語部門」，音声・音韻に関する「音韻部門」，意味に関する「論理部門」などによって構成されるが，本章ではその言語能力における基本的な単位である「語」および「形態素」について紹介する．その過程で「自由形態素・拘束形態素」「内容語・機能語」「品詞」「接辞・語幹・語根」「派生・屈折」などの概念を学ぶ．研究事例1では，派生と屈折の違いが母語話者の言語運用にどのように影響を与えているかを示した「文完成課題」実験を紹介する．研究事例2では，本動詞が助動詞化することによってどのように読み時間に影響が与えられるかを検証した「自己ペース読文実験」を紹介する．ともに従属変数が量的変数，独立変数が質的変数（複数要因・複数水準）であるため，分散分析が採用されている．また，被験者内分析・項目内分析についても触れる．

　ヒトの言語の際立った特徴の1つとして「二重分節性」ということがいわれることがある．ヒトの発話の単位を「文」とすると，「文」は「単語」という有意味な小さい単位に分節でき，さらに「音」という無意味だが弁別的な単位に

分節できるという特徴である．これは我々ヒトにとっては当たり前すぎて，いかにすごいことなのかにわかには実感できないかもしれないが，犬の鳴き声を想像するとわかりやすい．犬は「ワンワン」「キャンキャン」「クゥーン」「ワオーン」などと鳴くかもしれないが（これらが犬の鳴き声を正確に表していないという問題は置いておくとして），こういった鳴き声をより小さな単位に分節できるだろうか．「ワンワン」はもしかすると「ワン」と「ワン」，「キャンキャン」は「キャン」と「キャン」に分けられるかもしれない．しかし，「ワン」や「キャン」には，ヒトの単語のような創造性はない．たとえば，日本語文「わたしはかしこい」「あいつはばかだ」は，「わたしは」「かしこい」「あいつは」「ばかだ」というふうに分節することができ，さらに，これらを新たに組み合わせて「わたしはばかだ」という異なる文を作ることができる．しかし犬語において，「ワン」と「キャン」を組み合わせて「ワンキャン」という鳴き声を作れるかどうかといえば，できそうにない．ヒトの言語のように，単語を組み合わせて自由にメッセージを生成するシステム（第 2 章参照）は，動物界では非常にまれである．それだけではなく，ヒトの言語においてはさらに語を音素と呼ばれるより小さな無意味な音の弁別単位に分割し，それを並べ直して新しい語を作るという芸当さえできる（第 6 章参照）．

このように，シグナルを 2 段階に分けられる性質を「二重分節性」と呼ぶ．この性質ゆえに，ヒトの言語は動物言語とは比べものにならない生産性と創造性をともなう．本章では，「音」と「文」の間をつなぐ「語」という中間的な単位について議論する．この「語」という一見単純に見える単位においても，思いもよらない複雑性があることを明らかにしていこう．

1.1 形態論の歩き方

上記の導入部では「語」あるいは「単語」という用語を不用意に用いた（専門的には**語彙項目 (lexical item)** ともいう）が，その定義は一般に考えられているほど単純ではない．たとえば前述した例で，「あいつはばかだ」は「あいつは」と「ばかだ」に分節できるとした．「あいつ」と「ばか」は語であるという直感が我々にあるが，「は」と「だ」はどうだろうか．これらを「語」と呼ぶこ

とには抵抗はないだろうか．

　ほかに例を挙げると，「ごはんを食べる」と「ごはんを食べた」を比べた場合，「食べる」と「食べた」には明らかな意味の違いが感じられる．両者においては「食べ」が共通しているのだから，意味の違いは「る」と「た」の違いに起因することは明白である．このことから「る」も「た」も意味をもつことがわかる．しかし，これらを「語」と呼べるだろうか．「語」でなければ何なのか．さらに，もう少し大きな単位に目を向けると，「たたきころす」についてはどうだろう．これは 1 語だろうか．2 語だろうか．「たたきのめす」はどうだろう．「のめす」は語だろうか．

　実は，「語」をどのように認定するかというのは，理論にかなり依存する高次の問いである．このような理論に依存する問いを保留して共通の土台で議論を進めるため，言語研究者は**形態素 (morpheme)** という用語を導入する．「形態素」とは，何らかの意味をもつ最小単位のことをいう．たとえば英語の名詞表現 dogs は，犬を表す dog と複数の概念を表す -s に分けられる．それぞれ特定の意味を担っているので形態素であるといえる．一方，dog はそれ以上は有意味な単位には分けられない．d や o や g は単独で何らかの意味を担っているわけではないため，これらは（音素ではあるが）形態素とはいえない．よって dogs という表現は，dog と -s という 2 つの有意味最小単位＝形態素に分けられると結論づけられる．先の日本語の例だと「わたしは」は「わたし」と「は」の 2 つの形態素，「ばかだ」も「ばか」と「だ」の 2 つの形態素から成っているといえる．また，英語の internationalization という単語は，「間」を意味する inter-，「国」を意味する nation，形容詞を表す -al，「〜化する」という意味の -ize，名詞を表す -ation という 5 つの形態素から成るといえる．このような形態素に関する理論を**形態論 (morphology)** と呼ぶ．また，形態素についての情報を保持する脳内の部門を**心内辞書 (mental lexicon)**，または**レキシコン (lexicon)** と呼ぶ．「文⇒語⇒音」という二重分節の中間にあたる形態素は統語論と音韻論を結ぶ要素であり，研究対象となる特性は，意味，文法機能から音韻まで多岐に及んでいる．

1.1.1　異形態と異音

1つの形態素は環境によって異なる形（**異形態**(allomorph)）をとることがある．英語の複数を表す形態素は，音韻環境によって規則的に/s/, /z/, /əz/（例：locks, logs, lashes）という3種類の異形態をとり，不規則な異形態も存在する（oxen, indices, sheep など）．異形態は特に規則変化においては音韻論と密接に関係し，また音韻論における**異音**(allophone)（第6章参照）と似ているが，異音が特定の音韻環境に分け隔てなく現れるのに対し，異形態は特定の形態素に限定される点が異なる．たとえば，日本語の過去を表す接尾辞「た」は，特定の条件下で「だ」という異形態をとる（例：「読んだ」「嗅いだ」）が，これはこの接尾辞に限定されるルールであり，「た」という「音」すべてにあてはまるわけではない（たとえば願望の「たい」は音として「た」を含むが，過去を表す接尾辞「た」とは異なる形態素なので「読んだい」とはならない）．

日本語には**連濁**(sequential voicing)という，複合語において2番目の要素の最初の音が有声化する音韻現象（「おお」+「とおり」=「おおどおり」，「て」+「かき」=「てがき」）が知られているが，この現象は「語」の境界にしか現れない．語境界を含まない「おと」「おとり」「てかり」といった単一語は「おど」「おどり」「てがり」とは決してならない（無声破裂音が全般に有声化する東北方言を別として）．よって，連濁現象は純粋な異音の問題というより，**形態音韻論**(morphophonology)の問題であるといえる．

1.1.2　自由形態素と拘束形態素

形態素のなかには，（大雑把な基準であるが）単独で発声して座りのよいものと，そうでないものがある．dogは単独で発声しても問題ないが，-sは単独で発声すると違和感がある．「わたし」「ばか」は単独で使うことが可能だが，「は」とか「だ」は単独で使うことは難しい．前者のように単独で使える形態素を**自由形態素**(free morpheme)，そうでないもの（他の形態素とセットになって初めて使えるもの）を**拘束形態素**(bound morpheme)と呼ぶ．internationalizationの例では，自由形態素はnationのみで，残りのinter-, -al, -ize, -ationは単独で使えず，拘束形態素である．

一般に，「語」は自由形態素のことを指すことが多い．ただし，「たたきころ

す」という例を考えると,「たたく」も「ころす」も自由形態素であるが[1],だからといって「たたきころす」を2語と即断することはできない.というのも,「たたきのめす」を考えてみると,「のめす」は単独で使えず拘束形態素であるといえるので,「たたきのめす」が2語でないことは間違いないが,ならば「たたきころす」も1語である可能性はないだろうか.このように考えると,「語」かどうかということは統語論とのかかわりで考えるべき問題であり,「自由形態素」=「語」と即断することはできないことがわかる.

たとえば,「男は敵をたたき,そしてころした」といえば,「たたき」と「ころした」はそれぞれ独立した「語」として使われていると考えられるが,「男は敵をたたきころした」では,「たたきころした」で1つのかたまりだという直感が母語話者にはある.これについては,それぞれの動詞を受動化できるかを考えてみるといい.前者の例では「敵がたたかれ,そしてころされた」のようにそれぞれの動詞を受動化できる.しかし後者の例においては(休止なしに)「敵がたたかれころされた」とするのは不自然であり,「敵がたたきころされた」とするのが自然である.これは「たたきころす」が1語として母語話者に認識されていると考えると説明がつく.

結論としては,同じ「たたき」と「ころした」でも,統語環境によって「語」としてのステータスは異なるといえる.「たたきころす」のように自由形態素が組み合わさって1語を形成するものを**複合語 (compound)** という.一方,「やっておく」や「もってくる」のように,複合語ほどの形態的一体感がないが,統語的に単一述語としての性質をいくつか示すものを**複雑述語 (complex predicate)** と呼ぶ.これに関する問題については次節の研究事例2で取り上げる.

1.1.3 内容語と機能語

形態素は自由形態素と拘束形態素に区別されるということを述べたが,自由

---

[1] 日本語をはじめ,多くの言語において動詞が自由形態素であると断定することは実際は難しい.というのも,形態論的には「たたく」「ころす」はそれぞれ/tatak-u/, /koros-u/と分析され,現在時制を表す接尾辞/-(r)u/を除いた/tatak/, /koros/が動詞語幹だと考えられるからである./tatak/, /koros/自体は単独で発音されることはない(必ず時制をともなう)ため,拘束形態素扱いとなる.日本語の動詞語幹で単独発音可能なのは,母音で終わるいわゆる一段活用の/tabe(-ru)/や/ki(-ru)/といった動詞に限られる.ただ,ここでは話を単純にするために,時制を含めた/tataku/, /korosu/全体として1つの動詞として考える.

形態素のなかでも，たとえば英語の dog や run のように意味内容がかなり具体的なもの（指示物をもつもの）と，冠詞の the や前置詞の in など，どちらかというと内容よりも文法的なはたらきをするもの（指示物をもたず，関係性や量化を指定するもの）とを区別することができる．前者を**内容語** (**content word**)，後者を**機能語** (**function word**) という．内容語と機能語を区別する基準を明確に定義することは難しい（副詞や助動詞はグレーゾーンにあたる）が，それでもこの区別が重要なのは，どのような言語でも内容語が数において膨大で，かつかなり自由に新語が作られうるという特徴をもつのに対し，機能語は数が限られており，かつ新語が入り込む余地がほとんどないという興味深い違いがあるからである．たとえば新しい名詞や動詞が語彙に加わるということは頻繁に見られる現象であるが，新しい前置詞や冠詞が作られるということは非常にまれである．これは，機能語がヒトの言語において特定的な機能を担っていることを示唆する．

1.1.4 品詞

　語は**統語的分布** (**syntactic distribution**) によっていくつかのカテゴリーに分類できる．たとえば，「とても」や「すごく」と組み合わせる語としては「美しい」や「すばやい」は適切だが，「車」や「犬」は不適切である．一方，「大きな」と「車」「犬」を組み合わせるのは適切だが「大きな美しい」とはいわない．このようにして統語的分布によって語を分類したものが**品詞** (**parts of speech**)（生成文法では**統語範疇** (**syntactic category**)）である．多くの言語に典型的な品詞といえば，主語や目的語となる**名詞** (**noun**)（しばしば N と略される）と述語となる**動詞** (**verb**)（V と略される）が挙げられる．

　中間的なカテゴリーとしては**形容詞** (**adjective**) があり，言語によってさまざまな形態統語論的性質を見せる．英語における形容詞は名詞を直接修飾し（例：healthy kids），また述語として用いられる場合には，**繋辞**(けいじ)(**copula**) と呼ばれる be 動詞をともなう（例：Mary is healthy）．繋辞をともなうという点では名詞と似ている（例：Mary is a student）．日本語において，学校文法で「形容動詞」と呼ばれるものは，繋辞「だ」「である」をともなうという点で英語の形容詞に対応する（例：メアリは健康だ）．また，たとえば「健康」は主語になれるなど

名詞の性質ももち（例：健康が大切だ），「形容動詞」という名の印象とは異なり，動詞的な側面はむしろ少ないため，近年の研究者は「形容詞的名詞」や「名詞的形容詞」といった用語を使うことが多い．一方，日本語で一般的に「形容詞」と呼ばれる「美しい」のような表現は繋辞をともなわない点（例：メアリは美しい），および活用がある点（例：美しかった）で英語の形容詞と異なり，動詞寄りの性質を示す．

名詞修飾できる「形容詞」のバリエーションとして，述語修飾する**副詞 (adverb)** が挙げられる．日本語では「とても」や「まったく」のように副詞専門の語がある一方で，形容詞の活用の一種として副詞形があるパターンが広く見られる（「広く」がまさにその一例である）．英語でも always や seldom のように副詞専門の語もあれば，happy に対する happily や，full に対する fully のように派生的な副詞も多い．さらに fast のように形容詞でも副詞でも使える語があったり，today や last year のように名詞用法と副詞用法を兼ねる表現があったり，グレーゾーンのカテゴリーといえるかもしれない．

機能語としては，英語をはじめヨーロッパ言語には**冠詞 (article)**（生成文法では**決定詞 (determiner)**）が存在する．英語では a や the，さらに this や that などの**指示詞 (demonstrative)** を含めたカテゴリーであり，形容詞よりも必ず外側にくる (a beautiful day; *beautiful a day)，形容詞と違い1つの名詞句に1つしか許されない (*the this book)，特定の統語条件のもとで義務的である（a book や the book はよいが book 単体では駄目）などの特徴がある．日本語の「あの」「その」などは冠詞に似ているが，形容詞と順番を入れ替えることができる（例：美しいあの人），統語条件で義務的になることがない（「本を買った」のように「あの」や「その」がつかなくても構わない）など，冠詞の条件を満たしておらず，日本語には冠詞がないと考えるのが自然である．

また，**前置詞 (preposition)** および**後置詞 (postposition)** は多くの言語で見られる機能語であり，場所，方向，手段などを表す．英語の to, at, from などは名詞句の「前」に置かれるので前置詞といい，日本語の「に」「で」「から」は名詞句の「後」に置かれるので後置詞と呼ばれる．日本語では英語に比して，単純な形態の後置詞は存外に少なく，英語の into, before, after などには「の中に」「の前に」「の後で」といった表現が対応し，「中」「前」「後」といった名詞表現

を含めた複合句となる．

　前置詞・後置詞は名詞句と文の関係を結ぶものであるが，文と文の関係を結ぶものは**接続詞 (conjunction)** と呼ばれる．英語の although，日本語の「～ので」などがそうである．

　機能語と内容語の中間的なカテゴリーに**助動詞（auxiliary verb** あるいは単に **auxiliary**）がある．英語でいえば will, can, be，日本語では「だろう」「（～して）ください」などがそうであるが，英語においても日本語においても，助動詞は歴史的にいえば動詞から派生しているものが多い．形態統語論的には，英語だと三人称単数現在の -s をとらない点で動詞と異なるが，will に対する would など，過去形の活用をするものは多い．また，have to や be going to のように動詞の活用を完全に残した複合的な助動詞や，had better のように動詞活用のない複合的表現など，その特性は多岐にわたる．日本語においても，「らしい」「（～し）ない」「（～し）たい」のように形容詞語尾をもち活用があるもの，「ようだ」のように繋辞をともなうもの，「だろう」「（～し）よう」のように活用しないもの，受け身の「(r)are」や使役の「(s)ase」のようにどちらかといえば接辞と分析すべきものから，テ形をともない本動詞と同等の統語形態特性をもつものまで（「ておく」「てしまう」「ている」など），さまざまなものがある．「名詞」「動詞」「形容詞」「冠詞」「前置詞・後置詞」といった主要なカテゴリーがかなり統一的な統語形態論的特性をもっているのに対し，「助動詞」というカテゴリーは決まった特性のない，動詞未満のもの全般を指す「その他大勢」的なカテゴリーであるといえる．

1.1.5　接辞と派生と屈折

　自由形態素に内容語と機能語があるのを見たところで（日本語の機能語は自由形態素とはいえない場合が多いが，その問題はひとまず横に置いておいて），次に拘束形態素のほうに目を向けてみよう．文法機能をもつ拘束形態素は**接辞 (affix)** と呼ばれ，接辞を付加することは**接辞化 (affixation)** と呼ばれる．一方，文法機能的でなく，主要な意味を担う要素は**語根 (root)** と呼ばれる．先ほどの inter-nation-al-iz-ation の例でいえば，nation が中心なので語根，他の要素はすべて機能的な接辞である．接辞は通常拘束形態素であるが，語根は（前述した

nation のように）自由形態素であることもあれば，日本語や多くのヨーロッパ言語の動詞語根のように拘束形態素であることもある（脚注1参照）．

　接辞のうち，前につく要素を**接頭辞 (prefix)**，後ろにつく要素を**接尾辞 (suffix)**と呼ぶ．先の例では，inter-が接頭辞，-al, -ize, -ation は接尾辞である．世界の言語を見ると，たとえばオーストロネシア語族の言語などには，語根の「中」に付加される**接中辞 (infix)** も広く見られる．

　接辞化のもう1つの重要な区別として，**派生 (derivation)** と**屈折 (inflection)** が挙げられる．英語の例だが，apples の-s, kicked の-ed, movement の-ment, broaden の-en などはすべて接尾辞であるが，これらをすべて一緒にすることに違和感はないだろうか．形態論では複数形接辞-s や時制を表す接辞-ed などが**屈折形態素 (inflectional morpheme)** と呼ばれる一方で，-ment や-en などの接辞は**派生形態素 (derivational morpheme)** と呼ばれ，区別されることがある．両者の違いとしては，まず，(1) 前者の屈折形態素は基本的に品詞を変えることはないが，後者の派生形態素は（特に接尾辞である場合には）品詞を変えることが多い．つまり apple が apples になっても名詞のままであるが，move が movement になると動詞が名詞に変わる．また，(2) 前者の屈折形態素は（品詞が合っていれば）たいていの語につけられるという意味で**生産的 (productive)** であるが，後者の派生形態素はどんな語にもつけられるわけではないという意味で非生産的（**特異的 (idiosyncratic)**）である．たとえば，過去を表す-ed は不規則動詞以外ならどんな動詞にでもつけられるが，動詞化接尾辞-en はどんな形容詞にもつけられるわけではない（full を fullen とすることはできない）．さらに，(3) 屈折形態素と派生形態素が同居する場合，必ず前者が後者の外側にくるという性質がある．たとえば realize に-ed をつけて realiz-ed とすることはできるが，movement の move に-ed をつけて*mov-ed-ment とすることはできない．同様に，grammar に-s をつけて grammar-s にしたり，grammaticalization に-s をつけて grammaticalization-s とすることはできるが，-s を間に入れて*grammar-s-ticalization とすることはできない．この「屈折接辞は一番外側に付加される」という性質を受けて，語のうち「屈折接辞だけを抜いた部分」を特に**語幹 stem** と呼ぶことがある．つまり，realized の real が語根，-ize は接尾辞（派生形態素），realize は語幹，-ed は屈折形態素となる．伝統的な分析では，

語幹（つまり語根＋派生形態素）が「語」となって統語部門の入力となり，統語論において屈折が実現する（研究事例 1 で関連する問題を取り上げる）．また，出版物としての辞書には，派生形態はそれぞれ単独項目として挙げられることが多いが（たとえば move と movement），屈折形態は辞書項目としては別扱いされない（たとえば move と moved）．

1.2 研究事例

　以上，形態論における主要な用語と概念を駆け足で概観したが，観察眼の鋭い読者ならば，これらのさまざまな用語の区別は，細かく見れば不明確な点がいろいろあることに気付かれるかもしれない．「語」とは何かを正確に定義するのが難しいことと，「内容語」と「機能語」の間にはグレーゾーンがあることはすでに述べたが，「自由形態素」と「拘束形態素」の区別も（特に日本語のように分かち書きのない言語においては）一筋縄ではいかない問題を含み，派生と屈折の区別に懐疑的な研究者もいる．それでもなお，これまで取り上げた諸概念が重要なのは，たとえ「境界線」が不明確であっても，それぞれの概念の核となるような事象には，やはり母語話者のなかで何らかの区別がされているということが観察されているからである．

　この節では，前節で取り上げた形態論の諸概念の心理的基盤を実験により検証した研究を 2 つ取り上げる．

1.2.1　研究事例 1　語彙的使役と統語的使役

　1.1.5 節において派生と屈折を区別したが，日本語には派生とも屈折ともいえないタイプの接辞化が多数ある．受け身 (-(r)are) や使役 (-(s)ase) の接辞など，伝統的な国語学で「助動詞」と呼ばれるものがそれで，これらは明確に拘束形態素であるものの，特定の語に固定的なわけでなく非常に生産的なので派生形態素とは異なる．一方，これらは屈折というには意味的に重く，また異形態についても一般的な屈折より規則性がある．よって，派生とも屈折とも言い難いが，その規則性・生産性ゆえに統語的接辞と捉えることは妥当であろう．一般に統語は規則的・生産的なプロセスと考えられているからである．その意味で

これら統語的接辞は，語彙的プロセスと考えられる派生と異なる．

　使役の統語的接辞の具体例としては「食べさせる tabe-sase-ru」や「ならばせる narab-ase-ru」といったものが挙げられ (-ase は-sase の異形態である)，ほとんどの動詞につけることができる．一方，使役を表す接辞には，-(s)ase と違って生産性のないものがある．たとえば，「ならぶ narab-u」に対する「ならべる narab-e-ru」を考えると，語幹 narab と時制接辞-ru の間にある-e という接辞は使役（他動性）を表すが，-(s)ase と違い，特定の動詞にしかつかない．「走る hasir-u」に-(s)ase をつけて hasir-ase-ru とはいえるが，-e をつけて使役にすることはできない（「走ることができる」という解釈ならば「走れる hasir-e-ru」も可能であるが，この-e は使役ではなく，可能を表す-re の異形態である）．よって使役の-e は，生産的・統語的な-(s)ase と違い，特異的・語彙的な派生接辞だといえる．

　また，「ならばせる」と「ならべる」では，同じ使役でも前者は間接的・指示命令的であるのに対し，後者は直接の働きかけである (Shibatani, 1976 など)．よって「生徒をならばせる」は指示命令的な使役として自然だが，「ビー玉をならばせた」はきわめて不自然である．逆に「ビー玉をならべた」(=直接的働きかけ) はよいが，「生徒をならべた」は生徒をモノ扱いしているようで自然とはいえない．これは「ならべる」のヲ格が直接目的語の性質を強くもつのに対し，「ならばせる」のヲ格がどちらかといえば「ならぶ」の主語であると考えれば説明がつく．つまり前者は単純な他動詞構文（ビー玉→ならべる）なのに対し，後者は「生徒＝ならぶ」が埋め込まれた複層的構造（[[生徒＝ならぶ] →させる]）だと考えることができる．

　以上から，-e は語彙的な派生形態素であり，narab-e で 1 つの語（動詞語幹）として統語部門の前で形成される（語彙的使役）と考えられるのに対し，-sase は統語部門の一環として語幹に付加される接辞（統語的使役）であると仮定することができる（影山，1993；Pinker，1999 など）．

(1) a. 田中先生が [[生徒を narab-] -ase] -ta.
　　b. 田中先生が [ビー玉を narab-e] -ta.

上記の [ ] は統語的な区切りを表しており，「ならばせ」の場合は-(s)ase が統語

的接辞であるため，narab-と-ase の間に統語境界のある複層構造を成すが（統語的使役），「ならべ」の場合，-e は統語部門の前に導入される派生接辞なので，narab-e のなかには統語境界は存在せず，1 語として扱われる（語彙的使役）と考えることができる．

この仮説の妥当性を検証するため，Sugioka et al. (2001) は，文法障がいをもつ失語症患者 3 名と健常者 3 名に対し，**文完成課題 (sentence completion task)** を行った．文完成課題や質問紙調査などのオフライン実験（刺激に対する即時反応を見る実験をオンライン実験といい，そうでないものをオフライン実験という）においては通常数十名のデータを集められることが望ましいが，当該実験は被験者プールがきわめて限定されている失語症患者を対象とするというデザインゆえ，3 名という少数の被験者に対する実験となっている．対照群となる健常者は，年齢や教育レベルなどが失語症患者と同等の者が選ばれた．文完成課題とは，完成していない文を被験者に提示し，自主的に語などを補充して完成させてもらうという課題である．Sugioka らは，たとえば narab という自動詞語根の動詞に対し，自動詞，語彙的使役，統語的使役で続けるのが適切な 3 水準の条件を設定し，語尾を完成させる課題を行った．期待される正答はそれぞれ「ならんだ」「ならべた」「ならばせた」である．

(2) a. 自動詞条件：生徒が校庭に一列になら＿＿＿．
　　b. 語彙的使役：生徒がトランプのカードをなら＿＿＿＿た．
　　c. 統語的使役：先生が生徒を大声で一列になら＿＿＿＿た．

ここで問題となるのは，(2b)「ならべた」の正答率が「ならんだ」「ならばせた」と比べてどのようになるかである．もし narab-e が 1 語（語彙的使役）ならば純粋な 1 語条件 (2a) と同様の正答率を得られると予測できる．さらに，もし (2c) narab-ase が統語的複層構造を内包しているならば語彙的な (2a) や (2b) よりも正答率が下がるであろうし，その効果は統語処理を不得手とする文法障がい者群にとってより大きいはずである．Sugioka らは (2a–c) のようなセットを異なる 15 の動詞について用意し（合計 45 文），各被験者にランダム提示のうえ，文完成課題を行った後，1～2 週間後に同じ動詞を使った別の文をさらに 45 文用意して同様の課題を行い，その合計 90 文に対するデータを分析した．Sugioka

らによれば，それぞれの条件の，群ごと（健常者群と文法障がい群）の平均正答率は表 1.1 のとおりであった．

表 1.1 被験者群ごと・動詞タイプごとの正答率 (Sugioka *et al.*, 2001)

	自動詞	語彙的使役	統語的使役
健常者群	98.9	96.7	80.0
文法障がい者群	95.6	76.7	13.3

Sugioka *et al.* (2001) が報告する有意検定の結果を見てみよう．今回は，従属変数が「正答率」という量的変数，独立変数が質的変数であり，要因が 2 つ（被験者タイプ×動詞タイプ）あるので，**二元配置の分散分析**（第 16 章参照）が行われた．被験者タイプは 2 水準（健常者群・文法障がい者群），動詞タイプは 3 水準（自動詞・語彙的使役・統語的使役）であるので，2 × 3 の分散分析ということになる．さらに，被験者タイプ要因は対応なし（繰り返しなし），動詞タイプ要因は対応あり（繰り返しあり）の混合計画であり，ちょうど第 16 章で紹介されている分析をすればよいということになる．結果，被験者タイプの主効果 ($F(1,4) = 24.80, p < .01$)，動詞タイプの主効果 ($F(2,8) = 62.56, p < .01$) の両方が見られた．さらに両要因の交互作用も有意であった ($F(2,8) = 13.24, p < .05$)．交互作用が有意であるということは，被験者タイプによって動詞タイプの効果の現れ方が異なるということである．表 1.1 を見ると，健常者群に比べ，文法障がい者群における動詞タイプの違いが大きいということが直感的に見てとれるだろう．Sugioka らはさらに下位検定として各被験者タイプごとに **Tukey の多重検定**（第 15 章参照）を行い，健常者群においては自動詞と語彙的使役の違いが有意ではなかったが，他の対は有意であったこと，また文法障がい者群においては，すべての対の違いが有意であったことを報告している．

これら検定結果の解釈としては以下のことが考えられる．まず，健常者においては自動詞と語彙的使役の間に違いが見られず，統語的使役との間には違いが見られたことから，統語的使役の産出が相対的に難しいことが考えられ，その原因として，統語的計算の介在の有無があると解釈できる．この効果は（Sugioka らは統計量を報告していないが平均値の大きな違いを見れば）文法障がい者群において特に大きく，語彙的使役と違い，統語的使役は統語計算が介在してい

るという仮説を支持すると考えられる．また，文法障がい者群においては自動詞と語彙的使役の間にも違いがあったが，これは，同じ「1 語」であっても後者に派生形態素が含まれ，形態構造が少し複雑であることが要因であると考えられる．これらの結果は，母語話者が派生接辞 (-e) と統語的接辞 (-sase) について異なるタイプの計算を行っているという仮説を支持する．

1.2.2　研究事例 2　複雑述語

　1.1.4 節において触れたように，日本語には「テ」に続いて用いられる補助動詞（助動詞）が少なくとも 13 ある（テクル，テイク，テアゲル・テヤル，テクレル，テモラウ，テオク，テシマウ，テミル，テミセル，テイル，テアル，テホシイ）．ただ，すでに述べたように「助動詞」であることは特定の統語形態論的性質を意味しない．事実，これらのテ形の「助動詞」は，統語形態論的には対応する本動詞とほとんど同じ性質を示す．たとえば「クル」は日本語における数少ない特異的な不規則活用動詞であるが，「テクル」もまったく同じ活用をする．また意味的には，これら助動詞は対応する本動詞よりも意味が軽いが，同時に本動詞との意味的な連続性も母語話者には直感として感じられる．特にテクル・テイクについては，以下の例のように，本動詞の物理的移動の意味が残存する場合がある（主治医は実際に「きた」のだから）ので，果たして本動詞と異なるカテゴリーに属するのかがにわかには明らかではない．

　(3) a. 主治医が病室に注射器をもってきた．

特に興味深いのが，上記の場合のように，「V テクル」「V テイク」において V がとることのできないニ格名詞句を，テクル・テイクがとる場合である．つまり，「病室に注射器をもった」とはいえないが「病室にきた」とはいえるので，(3a) の「病室に」はクルによって認可される要素だと考えられる．ちなみに，このように特定の動詞が認可する名詞句などの要素は，数学用語を借りて**項 (argument)** と呼ばれる．(3a) においては「病室に」はクルの項であり，「注射器を」はモッテの項である（「主治医が」はどちらの項ともとれる）．

　日本語は語順が比較的自由な言語であり，項の位置を以下のように入れ替えることができる．

(3) b. 主治医が注射器をもって病室にきた.

このような場合はVテとクルが隣接していないため，この場合のクルは補助動詞ではなく本動詞だと考えられる．しかし，(3a)と(3b)では意味の差はなく，本当に(3a)が補助動詞的な複雑述語構文なのか，あるいは(3b)の語順を変えたものにすぎないのか，ますますわからなくなる．

一方，テ形複雑述語構文は限られた補助動詞にしか成り立たないため，以下のような例は，テ形に隣接するしないにかかわらず通常の本動詞構文となる．

(4) a. 主治医が病室に注射器をもって到着した.
b. 主治医が注射器をもって病室に到着した.

(4a,b)は語順が異なるだけで意味は変わらないし，「到着スル」はテ形と隣接しても複雑述語を構成しない（補助動詞化しない）ので，どちらもテ形＋本動詞の構文となる．また，(4a,b)と(3a,b)の意味も非常に近いことに注意されたい．このなかで(3a)だけを複雑述語構文として特別扱いする根拠があるのかが，一層問題となる．文献ではいくつかの統語的診断が提唱されている（Matsumoto, 1996; Nakatani, 2013など）が，ここでは心理言語学的検証を紹介する．

まず，(4a,b)を考えてみよう．これら2文は語順が異なるだけで同じ単語で構成され，同じ意味をもつが，処理負荷は同じだろうか？ 母語話者ならば，(4a)のほうが(4b)より少し読むのが難しいと感じるかもしれない．その理由としていくつかの可能性が考えられるが，たとえばGibson (2000)の局所性理論によれば，語と語の文法的依存関係の処理負荷は，その語がどれくらい線形順序において離れているかによって変わる．(4a,b)の述部内での依存関係を図式化すると以下のようになる．

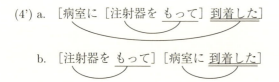

(4'b)では動詞とその項がそれぞれ隣接しているのに対し，(4'a)では「到着し

た」とその項「病室に」が「注射器をもって」によって引き離されている．局所性の理論によれば，(4'a) のほうが記憶容量の負荷を生み，処理負荷が大きくなる．

では (3a,b) はどうだろうか．(3a,b) と (4a,b) は基本的に同じような文法構造をしているため，同様の負荷となる可能性がある．つまり，(4a) の処理負荷が (4b) より大きいのと同様，(3a) の処理負荷が (3b) より大きいという予測である．一方，別の予測も可能だ．もし (3b) と違い，(3a) のクルが助動詞的にはたらき，V1 テとともに 1 つの大きな複雑述語を構成するとしたらどうだろう．その場合，モッテとクルが 2 つの動詞ではなく，モッテクルで 1 つの複雑述語であるので，以下のような項・述語関係が成り立つ．

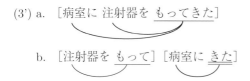

(3') a. ［病室に 注射器を もってきた］

b. ［注射器を もって］［病室に きた］

(3'a) は (4'a) と違い，述語と項の間に無関係な述語・項が挟まっていないので処理負荷の増大にはつながらず，(3'b) と変わらないと予測される（(3'a) においても，「病室に」と「もってきた」の間に「注射器を」という別の項が挟まっているが，同じ動詞の項であれば局所性に影響がないとの報告がある (Nakatani & Gibson, 2008)）．まとめると，予測としては，V1 テクルが複雑述語を形成するならば (4a) のみが相対的に余分な処理負荷をともない，そうでないならば (4a) と (3a) が同じく余分な処理負荷をともなうということになる．

この予測を検証するために，Nakatani (2006) は**自己ペース読文実験 (self-paced reading experiment)** を行った．自己ペース読文実験とは，以下のような手順で行われる．まずコンピュータ上にハイフンで隠された文が示され，被験者がスペースバーを押すと文の最初の一部分（領域）が現れる．次にスペースバーを押すと，今現れた領域がふたたびハイフンで隠されて，次の領域が現れる．これを繰り返すことによって文を読み進める．戻り読みはできない．ボタン押しのタイミングをミリ秒単位で記録し，ボタン押しの間隔をその領域の読み時間と推定する．領域の読み時間の長さがその領域の処理負荷の大きさに

比例すると解釈する.

対照される (3a,b)/(4a,b) のようなセットは専門的には**項目 (item)** と呼ばれる．多くの心理言語学実験では，被験者に実験の目的を悟られないように無関係な材料文を混入させるが，それら無関係な項目は**フィラー (filler)** と呼ばれる．これに対し，実験の関心となる項目は**ターゲット (target)** と呼ばれる．Nakatani (2006) はターゲットとなる項目を 20 セット用意し，各被験者が各項目の 1 条件のみを読むよう，**ラテン方格法 (Latin square design)** に従い分配した[2]．ラテン方格法は心理言語学実験では広く用いられる実験材料の分配方法で，たとえば 20 項目それぞれに 4 条件 a, b, c, d がある場合，まず第 1 のリストに項目 1 の a, 2 の b, 3c, 4d, 5a, … , 19c, 20d を分配し，第 2 のリストに 1b, 2c, 3d, 4a, 5b, … , 19b, 20c, 第 3 のリストに 1c, 2d, 3a, 4b, …, 20b, 第 4 のリストに 1d, 2a, 3b, 4c, … , 20a を分配する方法である．被験者はこれらリストのうち 1 つだけを遂行する．この分配方法を用いると，被験者は全条件，全項目をまんべんなく目にし，かつ同じ項目の条件を複数回見ることがない．各リストには 59 のフィラー文が加えられ，各被験者が計 79 文（ターゲット 20 文＋フィラー 59 文）を読むようにセットアップされた．それぞれのリストは，ターゲット文が連続しないよう疑似ランダム順に被験者に提示された．実験には 42 人の日本語母語話者が参加した．

なお，自己ペース読文実験のように反応時間を計測する実験において，どれくらいのターゲット文，フィラー文，被験者数が必要なのかについては明確な決まりはないが，ラテン方格法を用いる場合，ターゲットについては条件数×4〜6 セット，フィラーについてはターゲットのセット数の 2〜3 倍，被験者数については 30〜60 名あるとよいだろう．

Nakatani (2006) で報告された結果において，主語を除いた述部（2 つの名詞句と 2 つの動詞を含む領域）の読み時間の平均と標準誤差は表 1.2 のとおりだった．この実験の従属変数は反応時間という量的変数である一方で，独立変数は質的変数であり，具体的には V2 の動詞タイプ（クル／イク vs. 他の移動動詞）と V1 隣接性（V1 テが V2 に隣接しているかどうか）の 2 要因 (2×2) の計画で

---

[2] Nakatani (2006) では三項動詞条件を加えて 5 条件で実験を行っているが，今回は話を簡略化するため 4 条件のみに絞って議論する．

表 1.2 述部領域の読み時間（ミリ秒）と標準誤差 (Nakatani, 2006)

要因	動詞タイプ×V1 隣接性	読み時間（標準誤差）
(3a)	クル／イク×隣接	2127 (79)
(3b)	クル／イク×非隣接	2306 (97)
(4a)	他の移動動詞×隣接	2854 (124)
(4b)	他の移動動詞×非隣接	2232 (93)

あるので，**二元配置の分散分析**が行われた．また各被験者は 2×2 の組み合わせすべてを（違う項目ではあるが）繰り返し読んでいるので，**被験者内に繰り返しのある分散分析**（第 16 章参照）が実行された．ここで注意したいのは，「繰り返し」は被験者内だけでなく，項目内にもあるということだ．つまり，この実験計画においては，各被験者が各条件について複数データポイントを提供するだけでなく，各項目ごとにも各条件について複数のデータポイントが得られる．第 16 章で紹介している被験者内分析とは，被験者の傾向の違い（全体的に読むのが遅い被験者と速い被験者の違い）を誤差として計算し，F 値計算から差し引くことで検定の精度を上げようとするものだが，項目ごとに複数データポイントがある場合も，項目ごとの傾向の違い（遅く読まれる項目や速く読まれる項目があること）を誤差として F 値計算から差し引くと，検定の精度が上がることが期待される．後者の「項目内の繰り返しを考慮した分析」を，専門的には**項目内分析**（**within-items analysis** あるいは単に **items analysis**）といい，得られる F 値を F_2 と表記するのが慣例である．一方，被験者内に繰り返しのある分散分析（**被験者内分析**（**subjects analysis** または **participants analysis**））で得られた F 値は F_1 と表記する．多くの心理言語学実験のデザインでは被験者内・項目内分散分析の両方が可能であり，その場合は F_1, F_2 の両方を報告するのが通例である[3]．Nakatani (2006) は，当該データについて分散分析を行い，被験者内・項目内双方にて有意な交互作用が見られたことを報告している $(F_1(1,41) = 20.85, p < .001; F_2(1,19) = 10.22, p = .005)$．この交互作用がどのような方向ではたらいているのかは，表 1.2 で (4a) の読み時間が突出

---

[3] 近年においては，被験者ごとの傾向の違いと項目ごとの傾向の違いの両方を，ランダム効果として線形回帰モデルのなかに組み込む線形混合効果モデル (linear mixed effects model) 分析が広く採用されている．この分析においては F_1/F_2 を別に分析する必要がないという利点のほか，被験者×条件や，項目×条件の欠損値があっても分析が可能となるなど複数の利点がある．

していることから直感的に明らかであろう．つまり，動詞が隣接して項が離れてしまうことの効果は，クル／イクの場合 (3) よりも，他の移動動詞の場合 (4) において，はるかに大きく現れるということである．

　注意したいのは，この実験計画においては，(3a,b) のクル／イクと，(4a,b) のその他の移動動詞を比較すると，後者のほうがモーラ数においても字数においても「長い」ということである．長い単語のほうが遅く読まれるというのは一般的な傾向なので，今回の実験計画では動詞タイプの単純主効果を生の反応時間データを使って検証することに意味はあまりない（統語構造に関係なく (4a,b) のほうが遅いことは自明なので）．よってここで重要なのは，交互作用が見られるかどうかである．つまり，隣接性要因が与える影響の**規模 (magnitude)** が動詞タイプによって有意に異なるかということである．今回の結果を見ると，たとえ物理移動の意味やニ格認可能力を失っていなくても，V1 テクル／イクの構文は通常の本動詞構文とは異なる振る舞いを見せることを示唆している．これは，テ形に接続するクル／イクは助動詞的に機能し，V1 テクル／イク全体で 1 つの複雑述語を成すという仮説を支持する．

　最後に，今回紹介した Sugioka *et al.* (2001) と Nakatani (2006) は，形態統語論的に共通点のある現象を取り扱っていながら，対照的な結果を報告していることに注目されたい．つまり Sugioka らは，語彙的派生と異なり，統語的使役化は一定の処理負荷を誘発すると結論付けている．一方 Nakatani は，統語的複雑述語である V1 テクル／イクにおける処理負荷の軽減を示唆している．この一見矛盾した結果は，前者が -sase による接辞化であるのに対し，後者が助動詞的構文であるという違い，あるいは，前者においては埋め込み動詞の意味上の主語と -sase 使役の主語が異なるのに対し，後者の構文においては V1 とクル／イクの主語が同一であるという違いなど，さまざまな対照によって引き起こされている可能性があり，今後のさらなる研究が待たれる．

問題 1.1 接辞に派生と屈折の区別があることは 1.1.5 項で述べたが，この区別が実際に脳内で異なる処理を受けているのかを調べてみたいとしよう．たとえば，英語の play/player/played という 3 つ組を考えてみる．play の派生形 player は，play とは「別の語」だろうか．屈折形 played は，play とは「別の語」だろうか．直感的には，後者は「別の語」とは考えに

くいように思われ，前者は「別の語」のような感じがするかもしれない．実際にそうなのかを，プライミング法を用いた語彙判定課題で実験してみたいとする．

語彙判定課題とは，コンピュータモニタなどに一定間隔で文字列（その文字列は単語を成している場合も成していない場合もある）を順次提示し，その提示された文字列が実在する語であるかどうかをボタン押しなどで判定してもらう単純な課題である．一般に，連想しやすい単語が連続すると判定速度が速くなることが知られている．たとえば英語の語彙判定課題で，dog という文字列を判定するとき（もちろん YES 判定），dog の前に出てきた単語が tree の場合と cat の場合を比べると，後者のほうが dog の判定速度は促進される．この場合，cat は dog に対する「プライム」（下準備）としてはたらくとされ，プライムによる促進効果をプライミング効果と呼ぶ．

では，player や played は play に対してプライミング効果（促進効果）を生むかといえば，無関係な語（たとえば beer）と比較すれば当然反応速度が促進されるであろうことは予測できるが，ここで問題にしたいのは，player と played ではプライミング効果の度合いに違いがあるかである．

これについて，次の問いに答えなさい．

(1) 派生と屈折が異なるものとして脳内で扱われていると仮定した場合，play の語彙判定に対するプライミング効果は，player と played ではどちらがより大きいと予測できるか．

(2) 実験では play/player/played に類した 3 つ組をいくつか用意して材料とするとしよう．以下の候補のうち，材料に含めるならどれが最も適当か．不適当なものについてはその理由も述べなさい．
    (i) relate/relation/related
    (ii) mean/means/meant
    (iii) refuse/refusal/refused

(3) 実験では，play/player/played なら play（語幹）に対する反応を，先行語を変えて測定する．先行語は，派生プライム (player)，屈折プライム (played)，同一語プライム (play) の 3 パターンとする．この実験デザインは何要因何水準か．

(4) ターゲットの 3 つ組を 12 項目用意し，派生プライム，屈折プライム，同一語プライムに対して語幹の語彙判定に要した時間を測定したとしよう．ターゲットはラテン方格法で 3 つのリストに分配して提示し，この実験に英語の母語話者 40 人が参加したとする．その場合，どのような分析が考えられるか．

さらに学びたい人のために

[1] 大石 強：現代の英語学シリーズ 4 形態論，開拓社 (1988)，289 p
少し古い入門書だが，形態論を学ぶ者なら知っておくべき基本的な用語，現象，概念，理論が広く扱われている．網羅的なので事典のようにも使える．ただし，扱われるデータは英語

である.また,理論言語学の本で実験研究は扱われていない.
[2] 伊藤たかね・杉岡洋子:語の仕組みと語形成,研究社 (2002),212 p
日本における形態論系の研究は意味論寄りのものが多く,この本もその系統だが,第 4 章が実験研究の議論に割かれている.また,日本語が扱われているので,日本語を使った形態論の実験に関心のある読者には参考になるだろう.
[3] マーカス タフト:リーディングの認知心理学―基礎的プロセスの解明,信山社出版 (1995),180 p
Taft : *Reading and the Mental Lexicon* (1991) の翻訳.本章では取り上げられなかった語彙アクセスを主に取り扱い,レキシコンのアーキテクチャについての代表的な研究が解説・検証されている.頻度効果,プライミング効果など,語彙アクセスでよく知られる現象も広く網羅されている.もう少し短い解説が読みたい場合は,松本裕治 他『言語の科学 3 単語と辞書』(岩波書店,2004) の第 3 章にも心理辞書のモデルについての解説がある.

2

統語論

　人間の言語の特筆すべき特徴の1つに，意味をもつ小さい単位（第1章で出てきた「形態素」や「単語」）を組み合わせて，より豊かな意味をもつ言語表現を原理的に無限に多く作ることができるという性質がある．本章では，この性質の源になっている「組み合わせ方」について概観する．前半は，基本的な文の句構造について確認し，移動規則の1つである主語・助動詞倒置現象の分析を，英語を題材にして紹介する．また，生成文法理論の中心的なテーマである島の制約，加えてその現象を説明する下接の条件を概観する．後半は，リッカート尺度を用いて収集した文の容認度データから文の派生段階について論じた実験を紹介する．この実験では，条件ごとの容認度の差が，線形混合効果モデルによって分析されている．次に，スペイン語wh疑問文に関する主語と動詞の語順制限が，文処理上の要請から生じると主張する実験を紹介する．この実験では，文の容認度データを強制選択法によって収集し，実験内で生じた統語的飽和現象を符号検定を用いて分析している．

2.1 統語論の歩き方

2.1.1 句構造

統語論とは，簡単にいうと文における単語の組み合わせ方についての規則を扱う分野である．組み合わせ方という言い方をしたが，実は文には非常に複雑な構造が存在し，統語論はその構造に関する規則を研究する分野である．

(1) は，「若い」「刑事が」「容疑者の」「写真を」「紛失した」という 5 つの単語で構成されている文である．この 5 つの単語は，電車の車両のように隣り合う単語同士が均等に連結されているというよりも，隣の単語との結び付きの強さはそれぞれ異なっていると感じられるだろう．そのような直感をさらに具体的に体験するために，単語と単語の間に「残念なことに」という副詞を挿入した (2) の例を確認してみよう（三原, 2008）．

(1) 若い刑事が容疑者の写真を紛失した．
(2) a. 若い刑事が残念なことに容疑者の写真を紛失した．
　　b. *若い刑事が容疑者の残念なことに写真を紛失した．
　　c. ??若い刑事が容疑者の写真を残念なことに紛失した．

「残念なことに」という副詞が「刑事が」の直後に現れている (2a) はごく自然な日本語の文であると感じられるが，(2b) は日本語として容認できない例であり，(2c) もやや不自然に感じるのではないだろうか（「*」は例が容認できないこと，また「??」はかなり不自然であることを示す）．つまり，同じように隣り合っている単語でも，「容疑者の」と「写真を」の関係は，「刑事が」と「容疑者の」のそれとは性質が大いに異なることがうかがえる．

副詞を挿入しても問題がなかった (2a) の「若い刑事が」は，名詞を中心としたまとまりであることから**名詞句** (noun phrase, NP) と呼び，それ以外の部分は，いわゆる文の述語であり動詞を中心としたまとまりであることから**動詞句** (verb phrase, VP) と呼ぶ．**文** (sentence, S) とは NP と VP の 2 つが組み合わされたものと捉え，文の基本的な構造を次のように考える．

(3)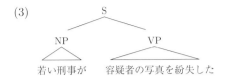

ただ，文の述語には，(4) のように形容詞を中心としたまとまり，つまり**形容詞句** (adjective phrase, **AP**) も存在する．では，S には (3) の構造に加えて NP と AP が組み合わされた場合もあるということになるだろうか．

(4) a. このトマトがとても美味しい．
　　b. このトマトがとても美味しかった．

また，NP にとっての N，VP にとっての V を**主要部** (**head**) と呼び，NP や VP をそれぞれの主要部の**投射** (**projection**) と呼ぶのだが，そうなると S はどのような主要部の投射であると考えるべきだろうか．

(3) と (4) を比較すると，(4) の形容詞が時制によって活用していることがわかる．この時制という情報は VP が述語になっている (3) の場合にも現れているので，(3) で S と表した文の構造は (5) のように**時制** (**tense, T**) を主要部にもつ TP であるという考え方が提案されている．このような構造に関して，(5) において NP が存在している位置を TP の**指定部** (**specifier, Spec**)，また VP や AP の位置を**補部** (**complement**) と呼ぶ．

(5)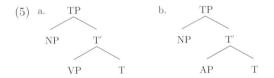

主要部と補部の位置については言語によって異なっている．たとえば (6) に例示するように，日本語の V はその補部である NP に後続するが，英語の V は補部より先に現れる．

(6)

このような特徴から，日本語は**主要部後置型言語** (head final language) と呼ばれ，英語は**主要部前置型言語** (head initial language) と呼ばれる．主要部の位置に関してのバリエーションを認めることで，句構造について統一的なメカニズムを考えることが可能になる．

2.1.2 統語的曖昧性

句構造の NP や VP といったまとまりを，**構成素** (constituent) と呼ぶが，構成素がどのように文の構造を形成しているのかをやや詳しく見るために**統語的曖昧性** (syntactic ambiguity；統語的多義性，構造的曖昧性，構造的多義性ともいわれる) について考える．(7) は「双眼鏡を使って刑事が容疑者を見つけた」という解釈と，「双眼鏡をもった容疑者を刑事が見つけた」という2つの解釈が存在する．このような曖昧性の存在は，VP の構造が複数存在するためと考えるとうまく説明がつく．

(7) The detective [VP spotted the suspect with the binoculars].

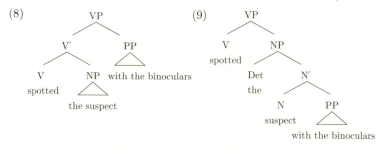

(8) に示した構造では**前置詞句** (prepositional phrase, PP) *with the binoculars* が V' *spotted the suspect* と結び付き，VP の要素になっている．この文では，PP が容疑者を見つける方法を示す修飾語として振る舞っている．一方 (9) では，PP が N *suspect* と結び付いている．この場合は容疑者が双眼鏡をもっていると

2.1.3 複文構造

ここまで文の内部構造を紹介してきたが，TP より大きな構造についても考えてみよう．(10) に例示するように日本語の疑問文には終助詞「か」が現れる．このような要素は**補文標識 (complementizer, C)** と呼ばれ，TP の上の投射として CP が存在する．また補文標識は埋め込む文が平叙文の場合に「と」として顕在化する．

(10) a. 太郎が本を買いました．
　　b. [$_{CP}$ [$_{TP}$ 太郎が本を買いました] [$_C$ か]]．
　　c. 洋子は [$_{CP}$ [$_{TP}$ 太郎が本を買った] [$_C$ と]] 言いました．
　　d. 洋子は [$_{CP}$ [$_{TP}$ 太郎が本を買った] [$_C$ か]] 聞きました．

英語の構造についても考えてみよう．(11) が示すとおり，英語では yes-no 疑問文を作る際に can などの助動詞があればそれを主語の前に移動させる．これを**主語・助動詞倒置 (subject-auxiliary inversion, SAI)** と呼ぶ．先ほど日本語の疑問文の構造として CP を導入したが，英語の場合はもともと T の位置に存在していた要素が C へ移動するという分析がなされている．この考え方のもとでは，埋め込まれた疑問文 (11d) で SAI が起きないのは，すでに C の位置が埋まっており，移動が阻害されるためであると分析する．

(11) a. Susan can swim.
　　b. [$_{CP}$ [$_C$ Can] [$_{TP}$ Susan __ swim]] ?
　　c. Mary said [$_{CP}$ [$_C$ that] [$_{TP}$ Susan could swim]].
　　d. Mary asked [$_{CP}$ [$_C$ if] [$_{TP}$ Susan could swim]].

(12)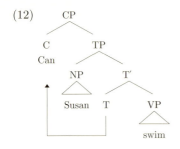

2.1.4 島の制約

最後に，統語論の重要な一角を占める規則として長年研究が進められている一連の**島の制約** (**island constraints**) について紹介する．英語の他動詞の目的語は通常動詞の補部の位置に登場するが，what や who などを用いた wh 疑問文を作ると，その要素は文頭に登場する．このような対応関係を分析する際に，(13) の what はもともと目的語の位置にあり，派生の過程で文頭（具体的には CP の Spec 位置）に移動したと考える．この wh 移動は (14) が例示するように節境界を越えることができる．

(13) What did John buy __ ?

(14) What did Mary think [CP that John bought __] ?

しかし，特定の句構造の境界を越えた移動が許されない場合があり，その形式的な特徴からそれぞれ名前がついている．たとえば，(15a) は埋め込まれた疑問文のなかからの移動が許されない例で，(15b) は関係節などによって修飾されている複合名詞句からの移動が許されないことを示す．これらは特定の領域からの移動を許さないということから「島」と呼ばれる．(15c) は少し様子が異なるのだが，埋め込み節の that に続く主語を wh 疑問文にすることができないという制約である．

(15) a. wh の島

*What did [TP Mary wonder [CP when [TP John bought __]]] ?

b. 複合名詞句の島

*What did [_TP_ Mary meet [_NP_ the man [_CP_ who [_TP_ bought __]]]] ?

c. that 痕跡効果

*Who does Mary think [_CP_ that __ likes John] ?

　wh の島と複合名詞句の島については，この制約をより一般的な形で説明する**下接の条件 (subjacency condition)** というものが提案されている．下接の条件によると，wh 移動は 2 つ以上の**境界節点 (bounding node**; ここでは NP と TP) を越えることができないと考える．たとえば，(15a) では what の移動が 2 つの TP を越えていることになり，(15b) では 2 つの TP と 1 つの NP を越えている．これらの文の容認性が低いのは，下接の条件に違反しているからと説明することができる．では，(14) のような例が下接の条件に違反しないのはなぜだろうか．(14) は what の移動が 2 つの TP を越えているように見えるが，実は (16) に示すように中間地点の CP の Spec 位置にいったん入り，再び移動しているという分析がされている．つまり，1 つの移動ステップにつき TP を 1 つしか越えておらず，下接の条件に違反していない．

(16) [_CP_ What did [_TP_ Mary think [_CP_ __ that [_TP_ John bought __]]]]?

(15a) や (15b) のような例に対しては，Spec 位置がすでに別の wh 句で埋まっているため，同じような中間位置の CP を使うことができないと説明できる．

2.2 研究事例

2.2.1 研究事例 1　数量詞遊離

　Miyagawa (1989) は，(17) に見られる「3 人」のような数量詞について，関連付けられる主語から離れた位置に現れる（遊離する）ことができるかどうかは，述語のタイプが決定していると主張する．具体的には，「来る」のような**非対格動詞 (unaccusative verb)** は主語が VP 内で基底生成されるため，数量詞と関連付けることができるが，「笑う」のような**非能格動詞 (unergative verb)** は主語が VP の外で基底生成されるため，VP 内の数量詞と関連付けることがで

きないという説明がされている[1]．

(17) a. 学生がオフィスに3人来た．
b. *学生がゲラゲラと3人笑った．

しかしその後の研究で，非能格動詞でも事象が限界 telic（＝原理的に終わりのある事象）であることを表現するものであれば，数量詞の遊離が認可されるという(18b)のような観察が得られており（三原，1998；Nakanishi, 2008），動詞のタイプそのものが重要なのではないという主張も存在する．

(18) a. *友達が10分の間2人踊った．
b. 友達が10分のうちに2人踊った．

Fukuda & Polinsky (2014) は，この数量詞の遊離という現象の容認性がどのような要因によって影響されるのかを調べる実験を実施し，文の派生過程の複雑さが容認性を下げる効果があること，また**限界性 (telicity)** だけが容認性を決めるものではないことを明らかにしている．これらの実験の実施にあたり，Fukuda らは (19) の例にあるような遊離数量詞と基本的に同様の振る舞いをする「何か」「誰か」といった Existential Indeterminate Pronominals (EIPs) を活用している．

(19) a. 学生がオフィスに誰かやってきた．
b. *学生がゲラゲラと誰か笑った．

実験1では，派生過程の複雑さが遊離した EIP を含む文の容認性を下げるという仮説を検証するために，動詞タイプ（非対格動詞 vs. 非能格動詞）に加えて，介在する付加詞のタイプ（VP 内付加詞 vs. VP 外付加詞）を操作している．まず，非対格動詞の文では主語が VP 内で基底生成され，非能格動詞の文では主語が vP 内（つまり VP の外）で基底生成されると仮定する．Fukuda らは，(20) や (21) のような主語と EIP の間に付加詞が介在する語順を生成する際に，

---

[1] 一般的に，非能格動詞は行為者の意図的行為について述べる自動詞であり（例：踊る，叫ぶ，走る），非対格動詞は自然現象や事態の発生を表す自動詞と分類されている（例：起こる，生える）．本文中の「来る」は，一見その分類によれば非対格動詞ではないように思われるかもしれないが，「台風が来た」のように行為者ではない主語とともに用いることができる．

非能格動詞と VP 内付加詞の組み合わせ (20) の場合に限って，派生過程が複雑になると主張する．(20) では主語「学生が」の vP 内の基底位置から TP への移動に加えて，VP 内付加詞「階段で」が VP 内から vP へ移動することが要求される．一方 (21) のように VP 外付加詞「火事で」の場合は，付加詞の移動が要求されず，派生過程がより単純である．以下の例文の t は移動した要素の**痕跡 (trace)** を示す．

(20) [$_{TP}$ 学生が $_2$ [$_{vP}$ 階段で $_3$ [$_{vP}$ t$_2$ 誰か [$_{VP}$ t$_3$ 騒いだ]]]]
(21) [$_{TP}$ 学生が $_2$ [$_{vP}$ 火事で [$_{vP}$ t$_2$ 誰か [$_{VP}$ 逃げた]]]]

もし事象の限界性が，遊離した EIP を含む文の容認性に大きく影響するのであれば，(20)(21) はともに非限界事象であるので，付加詞のタイプの効果は見られないことを予測する．しかし派生過程の複雑性が影響しているとすると，付加詞の移動が要求される (20) の条件では派生過程が複雑であることから，その条件でのみ容認性が下がることが予測される．

実験は，78 名の被験者が 7 段階の**リッカート尺度 (Likert scale)** を用いて容認性を判断するという課題を実施している（紙ベースの調査）．動詞のタイプ，遊離の有無，付加詞のタイプという 3 要因が操作された．課題によって得られた容認度データは**標準得点 (z-score)** に変換された後[2]，上の 3 要因を固定因子，被験者と項目をランダム因子として**線形混合効果モデル (linear mixed effects model)** によって分析された[3]．その結果，(20) のような非能格動詞と VP 内付加詞の組み合わせの条件で，遊離の有無の要因が有意であった．つまり，EIP が主語に隣接している条件に比べて，EIP が遊離している条件で容認性が低かった．この結果は，派生過程の複雑さが容認性に影響していると解釈することができる．

また実験 2 では，非対格動詞を使いながら限界性が異なる刺激文を用いて，

---

[2] リッカート尺度などによって得られた数値は相対的なものであり，被験者によるばらつきが生じることが多い．たとえば，ある被験者は何らかの差を 3 と 5 で表現し，別の被験者はその差を 1 と 7 で表現するといったことが考えられる．そのような場合の効果（それが本質的には同じものだったとして）を統一的な尺度で捉えるために，標準化したデータを用いることが適切であると考えられる（Schütze & Sprouse, 2013 など）．
[3] 分散分析ではなく，線形混合効果モデルを使うことの主な利点については，第 1 章の脚注 3 を参照されたい．

遊離した EIP の容認性に対する限界性の効果を調べている．刺激文は (22)(23) のような例が用いられている．実際には，非能格動詞も要因に入っており，またこれらの刺激文は「言う」や「思う」といった動詞に埋め込まれた形で呈示された．「漏れる」という動詞は非限界的事象を表す動詞であり，「落ちる」は限界的事象を表す動詞である．

(22) a. 夜の間にベタベタしたものが何かダンボール箱から漏れた．
　　 b. 夜の間にベタベタしたものがダンボール箱から何か漏れた．
(23) a. 下校中に同じ学校の学生が誰か近くの池に落ちた．
　　 b. 下校中に同じ学校の学生が近くの池に誰か落ちた．

課題や分析の方法については，実験 1 と同様であった．実験の結果，それぞれの対で遊離の有無の効果があった．つまり，(b) に比べて EIP が遊離していない (a) の文で容認性が高く，その効果は動詞のタイプにかかわらず観察された．このことは，事象の限界性が遊離する EIP の容認性に大きな影響を与えるという仮説で説明することができない．もし，遊離する EIP が限界的事象の文でのみ認可されるのであれば，(23) のような限界的な事象の文で遊離の有無の効果が消失するという可能性があるが，Fukuda らの実験ではそのような効果は観察することができなかった．また，全体的に (23) のような限界的な事象の文で，(22) のような非限界的な事象の文に比べて容認度がやや低かった．その効果は特に (b) のペアで顕著であり，(22b) に比べて (23b) の条件で容認度が有意に低かった．この結果は，限界性という観点からはこれまでの観察とは逆であり，Fukuda らはこの効果について，非限界的事象の文では「漏れる」「流れる」「たれる」とともに無生物が主語として使われた一方，限界的事象の文では「落ちる」「入る」「来る」といった動詞とともに有生物が主語であったという有生性の効果が考えられるという考察を述べている．

2.2.2　研究事例 2　統語的飽和

Goodall (2011) は，英語やロマンス諸語（フランス語，イタリア語，スペイン語など）で観察される動詞の倒置現象を扱った論文である．英語とスペイン語における倒置現象が，統一した統語的な規則で扱われるべきかといった問題を

設定したうえで，一見類似する現象が実は異なる理由によって制限されているという証拠を，実験的な手法を用いて提示している．以下ではまず主語と動詞の倒置現象について概観し，どのような実験結果が得られたのかを紹介する．

まず，(24) にあるように主節 wh 疑問文において，英語では主語と助動詞の倒置が起こる．スペイン語では本動詞が主語の前に移動することが知られている．

(24) a. What will Mary say?
　　 b. Adonde　fue　　 Maria?　'Where did Maria go?'
　　　　 where　 went　 M.

英語の主語・助動詞の倒置に関しては，T に位置する助動詞 will が C に移動することによってこの語順が得られていると主張され，そのような説明がスペイン語 wh 疑問文における倒置現象の説明にも応用できるという可能性が強く示唆されている．たとえば，スペイン語の主節 wh 疑問文では本動詞が主語の前に現れる．そして英語とは異なり，スペイン語ではもともと本動詞が V から T へ移動しているということが独立して主張されている．そのような違いを援用することで，異なる言語の類似する現象を統一的に説明できるという非常に魅力的な帰結につながる．

ただし，この 2 つの言語の倒置現象について，本質的に異なっていることを示す事実が存在する．1 つ目は，(25) が示すようにスペイン語では英語と違い，埋め込み節に現れる間接疑問文でも倒置を要求する．

(25) a. *No 　sé [CP qué　 Juan compra].　'I don't know what Juan buys.'
　　　　 NEG　know　 what　 Juan buy
　　 b. No sé [CP qué compra Juan].

もう 1 つは，wh 疑問文における副詞の位置に関する事実である．副詞が基本的に C よりも低い位置に置かれると仮定すると，wh 疑問文において動詞は常に副詞よりも高い位置に存在すると予測される．しかし，(26) の例は，副詞 *jamás* 'never' が動詞より左に現れていることを示す．このような予測とのずれは，スペイン語の動詞が wh 疑問文において C の位置にあるという主張が支持されないことを示唆する．

(26) A quién jamás ofenderías tú con tus acciones?
whom never offend you with your actions
'Whom would you never offend with your actions?'

もし，スペイン語で動詞がTからCへ移動していないとなると，そもそもの倒置現象はなぜ起きているのかという疑問が生じる．Goodallは，スペイン語のwh疑問文で主語と動詞の倒置が起きる理由は，主語が動詞より左にあることが文処理上の負荷を高めるからだという仮説を提案している．この考え方に従うと，主語と動詞の倒置が起きるのは文法的な要求ではない．文頭のwh句と依存関係を結ぶ動詞という2つの要素の間に主語の名詞句が介在すると，文処理上の負荷を高めるので，それを避けるために主語と動詞の倒置が起きているという説明である．

英語の倒置は文法的制約の要請であり，スペイン語の倒置は文処理上の要請であるという仮説を検証するため，Goodall (2011) では**統語的飽和 (syntactic satiation)** という現象を指標とした実験を実施している．統語的飽和現象というのは，何らかの制約に違反して容認度が通常低い刺激文を繰り返し被験者に呈示すると，ある特定の刺激文のタイプでは最終的に容認度が高くなるという現象である．Snyder (2000) では，(27a) のような複合名詞句の島の制約に違反している刺激タイプでは実験内で徐々に容認度が高くなった一方，(27b) のようなthat痕跡効果と呼ばれる刺激タイプでは容認度に変化がなかったということを観察している．この結果をもとにSnyderは両者が異なる制約に違反しているという提案をしている．

(27) a. *Who does Mary believe the claim that John likes __ ?
　　　 複合名詞句の島
　　b. *Who does Mary think that __ likes John ?
　　　 that痕跡効果

この統語的飽和現象を指標として，Goodallは英語母語話者に対して (28a) のような刺激文を，またスペイン語母語話者に対して (28b) のような刺激文を繰り返し呈示し，容認度が高くなるかどうかを調べる実験を実施した（英語母語

話者 45 名，スペイン語母語話者 59 名).

(28) a. *What Mary will say?　　b. *Qué　María dijo?
　　　　　　　　　　　　　　　 what　M.　said

紙ベースのアンケート形式によって実施された実験は 5 ブロックに分かれており，各ブロックに同じタイプの刺激文が 1 文だけ含まれている．被験者は数種類の容認性が低い文や，高い文と混ぜられた刺激文を 1 つずつ「良い」「悪い」だけで判断していく（強制選択式，forced-choice method）．それぞれの言語の被験者の判断が，途中から「悪い」から「良い」に変化し，その後はその「良い」という判断に変化なしという飽和現象を示した人数と，判断が途中から「良い」から「悪い」に変化し，その後はその「悪い」という判断に変化なしという逆の傾向を示した人数が**符号検定 (sign test)** を用いて比較された [4]．

英語母語話者に対して行われた実験では，複合名詞句の島の制約に違反する刺激文に対して飽和現象を示したのが 10 名，逆の傾向を示したのが 3 名であり，飽和現象を示した被験者の数が有意に多かったことがわかった ($p = .046$)．また，(28a) のような倒置を起こしていない刺激文については，差が見られなかった（飽和現象 4 名，逆の傾向 4 名）．スペイン語母語話者に対して行われた実験では，(28b) のような倒置を起こしていない刺激文について飽和現象を示した被験者が 12 名，逆の傾向を示した被験者が 1 名であり，飽和現象を示した被験者の数が有意に多かったことがわかった ($p = .002$)．

この結果は，倒置をしていない英語の wh 疑問文が飽和現象を全く示さなかった一方で，スペイン語のそれに対応する刺激文は飽和現象を明確に示したとまとめることができる．このことは，2 つの言語の倒置現象が 1 つの文法的な制約から導かれているという分析に対して大きな疑問を投げかけ，倒置を起こし

---

[4] 符号検定は，ノンパラメトリック法の 1 つである．計測された従属変数の値が増える (+)，または減る (−) という効果について，その「+」と「−」の分布（符号の分布）に偏りがあるかどうかを検定する．標本数が十分に大きい場合は z 値を統計量として計算する．この場合の計算は，二項検定を実施するのと同様になる（つまりある出来事について n 回試みた場合に r 回起きる確率を計算する）．標本数が少ない場合（Triola (2012) によれば，25 未満），符号検定表によって限界値を調べて有意かどうかを判定する．どの程度値が変化したかについての情報は失われてしまうので，t 検定などのパラメトリック法よりも検出力に劣るが，正規性の仮定といった前提を満たす必要がないという利点もある．

ていない文の容認性を下げている理由が英語とスペイン語では異なっていることを示唆する.

問題 2.1　統語的曖昧性
「新しい切手の箱」という表現は 2 通りの解釈があり，その解釈の違いは統語構造が 2 通りあると考えることができる．まず 2 つの解釈を考え，それぞれに対応する統語構造を描きなさい．

問題 2.2　島の制約
本文で扱っていない島の種類に「主語の島」と呼ばれるものがある．(a) のような文から主語の一部である "Matt" を尋ねる wh 疑問文を作ったものが (b) であり，英語母語話者による容認度は著しく低い．

(a)　Stories about Matt terrified John.
(b)　*Who did stories about ＿ terrify John? (Chomsky, 1977)

主語の島の制約に違反している (b) の統語構造を描き，下接の条件で説明することができるか考えなさい．

問題 2.3　符号検定
Fukuda & Polinsky (2014) で検討された (20)(21) について考える．50 名の参加者に集まってもらい，容認度判断について調査した．Fukuda らはリッカート尺度を用いてデータを収集したが，ここでは強制選択法によってデータを収集したと仮定する．まず (20) の刺激文を，次に (21) の刺激文を呈示し，容認度がどう変化したか尋ねたところデータが以下のように集まった．このデータに関して付加詞による効果を統計的に検証したい．

(20) 学生が階段で誰か騒いだ．
(21) 学生が火事で誰か逃げた．

データ　　良くなった　34 名　　変わらない　9 名　　悪くなった　7 名

(a) 帰無仮説は何か．
(b) 符号検定によってデータを分析しなさい．この場合，標本数が十分に多いと考えてよいか．その場合には，「ある出来事について n 回試みた場合の r 回それが起きる確率」を計算することになる．n と r の数も答えなさい．

問題 2.4　標準得点
Fukuda & Polinsky (2014) では，被験者は 7 段階のリッカート尺度を用いて容認性の判断をした．得られたデータは**標準得点 (z-score)** に変換されているが，標準得点に変換す

る理由を説明しなさい．

さらに学びたい人のために

[1] 長谷川信子：生成日本語学入門，大修館書店 (1999)，192 p
 日本語のデータをもとに，統語論の入門的な内容が丁寧に解説してあり，初学者にとっては非常にわかりやすい．
[2] 渡辺 明：生成文法，東京大学出版会 (2009)，159 p
 統語論という学問が何を目指しているのかというとても重要な問いに対して，理論の技術的な内容が変わったとしても押さえておくべき姿勢についても学ぶことができる．
[3] Sprouse, J., Hornstein, N.: *Experimental Syntax and Island Effects*. Cambridge: Cambridge University Press (2013), 432 p
 非常に高度な内容だが，現在の最先端の文法理論と文処理，獲得とのつながりについて，島の制約を基盤としてまとめられた論文集である．

3

意味論

　第1章と第2章は主に言語の形式的側面に焦点を当てているが，この章では言語の意味について概観する．言語の意味は，「文字どおりの意味」と「話者の含意」の2つに分けて考えることができる．意味論とは，単語や文の意味を理解するとはどういうことなのかについて研究する分野である．本章の前半では，単語レベルおよび文レベルの「文字どおりの意味」について説明する．意味論に関する実験では，話者のもつ文の真理条件への直感を，フォーマルな実験で検証することが多い．本章の後半では，フォーマルな実験の結果が理論の発展に貢献している例を2つ紹介する．1つ目は，曖昧性をもつ文を大人と子どもがどのように理解しているか，また，日本語と英語で理解に違いがあるかどうかを調べた実験である．言語（「日本語」対「英語」）と年齢（「大人」対「子ども」）の2つの要因がもたらす変動の有意差を，2×2の分散分析を用いて分析している．2つ目の実験は，意味論の基礎となっている「真理値が0と1の2項から成り立っている」という仮定に基づいた場合と，「真理値は0から1の間の継続した範囲からなる」という革新的な仮定に基づいた場合とで，実験の結果に違いが出るかどうかについて調べたものである．このような実験が示す違いがどのように理論の発展に貢献するかについての議論も含まれている．

3.1 意味論の歩き方

3.1.1 意味とは？

言語学の分野のなかで，**意味論 (semantics)** と**語用論 (pragmatics)** は主に意味に関する分野であるが，この2つの分野を区別する線引きは確立されたものではない．2つの分野を区別する際に重要になるのは，哲学者グライスの1959年の論文だ．グライスの理論によると，文の意味は「文字どおりの意味」と「話者が伝えようとする**インプリカチャー（含意, implicature）**」の2つの面に分けられ，意味論は前者について，語用論は後者について研究する分野といえる．

しかしながら，グライスの提案する理論はそのままでは実際に2つの分野を区別する際に具体性がなく，適用するのが難しい．そこで，本章と次章において，意味論とは，文の真 truth と偽 falsity の判断について扱う分野，語用論は文の適切性 felicity の判断について扱う分野とする．このような分け方は，必ずしもグライスの理論に忠実に沿ったものとはいえないが，グライスの理論より具体的であるため予測／実証が可能となり，議論を進ませるのに適している．

ある状況で文を使ったときに，その文のもつ意味がその状況と合うか（正しい／真）合わないか（間違っている／偽）についての直感を話者はもっている．一方，たとえば英語の定冠詞 the の意味や日本語の疑問文に使われる終助詞「か」の意味といった単語の意味は，単語単独で考えても直感がはたらかず，その単語が文全体にどのような影響を与えるかを検討して初めてわかる．そのため，理論意味論では，文全体の意味に関する直感に基づく研究が多い．もちろん，「犬」や「生きている」等という単語の意味について，私たちは色々な面から理解をしているし，単語の意味は文全体の意味にも関係してくる．このような単語の意味を考えるとき，単語同士の関係について理解することが重要となる．そこで次の節では，まず，単語レベルの意味について考えてみよう．

3.1.2 単語レベルの意味

単語の意味を理解する，というのは，どういうことか？　誰かが，「ネコ」といったとする．聞き手はどのようにして，話者が何を意味しているか判断するのだろうか？　「ネコ」のような一般名詞の意味は，ある特性をもつ物／動物

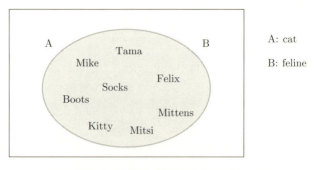

図 3.1 同義語の関係を表すベン図

を集めた集合だと仮定しよう．たとえばネコの場合，この特性には，「動物の一種である」「ひげがある」「4本の脚で歩く」「爪が鋭い」等が含まれるかもしれない．これに加え，単語の意味を知っているというのは，その言葉と，他の表現との関係を知っていることだと仮定しよう．このような，表現同士の意味の関係を意味関係と呼ぶ．では，この場合の関係とは，どのようなものか？　以下の3つの関係が特に重要な意味関係である．例を使って考えてみよう．

(1) 同義語 (synonymy)

　同義語／シノニミー (synonymy) は，同じ意味をもつ述語同士の関係である．たとえば，英語の *cat* の場合，*feline* という名詞／述語のもつ特性と同一であるため，この特性をもつ動物を集めた集合は，どちらも同じ集合を指す．このような関係をベン図 (Van diagram) で示すと，図 3.1 のようになる．この世界のなかで，「ネコ」を特徴づける特性をもつ物／動物の集合は，{Tama, Mike, Felix, Boots, Mitsi, Socks, Mittens, Kitty} だと仮定しよう．このとき，*cat* と *feline* の特性をもつ物の集合は，どちらもこれらの動物を含むことが示されている．

(2) 上位語／下位語 (hypernymy/hyponymy)

　上位語 (hypernymy)，下位語 (hyponymy) は，1つの述語の意味が，もう1つの述語の意味に含まれるような述語同士の意味関係を指す．「犬」という一般名詞と，「柴犬」という一般名詞を例にとって考えてみよう．一般名詞「柴犬」

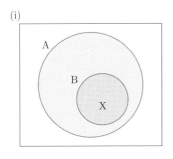 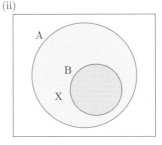

A：犬
B：柴犬

図 3.2　上位語／下位語の関係を表すベン図

は，「柴犬」を特徴付ける性質（「4本脚で歩く」「毛が短い」「耳が立っている」「しっぽが巻いている」等）をもつ動物の集合であり，「犬」とは，「犬」を特徴付ける性質（「4本脚で歩く」「吠える」等）をもつ動物の集合である．このとき，動物 X が柴犬の集合のなかの 1 匹である場合，必然的に，「犬」の集合のなかの 1 匹でもある．しかし，これを逆にした場合は，同じことがいえない．動物 X が「犬」の集合のなかの 1 匹であっても，X は，必ずしも「柴犬」ではない．なぜなら，X はコリーかもしれないからだ．このように，1 つの集合（を表す語の意味）がもう 1 つの集合（を表す語の意味）を含むような関係にあるとき，前者を上位語と呼び，後者を下位語と呼ぶ．上の例でいうと，「犬」は上位語になり，「柴犬」は，下位語にあたる．このような関係をベン図で表すと，図 3.2 のようになる．X が (i) のときには両方の円のなかに入っているのに対し，(ii) のときには A の円には入っているが B の円には入っていないのがわかる．

(3) 反義語／アントニム (antonym)

反対の意味をもつ語を反義語という．反義語にはいくつかの種類があるが，そのうちの**二項対立反義語 (binary antonyms)** と**段階的反義語 (gradable antonyms)** について見てみよう．

二項対立反義語とは，「生きている」と「死んでいる」といった，その 2 つの表現だけですべての可能性が尽くされる，排反の関係にある述語を指す．次の 2 つの文で考えてみよう．

(1) a. ジョージワシントンは生きている．
　　b. ジョージワシントンは死んでいる．

「ジョージワシントンは生きている」という文が正しいときは，どういうときだろうか．ジョージワシントンという人物がいて，その人物が生きている状態のときに，人はこの文が正しいという直感をもつ．そして，(1a) が正しいという直感をもつ状態のとき，必ず，(1b) は間違っているという直感になる．また，反対も同じことがいえる．(1b) が正しいという直感をもつのは，ジョージワシントンという人物がいて，その人物が死んでいるときであり，同時に (1a) は間違っているという直感をもつ．このように，一方の述語があてはまるときに必ずもう一方の述語があてはまらないような排反関係にある語を，二項対立反義語という．二項対立反義語は，両方が間違っていることはあり得ない．

これに対し，「高い」と「低い」，「明るい」と「暗い」，のように，程度の違いを考えることができる反義語を段階的反義語という（「少し長い」「とても長い」など）．段階的反義語は，二項対立反義語と異なり，一方を否定しても必ず他方になるとは限らない（すなわち，その2つの表現だけですべての可能性が尽くされない）という性質をもつ．たとえば，ある人物の背が「高くない」からといって，必ずしもその人物の背が「低い」とは限らない．

(2) a. 背が高い．
　　b. 背が低い．

3.1.3 文レベルの意味

次に，文レベルの意味を考えていこう．意味論では，文の意味は，「真理値／真理条件」であると仮定して，理論が構築されている．では，「真理値」とは何か？ (3) の例を使って考えてみよう．

(3) 太郎がリンゴを食べている．

この文が正しいと理解されるのは，以下の条件が揃ったときである．

(4) a. 太郎という名前の人が実際の状況のなかにいる．

b. 実際の状況のなかにリンゴがある．
c. リンゴを食べるという行動を，太郎が発話の時点で行っている．

文を正しいと解釈するための条件を**真理条件** (truth condition) と呼ぶ．文全体の真理値は，このような真理条件が満たされたかどうかを確認することによって決定される．

正しい，正しくない，という直感は，文全体についてのみ出てくるもので，単語のレベルではない．先の (3) で考えてみよう．(3) の文は，「太郎」「リンゴ」「食べている」の，大きく分けて 3 つの単語（プラス格助詞）から成っている．このとき，人は，「太郎」という単語が，正しい，正しくないという判断はできない．判断できるのは，「太郎がリンゴを食べている」という文全体についてのみである．この文は，実際に発話された時点で，太郎がリンゴを食べている状態の場合は「真」，太郎という名前の人物がいない，太郎が食べているのがリンゴではない，または，太郎はリンゴを食べているのではなくもっているのだった，等の状態のときには，「偽」と判断される．

意味論は，文の真理条件について扱う分野である．ということは，意味論は主に文の意味／真偽について扱う分野といえる．もちろん，3.1.1 項で書いたように，個々の単語にも意味がある．しかし，単語の意味は人が意識して理解しているものではない．特に，**機能語**（助詞，前置詞等，主に文法的役割を担う語；function words）は，人がどのように理解しているのかを述べることが難しいものの 1 つである．その 1 つの例として，次の例を紹介したい．Sauerland & Yatsushiro (2014) のなかで，筆者たちは，日本語の「っけ」という終助詞が，英語の *again* が文全体にもたらす意味と同じ効果を引き起こすことを示した．しかし，私たちが英語の *again* の意味，また，日本語の「っけ」の意味を考えたときに，それだけを定義するのはとても難しい．これは，私たちが意識してアクセスできるのは，平叙文全体の真，偽のみであるからである．

(1) 真理条件

では，文の真理条件，また，真理値は，どのようにして得られるものなのか？文の真理値と構造は，とても緊密な関係になっている．一般に，文の構造を考

えたとき，一番小さい単位は，単語 (word) である．単語と単語を組み合わせることにより，句 (phrase) が作られ，句と句が組み合わされることにより，より大きな句，そして，文（sentence, S または IP）が作られる．(5) の文を例にとって，どのようにして文の意味が編み出されるのか考えてみよう．「走る」という動詞は，主語のみと結びつく，目的語をもたない自動詞である．本章では，動詞が直接名詞と結びつくことにより，文が作られると仮定する（これは統語論の理論に必ずしも忠実ではないが，本章では意味論の観点から句が必要でない場合は省略することにする）．

(5) 太郎が走る．

では文全体の意味は，どのようにして導き出すのだろうか？　「太郎」「走る」という単語の意味を，以下のように理解することとする．

(6) a. 走る：「x が走る」の x の部分に入れた場合に，文全体の真理値が「真」になる人／物を集めた集合 (set)
　　b. 太郎：太郎という名前の実際の人物

「太郎」のような固有名詞（**指示表現 (R-expression)**）の意味を，実際の人物・物だとする．たとえば，「太郎が走る」という文が，次のような状況で使われたとする．以下，文が「真」の場合は 1，文が「偽」の場合は 0 と表す．

(7) 太郎，花子，次郎，の 3 人がいる．太郎と花子は走り，次郎は走らない．
　　　太郎が走る = 1
　　　花子が走る = 1
　　　次郎が走る = 0

「xが走る」のxの部分に入れたときに，文全体が正しい現実の状況を指す人物・物から構成される集合は，|太郎, 花子| である．これは「走る」という動詞の意味は |太郎, 花子| という集合だといえる．このとき，「太郎」がこのような集合のメンバーに含まれている場合，文の意味は，「真／1」となる．

このように，文全体の意味は，小さなユニットである単語／句と単語／句を順に結び付けていくことにより，より大きな句を形成し，そのたびに計算されて，文の意味までたどり着く．このような言語一般の特徴を**合成性 (compositionality)** と呼ぶ．合成性は意味論の核となる考え方である．意味論の目標は，話者が文の意味を計算するのに必要な単語の意味と，そのモデル，そして，単語／句と単語／句を結び付けるメカニズムの理解／構築にあるといえる．

3.1.4 実験の意味論への貢献

意味論の実験には，文の真理条件に関する話者の直感についてのものが多い．話者のもつ真理条件に関する直感は，主に，以下の2つの方法で調べられる．

(1) 真理値判断課題

真理値判断課題 (truth-value judgment task) では，話者に**刺激文 (target sentence)** とシナリオを与え，与えられた刺激文を与えられた状況のもとで正しいと判断するかどうかを，話者の反応から判断する．

文の真理値についての**直感 (judgment)** を調べるためには，理論に基づく仮定から，実験文を作る必要がある．この際，仮説 (X) の正否を決定するために，(X) を使った文と使わない文，最低2つの構造が必要となる．たとえば，日本語の語順の曖昧性への影響を調べるとする．以下のような仮定を立てた場合，AとBの2つの構造の刺激文を使う．

(8) 仮説：
日本語の場合，主語と目的語が数量詞で，語順が主語–目的語–動詞 (A) のときは曖昧性が出ないが，目的語–主語–動詞 (B) のときは曖昧性が出る．
A: 主語–目的語–動詞　「男の子の誰かが，どの女の子も，たたいた」
B: 目的語–主語–動詞　「どの女の子も，男の子の誰かが，たたいた」

両方の構造に対する直感の違いが出るか出ないかで，仮説が正しいか正しくないかを調べることができる．真理値判断課題の場合，(9a) と (9b) のような，刺激文が正しいと判断されることが予測される状況と，間違っていると判断されることが予測される状況の 2 つの状況を作り，そのなかで両方の刺激文の真／偽を判断をさせる．

(9) 男の子：太郎，次郎，三郎，四郎
　　女の子：花子，和美，美鈴，さやか
　　a. 太郎が花子をたたき，和美をたたき，美鈴をたたき，さやかをたたいた．それ以外の男の子は，どの女の子もたたかなかった．
　　b. 太郎が花子をたたき，次郎が和美をたたき，三郎が美鈴をたたき，四郎がさやかをたたいた．

仮説が正しいとき，A の語順の文は，(9) の状況の片方のみ ((9a)) で正しいと判断され，B の語順の文は (9) の両方の状況のときに正しいと判断される．また，仮説が正しくないときには，このパターンと違った直感をもつと予測される．

しかし，文の真理値の直感を調べる際，仮説以外の要素が直感に影響を与える場合があり，細心の注意を払わなければならない．意味の直感判断が，仮説以外の要素に影響を与えられやすいのには，2 つの理由がある．1 つには，通常，私たちが言語を使う理由は，他者のいった文の真／偽に関して話すためではなく，新しい情報をもたらすためであることが多いこと，また，他人がいったことが間違っていると指摘するのは，相手を脅かす行為と受け止められることがある．このような意味論の仮説と関係ないことの影響を回避するために，子どもの意味の直感について真理値判断課題を使って実験する場合，Crain & Thornton (1998) やその他の言語習得の研究者たちは，以下のような実験方法をとることを奨励している．

(10) a. 人形（パペット）やキャラクターに文をいわせることによって，言い間違いが起きてもおかしくない状況を作る．
　　 b. 子どもには，正しい／間違っているといわせるのではなく，それ以外の反応をさせる（例：パペットのいったことがおかしかったら（間

違っていたら）ブロッコリーを，合っていたら（正しかったら）クッキーを与えさせる）．

さらに，忘れてはならないことは，実験の目的が文の真理条件の判断についてであるときでも，文と周りの状況との関連性や適切性条件が大きく影響を及ぼす可能性があるということである．

(2) 含意関係判断課題

文の真理値について実験する2つ目の方法は，話者に2つ以上の文を与え，その2つの文が，**エンテールメント**（含意，**entailment**）関係にあるかどうかを，話者に判断させる方法である．エンテールメントとは，2つの文または命題の以下のような関係のことを指す[1]．

(11) 2つの文／命題があるとき，1つの文／命題の真／偽が，もう1つの文／命題の真／偽を必ず決定する関係

次の2つの文を例にとって考えてみよう．

(12) a. 太郎がリンゴを食べた．
b. 太郎が果物を食べた．

(12a)は(12b)を含意する．なぜならば，リンゴは果物の一種であり，「太郎がリンゴを食べた」という文が正しいときは，必然的に「太郎が果物を食べた」という文も正しくなるからである．それに対し，(12b)は(12a)を含意しない．なぜなら，「太郎が果物を食べた」が正しいときに，必ずしも「太郎がリンゴを食べた」は正しくないからである．たとえば，太郎がブドウを食べたとする．そのとき，「太郎が果物を食べた」は正しいが，「太郎がリンゴを食べた」は正しくない．

アリストテレス由来の『すべての人間には死が待っている』と『ソクラテスは人間である』という2つの文から，『ソクラテスには死が待っている』という

---

[1] ここで説明されている**エンテールメント**（**entailment**）と第4章で説明されている**インプリカチャー**（**implicature**）は異なる概念であるが，日本語では両者とも「含意」と訳されることがあるので注意が必要である．

結論に達する含意の関係は，意味論のなかでも古典的なものといえる．これまで意味論は，アリストテレスの例のように，どの言語のどの話者からも鮮明な判断が得られる事実を基礎にして進歩してきたため，厳密な実験は必要とされてこなかった．しかし近年では，実験を用いた研究が意味論への貢献度を増してきている．

意味論研究において実験が有効なのは，主に以下の3つの場合である．まず第一に，前述のような意味に関する判断がとてもデリケートで，文の意味を計算するのとは無関係な理由・要因等に判断が影響されやすい領域の場合，数名以上のグループを対象にして条件を統制した実験を行うことにより，再現可能な信頼度の高い結果が得られる可能性が向上する．

第二には，子どもたちや高齢者，正式な教育へのアクセスが限られているあまり知られていない言語の話者，そして，認知能力が非典型的な個人といった，「通常の認知能力のプロフィールをもつ大人」以外の人たちを対象とする研究の場合である．そのような人たちの真理値判断について確認することは，人間の意味に関する，もって生まれた能力とその生物学的基礎についてのモデルを比較するために，新しい可能性をもたらす．

第三に，反応時間（文の判断にかかる時間，reaction time）や脳波等の計測から得られるデータは，（真理値判断だけではない）より豊富なデータを意味論にもたらしてくれる．これらの実験方法により得られるデータから，人間がどのように文を理解するかについてのさまざまなモデルを，その影響・予測をもとに比較することが可能になる．

次に意味に関する実験のデータをどのように分析するかを考えよう．意味に関する実験のデータは，**カテゴリーデータ (categorical data)**，または真と偽の2つの種類の反応／答えから成る **2値データ (binary data)** であることが多い（意味に関する実験において，答えを真と偽の2つに分類することについてはさまざまな批判もあるが，それについては後述する）．そのようなデータの場合，線形モデル (linear model) や正規分布を前提としているような，心理言語学でよく使われる統計学の手法はふさわしくない．可能であれば，同じことをテストするための刺激文をいくつか用意し，それらについての反応をロジスティック混合モデル (logistic mixed model) 分析を用いて検定することが望まし

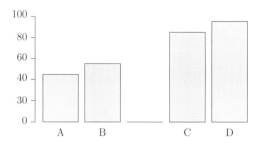

図 3.3　有意差に関しての仮データ

いだろう (Jaeger, 2008)．しかし，研究の進んでいる英語以外の言語が研究対象の場合，意味論に関する実験を行う際には，いろいろな意味で困難が生じることが考えられる．このような場合，1 つの文を「真」と判断するか「偽」と判断するかといった実験が最も行いやすいかもしれない (Sauerland, 2014)．2 値データ，割合の比較をするためには，**ベルヌーイ過程 (Bernoulli process)** や**フィッシャーの正確確率検定 (Fisher's exact test)** を使うほうがよい（17.2.2 項参照）．また，このようなデータをグラフで表すためには，正しい答えのパーセントを棒グラフで表したもので比較するのが通常である．この場合，比較している数値の違いが同じ場合でも，その 2 つの数値が 50%に近い領域にあるのか，50%から離れた領域にあるのかによって，統計的に**有意 (significant)** な値が違う可能性があるので，注意しなければならない．図 3.3 に示された仮のデータを例に考えてみよう．

A, B, C, D は，4 つの文の真理値をそれぞれ 100 人に聞いて，「真」と判断した数であると仮定する．このような実験で得られる **2 値データの場合，二項分布 (binomial test)** を使うと，それぞれのグループについて，そのグループの値がチャンスレベル (50%) と有意な違いがあるかどうかを調べられる．たとえば，A グループと B グループの値を調べた結果，ともに p 値 (p-value) が 0.368 だったとする．この場合，A グループと B グループの値は，それぞれ統計上チャンスレベルと有意差がないということになる．それに対して，C グループと D グループは，それぞれ p 値が 10^{-12} と 10^{-16} より小さくなり，統計上，両方ともチャンスレベルと有意な違いがあるといえる．この結果によると，A

グループとBグループの被験者らは与えられた実験文を人によって異なる意味として理解していたのに対して，CグループとDグループの被験者らは大多数が同じ意味として理解していたという結論が導き出される．

次に，Aグループ対Bグループ，Cグループ対Dグループと，2つのグループの値の比較をしてみよう．数値のみを比べた場合，Aグループ「はい」と答えた被験者の数は45人，Bグループは55人（違い：10人），Cグループは85人，Dグループは95人（違い：10人）だったとする．このとき，AグループとBグループの差とCグループとDグループの差は同一（10人）である．しかし，フィッシャーの正確確率検定を使いグループごとの差が統計上有意であるか調べると，大きな違いが出てくることがわかる．AとBを比べた場合，p値は0.157で，その違いは有意ではないのに対し，CとDを比べた場合，p値は0.032になり，統計上有意な差であると算出される．つまり，フィッシャーの正確確率検定を使うことによって，Cグループ対Dグループを比べた場合にのみ有意な差が出てくることがわかる．このように，フィッシャーの正確確立検定は，グループ同士における特定の真理値の頻度に統計上の有意差があるかどうかを調べるときに有効である．

3.2 研究事例

3.2.1 研究事例1 文の曖昧性

文の曖昧性に関する研究について見てみよう．文の曖昧性，特に，文の構造の曖昧性は，言語学の理論を構築する際，とても重要である．また，統語論と意味論のインタフェースの研究にとって，なくてはならない現象ともいえる．そのため，文の曖昧性についての実験研究が数多くなされてきた．

通常，平叙文には意味が1つしかないが，2つ以上の数量詞を含んだ文の場合，2つ以上の意味をもつことがある．このように，同じ文が複数の意味をもつことを，文の曖昧性と呼ぶ．同じ文であるが2つ以上の構造をもつ可能性があるときに，曖昧性が出てくると仮定される．これはどういうことか．前述の(8)(=13)の文と，(9)(=14)の状況を例にとって，考えてみよう．

(13) a. 男の子の誰かが，どの女の子も，たたいた．
    b. どの女の子も，男の子の誰かが，たたいた．

(14) 男の子：太郎，次郎，三郎，四郎
    女の子：花子，和美，美鈴，さやか
    a. 太郎が花子をたたき，和美をたたき，美鈴をたたき，さやかをたたいた．それ以外の男の子は，どの女の子もたたかなかった．
    b. 太郎が花子をたたき，次郎が和美をたたき，三郎が美鈴をたたき，四郎がさやかをたたいた．

日本語の場合，(13a)のように，主語が目的語より前にある語順のとき，曖昧性はないといわれている．これは，どのようにしてわかるか．(13a)の文を，(14)にある2つのそれぞれの状況のときに使ったとして，文の意味と状況が合っていると感じるかどうかを確認することによって判断する．

　数量詞の曖昧性について考えるとき重要なのは，スコープという概念である．数量詞は，それぞれスコープをとると考えられている．スコープは，数量詞の**c統御 (c-command)** の関係から決定される[2]．数量詞を含む文の構造が，(15)のようであるとしたとき，Q1はQ2をc統御している．このような構造になっているとき，Q1は，Q2より広いスコープをとる．このように，構造によるスコープの違いは，真理値の違いとして感じることができる．たとえば，Q1がQ2より広いスコープの読みのとき（surfaceスコープ：表面上のスコープ）は(15)の構造をもつ文は「正」と判断されるが，Q2よりQ1のほうが広いスコープの読みのとき（inverseスコープ：表面と逆のスコープ）は，「偽」と判断される．曖昧性のある文が出てくる場合，同じ文でも違う構造をもっていると仮定する．

(15)

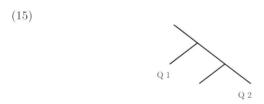

---

[2] c統御とは次のような関係である．統語構造上の2つの節点（節点Aと節点B）が姉妹であるとき，AはBおよびBに支配されているすべての接点をc統御している．

日本語と英語の違いの1つに，主語と目的語が数量詞となる文の曖昧性がある．英語の場合，(16a) のように，主語が**存在量化詞**（existential quantifier, 「誰か」など）で目的語が**全称量化詞**（universal quantifier, 「誰も」など）のとき，この2つの数量詞のスコープの関係が曖昧となり，(17a) と (17b) の2つの状況のいずれの場合にも「真」と判断される．(17a) の読みは，主語が目的語より高いスコープの読みで，(17b) は，目的語が主語より高いスコープの読みになる．

それに対し，主語に存在量化詞をもち，目的語に全称量化詞をもつ日本語の文 (16b) は，主語が目的語より高いスコープの読みしかないといわれている (Kuno, 1973; Hoji, 1985)．Goro (2007) は，(17a) と (17b) のような文を，英語と日本語を母語としている子どもと大人がそれぞれの言語でどのように解釈するのか，実験により確かめた．

(16) a. Someone ate every food.
    b. 誰かが，どの食べ物も，食べた．
(17) a. 1人の人が，どの食べ物も食べた．食べ物を食べた人は，1人だけである．
    b. どの食べ物も，それを食べた人がいる．食べた人は，1人ではなく，食べ物の数だけある（可能性がある）．

Goro (2007) によると，実験の結果，英語を母語とする大人も日本語を母語とする大人も，今までに報告されていた直感をもっていることが確認された．たとえば4種類の食べ物があるとき，4人が別の1種類ずつを食べ，誰も4種類全部の食べ物を食べなかったという設定の場合，英語話者は (16a) の文を「真」と判断し，日本語話者は (16b) の文を「偽」と判断した．それに対し，子どもの実験の結果は，図 3.4 のグラフが示すように，英語と日本語でほとんど違いがなかった．Goro (2007) によると，2×2 の分散分析（言語（英語対日本語）× 年齢（大人対子供），第 16 章参照）の結果，年齢の主効果が有意で（$F(1, 73) = 7.2, p < .01$），年齢と言語の交互作用が見られた（$F(1, 73) = 5.8, p = .018$）．

この実験の結果をもとに考えたとき，日本語の場合どのようにして大人のような直感に変わっていくのか，また，他の数量詞を使った場合，あるいは助動

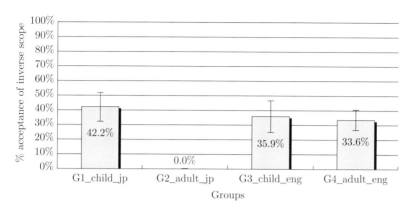

図 3.4 inverse スコープを許容する比率
Goro (2007) より.

詞と数量詞や，否定と数量詞のスコープの関係でも同じような結果が出るのかなど，統語論と意味論，両方に関する新しい疑問へと発展していく．

3.2.2 研究事例 2 2 項から成る真理値について

ここまで，真偽は 2 項から成り立つ (binary) と仮定してきた．しかし，文の真偽というのは本当に 2 項から成り立っているのだろうか．筆者は最近，意味論に関する実験で，人の直感が真と偽の 2 項から成るものであるという仮定の妥当性を調べ始めた．もし真理値が真と偽の 2 項でないとしたら，どのような可能性があるのか．真理値は，0（偽）〜1（真）の範囲のどの地点にも有り得るという可能性を考えてみよう．言語学以外の分野，ファジー論理においては，そのような継続的な真理値をもとにしたモデルが広く使われている．意味論ではこれまで，このような継続的な真理値について懐疑的であった (Kamp, 1975)．しかし，以下に示す実験の結果が，この問題についての議論を再燃させることとなった．

Kamp のファジー論理への反論は，「p であり，p でない」が矛盾しており，真理値が 0（偽）になるという仮定を基本に展開されている．しかし，最近の実験の結果は，すべての矛盾は必ずしも無意味ではないことを示唆している．たとえば，*A 5'11" guy is and isn't tall.*（「身長が 180 センチの人は，背が高くもあ

り，高くなくもある」）という文について，英語の母語話者は，それを正しいと判断することが，いくつかの実験により証明された (Alxatib & Pelletier, 2011; Ripley, 2011; Sauerland, 2011)．Sauerland は，「以下の文は，0〜100 の範囲のなかで，どれくらい正しいと思いますか？」という形の実験を行った．この実験の場合，回答は 2 項ではなく 0〜100 の継続した範囲から成るため，t-test や，その他のデータが正規分布していることを仮定する統計学の方法を用いて分析できる．

このように現在では，真と偽の 2 項から成る真理値と継続した範囲から成る真理値の双方が，意味論に関する実験を行う際に仮定されることが多い．しかし，この 2 つのタイプのデータがどのような関係になっているのか，わかりにくいことも多い．Van Tiel (2014) の実験を例として見てみよう．

この実験で被験者は，*Q of these circles are black*（これらの丸のなかの Q は黒い），または *Q circles are black*（Q の丸が黒い）という形式の文を，ある特定の状況を示す絵とあわせて被験者に判断させた．ここで Q には，*all*（すべて／みな），*many*（多く），そして *none*（何も）といった数量詞が入り（例：すべての丸が黒い），同時に見せられた絵は，10 個中 0 個の丸が黒い絵から，10 個中 10 個の丸が黒い絵まで，11 種類の絵だった．

ランダムに選ばれた被験者の半数は，2 項から成るカテゴリーデータの答えを求められ，残りの半数は，継続した範囲の数値を使った判断（以下，グラデーショングループ：gradient judgment）を求められた．その結果を図 3.5 に示した．丸で表されている値 (truth judgments) が 2 項から成るカテゴリーデータの平均値で，三角の値 (typicality judgments) がグラデーショングループの判断の平均値になる．

all, *every*, そして *none* を使った文について，カテゴリーデータのグループの値と，グラデーショングループの両方が正しいと判断しているのは，唯一，一番極端な値（*all* と *every* の場合は，10 個中 10 個，*none* の場合は，10 個中 0 個）のときだけである．しかし，*not all* や *some* の場合，2 つのグループの判断は，とてもよく似たものとなった．

このような実験は，真理値を 0 と 1 の 2 項で扱わないことへのサポートにもなる．

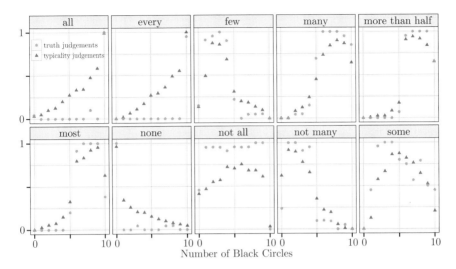

図 3.5 各数量詞のカテゴリーデータとグラデーショングループの正しいと答えた比率

問題 3.1 次の述語は，どのような意味関係にあるか，説明せよ．
 a. 長い　短い
 b. 勝つ　負ける
 c. 歩く　動く

この問題を解く際，考慮しなくてはいけないのは，単語同士の関係についてである．単語同士の関係については，上記の同義語，上位語／下位語，反義語などがある．また，反義語のなかには，二項対立反義語と段階的反義語がある．違いが上記の単語のみである 2 つの文を作り（例：「太郎君の背が高い」vs.「太郎君の背が低い」），どのような条件のときにこれらの文が正しくなるか（真理条件）を考え，それが同じである場合はこれらの単語が同義であるといえる．また，同じ条件で真理値が違う場合，なぜ異なってくるか，どのようなときに差が出るのかを調べることによって，同義以外のどのような関係になっているのかがわかる．

問題 3.2 日本語は英語と違い，「誰か」「誰も」などの数量詞が主語と目的語であるとき，語順によっては曖昧性がないといわれている．以下の図の状況と (i) と (ii) の刺激文の意味が合っていると感じるかどうか，(i) と (ii) の文について，10 人ずつの実験参加者に聞きとり調査をしなさい．

(i) 1頭の馬が，どのカニも引っ張っている．
(ii) どのカニも，1頭の馬が引っ張っている．

(1) 結果を表にまとめなさい．(i) の刺激文と (ii) の刺激文では，被験者の反応にどのような違いがあったか？
(2) 主語と目的語ではなく，主語と動詞にある否定（例：引っ張っていない）との関係を調べるためには，どのような状況を与え，どのような刺激文を使うべきか説明しなさい（ヒント：主語と動詞につく否定の関係を調べるのであるから，目的語は数量詞である必要はない）．
(3) このような実験の結果を分析する際，どのような方法を使うべきか？（この実験で得られるデータは，状況と刺激文が「合っている」「合っていない」から成る2項のデータであることに着目する必要がある）

さらに学びたい人のために

[1] Heim. I., Kratzer, A.: *Semantics in Generative Grammar*. Oxford, UK: Blackwell (1998), 332 p
    入門書／教科書であるにもかかわらず，意味論の分野に最も大きな影響を与えている本の1つといえる．英語で書いてあるが，この本の内容は，意味論に関する多くの文献のなかにおいて基本として使われているものである．そのため，意味論についてさらに深く理解するう

えで不可欠の 1 冊である.
[2] Gennaro, C., McConnell-Ginet, S.: *Meaning and Grammar: An Introduction to esmantics (2nd ed.)*. Cambridge, MA: MIT Press (2000), 591 p
意味論の入門書であるが,Heim & Kratzer (1998) のものよりも初めから仮定される事項が少なくなっているため,初心者には取っつきやすいかもしれない.
[3] Maienborn, C., von Heusinger, K., Portner, P.: *Semantics: An International Handbook of Natural Language Meaning*. Berlin, Germany: de Gruyter Mouton (2011), 2971 p
意味論についてのハンドブックは数多く出版されているが,この 3 冊から成るハンドブックは広範囲をカバーしているだけではなく,内容もトップ・クオリティーとなっている.
[4] ジェイムズ R ハーフォード,ブレンダン ヒースリイ,マイケル B スミス 著,吉田悦子 訳:コースブック意味論(第二版),ひつじ書房 (2014),474 p
Semantics: A Coursebook (2nd ed.) の翻訳版.意味論と語用論の両方についてわかりやすく解説されている入門書である.各章の内容について豊富な練習問題がある.

4 語用論

　言語学のなかで，**語用論**は意味論とともに意味に関係する分野であるが，語用論は特に「話者が伝えようとする**インプリカチャー**（含意，implicature）ついて研究する分野といえる．語用論の研究において大きな役割を果たしてきたグライスの協調の原理やスケーラー・インプリカチャーなどの研究を深めるにあたり，実験によって得られるデータが理論形成に大きな影響を与えるようになってきている．本章では，まず理論について述べ，次に理論をもとにフォーマルな実験を行い，その結果によって理論がさらに発展した例を紹介する．1つ目の実験は，スケーラー・インプリカチャーに関するもので，取り扱うデータがYESとNOのカテゴリー・データで，ロジスティック回帰のテストを使って分析されている．2つ目の実験は，利き手とラウンド・ナンバーの使用の関係についてで，実験によって得られたデータはノンパラメトリックな順位をつけられるデータであるため，ウィルコクソンの順位和検定を使って分析してある．

4.1 語用論の歩き方

現在，言語学において，**語用論 (pragmatics)** という言葉は2つの異なる意味で使われている．1つは**国際語用論学会 (International Pragmatics Association, IPrA)** で採用されている意味で，パース (Charles Sanders Peirce) ら1920年代の研究者たちが使い始めた用法である．この用法によると，語用論は言語の使い方全般について研究する分野とされ，社会言語学や心理言語学の広い領域を含むと理解される．

もう1つは，1980年代にグライス (Herbert Paul Grice) やレヴィンソン (Stephen C. Levinson) により提唱された使い方で，文字どおりの意味や真理値を超えた意味について研究する分野とされる．レヴィンソンのいう語用論の領域は，前者の指す領域のごく一部でしかない．ここでは，グライスが指す語用論の領域に限って話を進めることにする．

4.1.1 グライス (1959)

語用論の理論の基礎になっているのは，グライスが1959年と1989年に出版した2つの論文だ．グライスは，1959年の論文で文の意味には以下の2つの要素があるとしている．

(1) a. 文の文字どおりの意味／真理値　sentence meaning
　　b. 発話者の意図する意味　speaker's meaning

グライスの理論によると，この2つの意味は区別できるもので，話者の意図する意味は文字どおりのときもあるが，それ以上のときもある．また，話者の意図する意味は，聞き手が，相手が自分に何を伝えようとしていると想像するかによって，同じ文でも受けとられ方が違ってくる場合がある．

たとえば，誰かが「兄貴が来ました」といったとする．この発言をしたのが同じ両親をもつ兄弟の弟である場合，聞き手は「兄貴」が指すのは血のつながった話者の兄にあたる人だろうと推測する．これに対し，この発言をしたのが同じ教授のもとで勉強する学生2人のうち年の若い人のほうだったとする．また，この学生達はとても仲がよく，兄弟のような付き合いをしていて，若いほうの

学生がもう1人のことを「兄貴のような人」といっているとする．このことを知っている聞き手は，話者が「兄貴が来ました」といったとき，「兄貴」は，血のつながった兄ではなく，血のつながっていない兄貴分の学生のことを指していると理解するかもしれない．このような例が示すのは，コンテクスト（状況）が，発話者が意図する，または，聞き手が発話者が意図しているだろうと想像する解釈に，大きな影響を与える可能性があるということである．人と人がコミュニケーションをとる場合，聞き手はコンテクストと自身の知識から，発話者の意図した意味を**再構築** (**reconstruct**) しなければならない．グライスの「発話者の意図する意味」というのは，発話者が意図していると聞き手が想像する意味ともいえる．文字どおりの意味は，発話者が意図する意味を再構築するための情報の1つにすぎない．

4.1.2 グライスの協調の原理

グライスの語用論の基礎となる2つ目の文献は，1967年にグライスが行った講演をもとにマニュスクリプトとして書かれたものである．この講義の一部は，1973年と1975年にも発表されているが，グライスの死後1989年に本として出版された．グライスはこの講義で，コミュニケーションをとるなかで聞き手がどのようにして話者の意図する意味を汲むかについてのモデルを提案している．グライスの提案の基盤となっているのは，「人は，コミュニケーションをとるなかで，相手が自分を理解するのに協力しようとする意思がある，または，意思があるふりをする」という考察である．グライスはこれを，**協調の原理** (**Cooperative Principle**) と呼ぶ．

(2) 協調の原理
    あなたが参加している会話において，発話時点での会話の目的や方向に沿うように貢献しなさい．

この協調の原理によると，話者は自分のいわんとしていることをコンテクスト等を使って聞き手が再構築しやすい文を選んで使う．もちろん，話者と聞き手が相手についてあまりよく知らない，間違った情報を信じている，あるいは，実際の会話ではいろいろなパフォーマンス・エラーが起きる可能性があることな

ど，さまざまな理由からコミュニケーションがうまくいかないこともある．しかし，理想的な状況の場合，協力的な話者は，自分が伝えようとしている内容を聞き手が一番理解しやすい文を使うことが予測される．

グライスが提案する協調の原理には，(3) に示した 4 グループの**公理**（**maxims**，「格率」と訳されることもある）がある．話者はこれらの公理を守って文を発する．この公理を守ることにより，自分の伝えようとしている意味が聞き手に伝わりやすい文を選ぶことになる．また，聞き手は，話者がこれらの公理を守っているだろうと仮定して，文の文字どおりの意味以上の意味を汲みとる．このように，公理を守ることを前提にすることによって汲みとられる，文字どおりの意味でない意味を，**インプリカチャー**（**含意，implicature**）と呼ぶ[1]．4 グループの公理のうち最も基本的で重要なのは，**質の公理** (quality maxim) である．グライスは，質の公理のことを "supermaxim of quality" と呼んでいる．質の公理によると，話者が何か発言するとき，その文の真理値は「真」でなくてはならない．また，話者は「真」でないとわかっている発言はしてはならない．

(3) a. 量 (quantity)
　　　発言は，必要な量の情報を含まなければならない．
　　　必要以上の量の情報を含んではいけない．
　b. 質 (quality)
　　　発言の真理値は「真」でなくてはならない．
　　　「真」でないとわかっている発言は，してはならない．
　c. 関連性 (relevance)
　　　発言は，関連したことについてでなくてはならない．
　d. 様態 (manner)
　　　曖昧な発言は，避けなければならない．
　　　発言は，簡潔でなくてはならない．
　　　発言は，順序を立てていなければならない．

---

[1] ここで説明されている**インプリカチャー** (**implicature**) と第 3 章で説明されている**エンテールメント** (**entailment**) は異なる概念であるが，日本語では両者とも「含意」と訳されることがあるので注意が必要である．

しかし，グライスの提案する協調の原理の公理には，内容的にお互い相容れない部分もある．また，質の公理も含めたすべての公理について，違反することができるものだとしている．

　質の公理に反しているかどうかで，インプリカチャーを2つのタイプに分けることができる．1つは，文に文字どおりの意味以上の部分を含ませるが，質の公理には反していないタイプ，もう1つは，質の公理に反し，文字どおりの意味以上の読みを含ませるタイプである．この2つのタイプのインプリカチャーの例を見てみよう．

4.1.3　スケーラー・インプリカチャー (scalar implicature)

　1つ目のタイプは，スケーラー・インプリカチャー (scalar implicature) と呼ばれる現象で，文字どおりの意味を**強化**（enrich，豊かに）するものである．意味の強化とは何を指すのか，また，スケーラー・インプリカチャーとはどのような現象なのかを，下の例文 (4) を使って考えてみよう．

(4) The orchestra played some of Beethoven's symphonies.
　　オーケストラはベートーベンのシンフォニーをいくつか演奏した．

どうして，スケーラー・インプリカチャーは意味を強化すると捉えられているのか？　これは，スケーラー・インプリカチャーとエンテールメントを比較することによってわかる．エンテールメントとは，1つの文 (A) が正しいときに，必ずもう1つの文 (B) が正しくなるという，文と文の関係を指す．(4) の文の場合，この文がエンテールするのは，オーケストラがベートーベンのシンフォニーのうち少なくとも1つは演奏した，ということだ．

(5) (4) のエンテールメント
　　オーケストラはベートーベンのシンフォニーの少なくとも1つを演奏した．

真理値のみをとって考えると，オーケストラがベートーベンの9つのシンフォニーすべてを演奏していても，(4) の真理値は「偽」とはならない．しかし，(4) を聞いた人は，オーケストラはベートーベンの9つのシンフォニーすべてを演奏したのではないと受け止め，もし9つとも全部演奏した場合にこの文が使わ

れると違和感を覚える．この違和感はスケーラー・インプリカチャーが引き出すものだ．これは some が，スケーラー・インプリカチャーが原因で some but not all の意味として解釈され，それが 9 つすべてのシンフォニーを演奏した状況では矛盾することからくる．

(6) (4) のインプリカチャー
オーケストラはベートーベンの 9 つのシンフォニーすべてを演奏しはしなかった．

スケーラー・インプリカチャーとエンテールメントの違いの 1 つに，取り消すことができるかどうかがある．スケーラー・インプリカチャーの場合，受けとる意味を否定しても矛盾は起きないが，エンテールメントの場合は矛盾が起こる．たとえば，(4) の文の場合，エンテールメントの取り消しは (7a)，インプリカチャーの取り消しは (7b) に示されるものである．

(7) a. ベートーベンのシンフォニーを 1 つも演奏しなかった．
b. ベートーベンのシンフォニーをすべて演奏した．

この 2 つの文を，(4) の後に続けた場合，人はどのように感じるだろうか．

(8) オーケストラはベートーベンのシンフォニーをいくつか演奏した．
a. 実際には，ベートーベンのシンフォニーを 1 つも演奏しなかったかもしれない．
b. 実際には，ベートーベンのシンフォニーを 9 つ全部演奏したかもしれない．

(8a) は矛盾していると感じられるが，(8b) は矛盾していないと感じられる．この違いは，意味の強化（インプリカチャー等）は取り消すことができるが，エンテールメントは取り消すことができない，と仮定することで説明が可能である．

次に，意味の強化はどのようにして起こるのか考えてみよう．これについては，Horn (1973) が詳しく説明している．グライスの理論で説明すると，以下のようになる．「いくつか some」という限定詞 (determiner) は，「すべて all」という限定詞と特別なつながりがある（ホーン・スケール，Horn scale）．ホー

ン・スケールは，このような限定詞同士や，段階的形容詞同士などの関係を決めるスケール（尺度）である．たとえば，次の例が示すように，some と all の場合，all が使えるような状況は some が使えるような状況よりも限られている．

(9) a.「すべての学生が試験に通った」
　　　学生が 5 人いるとする．この文が「真」となり使える状況は，試験に通ったのが 5 人全員のときのみだ．
　 b.「何人かの学生が試験に通った」
　　　学生が 5 人いるとする．この文は 5 人中最低 1 人試験に通っていれば使える．しかも，5 人のうちどの学生でも構わないし，全員でも構わない．

論理の観点から考えると，全員が試験に通っている場合，「何人か some」を使った文も「すべて all」を使った文も，真理値は「偽」にはならない．そのため，話者が「何人か some」という表現を使ったとき，聞き手は，話者がなぜ「すべて all」を使わなかったのか，使うことができない状況だったのではないか，と推測する．すなわち，「すべて all」を使うと文の真理値が「偽」になる状況だったのではないかと推測する．「すべて all」が使えない状況で「すべて all」を使うと，質の公理に反することになる．これにより，「すべてではない数人の学生」というインプリカチャーが派生する．（詳しくは Sauerland, 2004 参照）．

このような some の 2 つの意味を，論理的意味と語用論的意味とで分けて呼ぶことにする．some の論理的意味は「少なくとも 1 つ，もしかしたら全部」であり，some の語用論的意味は「少なくとも 1 つ，しかしすべてではない」である．このように，論理的意味以上の意味を含ませることを**意味の強化 (enrichment)** と呼び，スケーラー・インプリカチャーはそのような現象の 1 つである．

4.1.4　誇　張

インプリカチャーの 2 つ目は**誇張 (exaggeration)** である．下記の文 (10) が，なぜ間違っていると判断されるのかについて見てみよう．

(10) She has millions of friends.

彼女には数百万人の友達がいる．

こちらは，1人の人がもつ可能性のある友達の数から考えて，数百万人の友達がいる可能性はとても低く，そのため，文字どおりの意味で考えると真理値は「偽」になる．グライスの言葉を使うと，このようなはっきりとした公理の違反は，**軽視 (flouting)** という．(10) を発話することにより発話者は質の公理を軽視する，というように使う．聞き手は，(10) の文字どおりの意味が正しいはずがないことを認識し，話者の間接的な意味を (10) の文の意味として理解する．そして，(10) は，「彼女には驚くほどたくさんの友達がいる」というような意味として理解される．

4.1.5 語用論への実験の貢献

グライスの理論は，今なおさまざまな角度から議論されている．しかし，グライスの理論は，突き詰められる限度までは形式化されていないので，明確な予測を立てられない．そのため現在，グライスの枠組みで語用論の研究をする場合，グライスの考えがどのような形でデータを説明することができるのかを理解する必要が出てくる．それでも，グライスの考えは依然として語用論の研究において最も重要な理論の1つであり，また，現象の類型的な記述をするためにとても有用である．語用論で使われるデータの多くは，他の多くの科学でも見られるように（例：ダーウィンの進化論など），記述的データである．しかし，研究者が発見する非形式的な観察は，語用論の多くの分野において，データの大まかな図を描いているにすぎない．フォーマルな実験と組み合わせることにより，より精密な語用論の理論を導き出す可能性を秘めている．そして，グライスの「文字どおりの意味」と「発話者の意図／意味」の違い，質の公理のもつ特別な役割，そして，大きく見て意味の強化とノンリテラルな（文字どおりではない）意味の区別は，語用論の研究の礎であり続けている．

2000年代の初めまで，（心理言語学で使われる実験方式に則った）フォーマルな実験は，語用論の理論形成にとってあまり大きな役割を担ってはこなかった (Sperber & Noveck, 2004; Sauerland & Yatsushiro, 2009)．しかし近年，実験で得られたデータが理論に関する議論に貢献し始めている (Geurts & Pouscoulos,

2009; Huang & Snedeker, 2011). 実験のデータが語用論の理論に大きな影響を与えた例として，子どものスケーラー・インプリカチャーの言語習得と，量を伝えるときに使うラウンド・ナンバーの使い方に関する研究を紹介しよう．

4.2 研究事例

4.2.1 研究事例 1 スケーラー・インプリカチャーの言語習得

Noveck (2001) は，スケーラー・インプリカチャーに関する実験で，子どもが大人とは違った解釈をすることを報告した．それ以来，実験方法，言語，スケールを構成する言葉（形容詞，動詞）を変えて，子どもがどのようにスケーラー・インプリカチャーを習得するのか，さまざまな研究が行われてきた．

そのなかで，Barner *et al.* (2011) は，英語を母語とする 4 歳児のスケーラー・インプリカチャーの習得について実験した．Barner らが行ったのは，**真理値判断課題** (**truth-value judgment task**) を用いた実験の一種である（真理値判断課題については，第 3 章も参照）．実験者は，被験者の子ども達に図 4.1 にあるような 2 つの状況を描いたカードを見せ，その後，被験者に YES/NO で答えられる質問をした．この実験の基礎となっているのは，大人の語用論の条件が満たされない平叙文／疑問文への反応である．

図 **4.1** 動物の何匹かは寝ていますか？
Barner *et al.* (2011) より．

(11) のように，語用論の条件が満たされていない平叙文の真理値を尋ねられたとき，大人は真理値を「真」と判断しない場合がある．

(11) Some of the giraffes have long necks
　　　キリンの何頭かは首が長い．

(11) の例文のインプリカチャー（語用論の条件）は，some but not all（すべてではなく何頭か）で，これは，一般常識からくる知識（＝「すべてのキリンの首が長い」）と違っている．そのため，大人がこのような文を聞いたときには違和感を感じる．また，この文が合っているかと問われた場合に，これを合っているとする場合としない場合がある．これに対し，同じ文を YES/NO で答えるような質問に変えた場合，語用論の条件が満たされていないのは同じであるのに，NO と答える率が高くなるということが観測されている．

　このような実験のデータは YES または NO となるため，カテゴリー・データになる．このようなカテゴリー・データの分析には，**ロジスティック回帰**（**logistic regression，論理回帰**とも呼ばれる）のような，**離散データ** (**discrete data**) を扱うための統計のテストを使う．

　「何匹か」という数量詞は，少なくとも 1 匹がその文の述語の条件を満たせば（図 4.1 の場合，「寝ている」）真理値は「真」となり，全員寝ている場合でも真理値は「真」である．しかし，量の公理を守るためには，もしすべての動物が述語を満たしている場合は，「すべて」等の数量詞を使う必要が出てくる．そのため，「何匹か」という数量詞には，「すべてではなく何匹か」というインプリカチャーの意味が生じる．したがって，図 4.1 左の絵の場合，犬が寝ていないので，「すべてではなく何匹か」という数量詞のインプリカチャーの条件が満たされているのに対し，右の絵の場合，すべての動物が寝ているため，インプリカチャーの条件を満たされていない．

　Barner らの実験では，図 4.1 のような絵を子どもに見せた後に，(12) のような質問をした．

(12) a. Are some of the animals sleeping?
　　　　動物の何匹かは寝ていますか？

b. Are only the cow and the cat sleeping?
牛と猫だけが寝ていますか？

予測としては，もし子どもがインプリカチャーの算出の仕方を理解している場合，(12a) の文に対して，大人と同じように，右の絵の場合には NO というはずである．しかし，Barner らの実験結果によると，子ども達は，図 4.1 の 2 つの状況の違いを感じないようである．これと比較するために，Barner らは，接続語の and を使った (12b) もコントロールとして実験に加えた．このコントロールの刺激文に対しては，子ども達は犬も寝ている絵（図 4.1 右）を見せられたときに，大人と同じく NO と反応した．このため，Barner らは，4 歳児はまだ some と all がスケールを構成することを知らないと分析した．some と all が同じスケールにあると仮定した場合，「動物の何匹か (some) が寝ています」と「動物のすべて (all) が寝ています」という文は，対になって同じスケールにあると考えられる．some を使った文は，all を使った文が「偽」となる場合にのみ使える．そのため，大人の場合は，右の絵を見せられたときに，all を使った文の真理値が「偽」にならないので some という表現は使えないと判断する．しかし，もし，子どもが some と all がスケールの関係になっていることを学んでいないとしたら，子どもたちの反応が大人のものと違う理由が説明できる．

このように，Barner らの実験結果は，インプリカチャー・語用論的意味の派生の際のホーン・スケールの重要性を示している．

4.2.2 研究事例 2 端数のない数字の用法について

日常生活のなかで，端数のない数（**round number**: 以下，ラウンド・ナンバー）は，端数のある数より頻繁に使われる．たとえば，(13) のような質問をされたとする．その際，実際の走行距離が，1027 キロだとわかっていたとしても，多くの人が「1000 キロ」と答える．

(13) 新山口から東京まで電車の走行距離は何キロですか？

似たような例で，Van der Henst et al. (2002) は，人に時間を聞く実験をしている．この場合，デジタル表示される時計をもっていて，時間が 7 時 33 分だと細

かくわかるときでも,「7 時半」と端数のない数を用いる傾向が強かった.また,Krifka (2007) は,道路標識では「385 メートル」等という表示が起こらないことを指摘している.

このようなラウンド・ナンバーの多用は,グライスの**関係の公理 (relevance maxim)** で説明することができる.話者は,聞き手にとってどの程度の正確さが必要かを予測し,その予測された程度にあわせた情報を提供する.しかし,どの程度の正確さを求められているかがはっきりしていて予想する必要がない場合は,そのままその程度にあわせた情報を提供する.前述の Van der Henst らの実験の追加実験を例に考えてみよう.Van der Henst らの時間の報告の実験では,「時間がわかりますか? XX 時 YY 分に予約があるんですが」というように,時間を聞くだけではない追加実験をしている.この追加実験では,142 人の被験者に,予約時間を実際の時間から 1〜30 分後に設定して時間を聞いた.被験者をランダムに 2 つのグループに分け,半数の被験者には 0〜14 分後の時間を予約時間とし,残りの半数の被験者には 16〜30 分後とした.この実験の結果,16〜30 分後のグループでラウンド・ナンバーを使う割合が 97%だったのに対し,0〜14 分のグループは 75%となり,この違いは統計的に有意であった ($\chi^2 = 6.64$, $p = .01$)[2]).また,ほかの例をとると,道路標識のなかに橋の高さ等が 3.85 メートルという表示が見つかった.これは,トラック等のように車高が高い車の場合,5 センチ単位の正確な情報が重要となるからであるといえる.

Sauerland & Gotzner (2013) は,違う側面からラウンド・ナンバーについての実験をした.言語を理解したり産出したりする際,左利きの家族がいない右利きの人の圧倒的大多数は,主に左脳を使って処理することが知られている.一方,左利きの人の場合は,言語を処理する際に,主に左脳を使う人だけでなく,主に右脳を使う人や,左右両側の脳を使う人が比較的多い.通常,正確な数を使うときは左脳を使うとされており,そのため,同じ左脳が言葉を司っている右利きの人は,左利きの人に比べて正確な数によりアクセスしやすいのではないかと予想される.Sauerland & Gotzner (2013) では,この予想を以下のような実験で検証した.被験者は,「あなたの家には,コップがいくつあります

---

[2]) 通常,カイ 2 乗値を報告する際,自由度も記載するのだが,もとになっている文献が自由度を報告していないため,この章でも省いてある.

か？」「いくつの町の名前をいうことができますか？」といった，数字を使った質問をされ，答えを記入した．この実験は，インターネット上のサービスのアマゾン・メカニカル・ターク (**Amazon Mechanical Turk**) を使い，200 人の被験者にアンケート形式で実施された．被験者への質問は常に同じで，どの程度の詳しい情報を必要としているかを表す情報は特になかった．そのため，被験者は端数を使わずに答えやすいだろうと予測された．

　この実験は，数に関する 60 の質問から構成され，被験者の内訳は，右利きの人が 114 人，左利きの人が 82 人，利き手について無回答だった人が 4 人であった．データの分析には，**Sigurd index (SI)** という，ラウンド・ナンバーの程度について数値で表す指標 (numberial index of roundness) が使われた．この指標は，人が，ある数を（端数でない）正確ではない数であるとどの程度感じるかを表し，数値が高ければ高いほど正確でないと感じられることを表す．たとえば，200 という数値は，SI が 0.7188 で，人は 100 ($SI = 1.4375$) や 500 ($SI = 0.9125$) よりも正確な数であると感じるが，800 ($SI = 0.1797$) よりは正確ではない（ラウンド・ナンバーである）と感じる．このインデックスの考案者 Sigurd は，SI と数のコーパス上の使用頻度が比例しているという考察をしている．

　Sauerland & Gotzner (2013) の実験では，統計的に有為な 2 つの結果が出ている．1 つは，ラウンド・ナンバーの使用頻度に関する Sigurd の観察をサポートするものであり，2 つ目は，右利きグループと左利きグループで，ラウンド・ナンバーの使用頻度に差が出たことである．右利きグループの答えの平均 SI は 0.41 だったのに対し，左利きグループの答えの平均 SI は 0.45 であった．この実験から得られたデータは，正規分布していないため，ノンパラメトリックであるといえる．Sauerland らは，この実験で測定された結果には順位がつくので，このようなデータを分析するのに適した両側測定による**ウィルコクソンの順位和検定 (Wilkcoxon rank sum test)** にかけた．その結果によると，この 2 つのグループの差は統計的に有意であった．すなわち，左利きのグループのほうがラウンド・ナンバーの使用頻度が高かった．次に，この実験結果を表したグラフを見てみよう（図 4.2）．縦の Y 軸は，Sigurd index を表し，横の X 軸は質問の答えに使われた数を表す．グラフ上では，SI 値の高さを太さで識別できるようにしてある．Sauerland らは，このデータのなかから，右利きグループと左

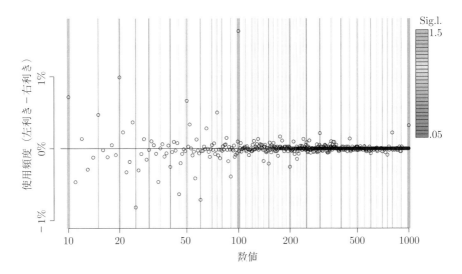

図 4.2 数の使用頻度と左利き／右利きの関係
Sauerland & Gotzner (2013) より．

利きグループ，両方のグループが使った数を選び出し，左利きグループの数値から右利きグループの数値を引いた値を点で表した．たとえば，「100」と答えたのは，左利きグループでは 8.1％なのに対し，右利きグループでは 6.4％だった．このグラフは，2つのグループの SI の差を Y 軸の値として表しているので，100 のところには 1.7 のところに点がある．

このグラフから読みとれるのは，特に SI の高い数値のうち，10, 20, 50, 100, 1000 を，左利きグループのほうが右利きグループより高い頻度で使っているということだ．右利きグループのほうが左利きグループより高い頻度で使った高 SI の数は 200 と 25 だけであった．このグラフは統計学的分析を目に見える形で表している．

このように，実験を行うことによって，Sauerland らは，右利きのグループと左利きのグループにはラウンド・ナンバーの使用頻度に統計学的に有為な差があることを示した．

問題 4.1 次の各文は，グライスの協調の原理のどの公理に反しているか述べよ．

a. 何頭かの牛は哺乳類だ.
b. 牛だけが哺乳類だ.
c. 生き物は全部哺乳類だ.

問題 4.2 真理値は「真」でも，スケーラー・インプリカチャーによって間違っていると感じる文がある．たとえば，下記例 1 のように「すべて」(この場合「この小学校のすべての先生」) について成り立つことに，「すべて」の代わりに「多く」を使うと，真理値が 1 であるにもかかわらず，スケーラー・インプリカチャーによって，不自然に感じる文になる．例 2 のように，常識的に考えて「すべて」については成り立たない場合は，「多く」を使った文に違和感は感じられない．

(例 1) この小学校の多くの先生が人間だ.
(例 2) この小学校の多くの先生が女性だ (全員女性ではない場合).

このように「多く」を使って，下記 a と b の条件に合う文をそれぞれ 5 文ずつ作り，10 人の被験者が正しいと感じるか，それとも違和感を感じるかを調査してその結果を表にまとめなさい．

(a) (例 1) のように，真理値は 1 になるが，スケーラー・インプリカチャーのために違和感を感じる文
(b) (例 2) のように，真理値が 1 になり，スケーラー・インプリカチャーも正しいと感じる文

さらに学びたい人のために

[1] 今井邦彦：言語理論としての語用論，開拓社 (2015)，194 p
語用論の代表的な 5 つの理論を紹介し，相互の差異についても解説している．日本語で読める語用論のおすすめの入門書．

[2] Sperber, D., Noveck, I. A. (eds): *Experimental Pragmatics*. Palgrave Macmillan (2004)，356 p
Sperber と Noveck の共同監修によるこの本は，実験を使った語用論研究 (Experimental Pragmatics) の本のなかでも代表的なものとなっている．英語で書いてあるが，発行年 2004 年前時点での最新研究であり，今でも大きな影響を及ぼしている数多くの研究結果が載っている．関連性理論をもとにした研究も多く載せられている．

[3] Chierchia, G.: *Logic in Grammar: Polarity, Free Choice, and Intervention*. Oxford, UK: Oxford University Press (2013)，480 p
意味論研究の第一人者の 1 人 Chierchia が 2013 年に発行した本．語用論，特にポラリティー，スケーラー・インプリカチャーなどについて，文の構造・文法が語用論に大きく影響を与えるという最新の考え方で解かれている．

[4] 加藤重広・滝浦直人 編：語用論研究法ガイドブック，ひつじ書房 (2016 年 5 月出版予

定),280p
本書は,語用論的な研究を行うにあたって,理論・枠組・方法論・分析方法などに関する必要最低限の知識を確認し,研究の方向性を定めるのに資するよう編まれたものである.第 11 章では,語用論における量的研究のあり方について論じられている.
[5] Levinson S. C.: *Pragmatics (Cambridge Textbooks in Linguistics)*. Cambridge University Press (1983), 436 p
語用論についての教科書として広く使われている本.多くの事象について取り扱われていて,入門書として適している.

5

音声学

本章では，第6章「音韻論」の内容を理解するために必要な最低限の音声学の予備知識を概説する．まず，音声学と音韻論の違いを説明し，次に主な発声器官の場所と名前を確認する．その後，子音の構音と母音の構音について解説する．なお，第Ⅰ部・第Ⅱ部の他の章と異なり，この章には研究事例の紹介は含まれていない．

5.1　音声と言語研究

言語学において，**音声**（言語音：speech sounds）は，次の2種類の方法で記述される．1つは，**対立**（contrast：言語学的有意性をもたらす）という概念のもと，音声を抽象的に記述する方法で，もう1つは，音声に関する物理的特徴をより詳細に記述する方法である．前者の記述は，ヒトの脳内に実在する音声にかかわる抽象的範疇，音の配列，交替にかかわる規則の解明を目的とする**音韻論**（phonology）と呼ばれる研究分野で主に用いられる．音韻論では，特定の言語が呈する音韻範疇や音韻規則のみならず，ヒトという種が遺伝的に有すると考えられている音声の普遍的様相の解明が試みられる．

後者の音の物理的特徴の記述は，多くの異なる研究分野と関連があり，言語学のみならず，物理学や解剖学の一部とも見なされる**音声学**（phonetics）という研究分野で用いられる．伝統的に，音声学を扱う教科書や参考書では，音声学を**構音**

（調音）音声学 (articulatory phonetics)，音響音声学 (acoustic phonetics)，聴覚音声学 (auditory phonetics) という3つの下位領域に分け，説明を行う．構音音声学とは，ヒトが音声を産出する際に用いる**発声器官** (speech organs) とその産出の仕組みを明らかにしようとする領域である．一方，音響音声学は産出された音声（音波）の物理的特徴，また，聴覚音声学は聴覚や神経体系，および脳が音声を解釈する際の処理過程を解明しようとする領域である．

上述の音韻論と音声学の関係を理解するには，音楽（曲）演奏の抽象的記述と物理的記述を例に理解するのが有用と思われる．音楽演奏にかかわる抽象的記述は，演奏する際の指示書といえる楽譜である．これは，本に記されているものであれ，演奏者の脳内において表示されているものであれ，音の高さ，長さ，テンポ，規則などを指示する記号から成るものである．大まかにいうと，この楽譜に記されている記号に関する研究が，言語学における音韻論に似ているといえる．また，音楽の物理的記述は，楽器や発声器官をどのように用いて音楽を奏でるか，奏でられた音楽がどのような音波から構成されているか，そして，聴覚器官が音楽をどのように知覚し，どのように脳が解釈しているか，といった物理的様相の記述である．これらはそれぞれ構音音声学，音響音声学，聴覚音声学に相当する．

5.2 音声の生理学的様相

言語はヒトという種と他の生物を区分する特徴の1つであり，我々の思考を表現する手段である．言語を用いて表現されたものを**発話** (utterance) と呼び，一般にヒトの脳内にある**言語機能** (language faculty) と呼ばれる器官で作り出される．我々は発話を産出する際，脳内に記憶されている**心内辞書** (the mental lexicon) から表現したい内容に最もふさわしい単語を複数個選び出し，一定の規則に従ってそれらを配列し，文を産出する．脳内で生成された文は，発声器官を用いて物理的に具現化される．

音声を産出する際，初めに肺 (lungs) から送り出された呼気が，気管 (trachea) を通過して喉頭 (larynx) に届く．この喉頭には，声帯 (vocal folds) が位置し，そこで音源 (voice source) が作り出される．その後，呼気は咽頭 (pharynx) を通

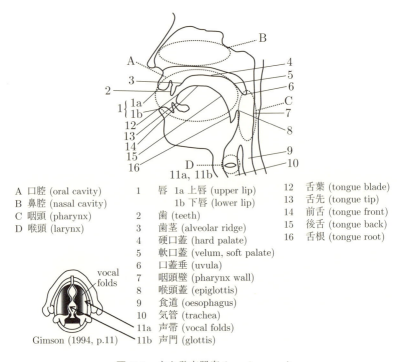

図 5.1 主な発声器官 (vocal organs)

過したのち，口腔 (oral cavity) や鼻腔 (nasal cavity) に到達し，そこでさらに呼気の流れが変えられ，音声として産出される（図5.1）．

上記の発声器官を巧みに操り，声道の形状を変えることで，我々はさまざまな音声を産出する．言語学では伝統的に，音声を**子音 (consonant)** と**母音 (vowel)** の2種類に分け記述する．声道内の呼気の流れの観点から定義した場合，子音は，発声器官内で形成される閉鎖や狭めなどにより，呼気の流れが乱されることで産出される音をいう．一方，母音は，声帯が持続的に振動した状態で，かつ気流が乱されず発声器官を通過することで産出される音をいう．以下では，構音音声学の観点から，子音と母音の特徴付けを行う．その際の音声記述のための記号として，**国際音声学協会 (International Phonetic Association)** が考案し，改定を繰り返してきた**国際音声記号 (IPA: International Phonetic Alphabet)** を用いる (International Phonetic Association, 1999).

5.3 子音の構音

表5.1のように，子音は① **発声タイプ** (phonation type)，② **構音位置** (place of articulation)，③ **構音方法** (manner of articulation)，という3つの観点から記述されるのが一般的である．まず①の発声タイプであるが，これは声帯・声門にかかわる構音活動を指し，声帯が振動し産出される音をすべて**有声音** (voiced) と呼ぶ．これに対し，声帯振動をともなわず産出される音を**無声音** (voiceless) と呼ぶ．表5.1では，点線の左側に無声音，右側に有声音が記されている．

表5.1にあるように，子音すべてに有声・無声の区別があるわけではない．注目すべきは，共鳴子音はすべて有声音であり，有声・無声の区別を呈さないという点である．一方，阻害音には（なかには無声音のみのも音もあるが）基本

表 5.1 日本語の子音（第6章で論じられる音素だけでなく，異音も含む）

③構音方法		②構音位置												
		両唇音①		歯茎音		歯茎硬口蓋音		硬口蓋音		軟口蓋音		口蓋垂音		声門音	
		無	有	無	有	無	有	無	有	無	有	無	有	無	有
阻害音	閉鎖音	p	b	t	d					k	g				
	摩擦音	ɸ		s	z	ɕ	ʑ	ç						h	
	破擦音			ts	dz	tɕ	dʑ								
共鳴音	鼻音		m		n						ŋ		ɴ		
	弾音				ɾ										
	接近音		w						j		[w]				

無 = 無声音　　有 = 有声音

表 5.2 構音位置の動的構音器官と受動的構音器官

	両唇音	歯茎音	歯茎硬口蓋音	硬口蓋音	軟口蓋音	口蓋垂音	声門音
動的器官	下唇	舌先	舌葉	前舌	後舌	後舌	声帯
受動的器官	上唇	歯茎	硬口蓋直前部	硬口蓋	軟口蓋	口蓋垂	声帯
例	p, b, ɸ, w	t, d, s, z	ɕ, ʑ	ç, j	k, g, (w)	ɴ	h

表 5.3 構音方法

	説明	例
阻害音	構音器官において,閉鎖や極端な狭め(狭窄)などにより呼気の流れを妨ぐことで産出される音.	
破裂音(閉鎖音)	構音器官のある箇所を閉鎖して呼気の流出を止め,それにより圧力が高まった呼気を急に解放し産出される音.解放時に気息性をともなわないものを閉鎖音という.	p, b, t, d, k, g
摩擦音	構音器官のある箇所を極端に狭め,その隙間を呼気が通過する際に,乱気流をともない産出される音.	ɸ, s, z, ɕ, ʑ, ç, h
破擦音	破裂音と摩擦音をほぼ同時に1つの音として構音することで産出される音.	ts, dz, tɕ, dʑ
共鳴音	摩擦音を生じさせるほどの狭めがない状態の構音器官を,なう呼気が通過することで産出される音.	声帯振動をともなう
鼻音	口蓋垂が下がり咽頭壁から離れることで鼻腔への通路が形成され,そこを呼気が通過することで産出される音.	m, n, ŋ, ɴ
弾音	舌先が歯茎を一度はじくことにより産出される音.	ɾ
接近音	動的構音器官が受動的構音器官に接近するが,摩擦音を生じさせるほどの極端な狭めがない状態で産出される音.わたり音や半母音とも呼ばれる.	w, j

表 5.4 日本語子音の構音的特性

	①・②・③	例		①・②・③	例
p	無声両唇破裂音	paɴ 'パン'	h	無声声門摩擦音	ha '歯'
b	有声両唇破裂音	beni '紅'	ts	無声歯茎破擦音	tsuki '月'
t	無声歯茎破裂音	te '手'	dz	有声歯茎破擦音	dzu '図'
d	有声歯茎破裂音	deɕi '弟子'	tɕ	無声歯茎硬口蓋破擦音	tɕi '血'
k	無声軟口蓋破裂音	ka '蚊'	dʑ	有声歯茎硬口蓋破擦音	dʑi '字'
g	有声軟口蓋破裂音	ga '蛾'	m	有声両唇鼻音	me '目'
ɸ	無声両唇摩擦音	ɸu '麩'	n	有声歯茎鼻音	ne '根'
s	無声歯茎摩擦音	su '酢'	ŋ	有声軟口蓋鼻音	haŋko '判子'
z	有声歯茎摩擦音	kazu '数'	ɴ	有声口蓋垂鼻音	hoɴ '本'
ɕ	無声硬口蓋歯茎摩擦音	ɕi '詩'	ɾ	有声歯茎弾音	ɾaku '楽'
ʑ	有声硬口蓋歯茎摩擦音	kaʑi '火事'	w	有声両唇軟口蓋接近音	wa '輪'
ç	無声硬口蓋摩擦音	çi '火'	j	有声硬口蓋接近音	ja '矢'

的に有声・無声の区別がある.② の構音位置は,表 5.1 の上部の左から右に並んでいるもので,呼気の流れを阻害する発声器官上の位置を指す.それぞれの構音位置は,動かすことが可能な**動的構音器官** (**active articulator**) と動かすことが不可能な**受動的構音器官** (**passive articulator**) が接近したり,接触する

ことで決まる．これを，各々の構音位置について見てみると表5.2のようになる．③の構音方法は，呼気に対する阻害の仕方を意味する．これらは表5.3のようにまとめられる．①・②・③それぞれに記した構音的特性を用いて日本語で用いられている子音を記述すると表5.4のようになる．

5.4 母音の構音

　母音は，子音とは異なり声帯振動をともなう呼気が阻害されることなく産出される音を指す．このことから，阻害をともなわない母音を記述する際は，阻害をともなう子音の記述に使う構音位置や構音方法を用いず，声道の上位部に位置する舌と唇の形状の相違を用いる．主に，① **舌面の高低位置** (the tongue position in the vertical dimension)，② **舌面の最高部の前後位置** (the tongue position in the horisontal dimension)，③ **唇の形** (posture of the lips) といった観点から母音の特徴を捉えるのが一般的である．

　最初に，① 舌面の高低位置は，口の開き具合と関係がある．舌は顎の内側にあるため，顎を引き口を大きく開けると，同時に舌の位置も下がる．反対に，口を閉じようとすると，顎が上唇のほうへ向かう．それにともない，顎と一緒に舌の位置も上がる．このことは，日本語での「ア」aと「イ」iを繰り返し発音してみるとわかる．前者を発音すると，口を開くので舌の位置が下がる．一方，後者の場合，口が閉じ気味になるので，舌の位置が上がる．これに加え，「エ」eを発音してみると，口の開きが「ア」と「イ」の中間であることがわかる．さらに，日本語で一番大きな口の開きが必要な「ア」と，他の母音「オ」o，「ウ」ɯを比較してみると，「ア」＞「オ」＞「ウ」の順番で徐々に舌の位置が上がっていくことが確認できる．

　図5.2に記されているiとɯのように，舌面が高い位置で発音されている母音を **高位母音**（high vowel，もしくは **狭母音** (close vowel)）という．対照的に，一番低い位置で発音されるaのような母音は，**低位母音**（low vowel，もしくは **広母音** (open vowel)）という．高位母音と低位母音の中間の位置で発音されるeとoは **中位母音** (mid vowel) と呼ばれる．

　次に②の基準であるが，これは，舌面の最高部の位置の前後関係を表す．舌

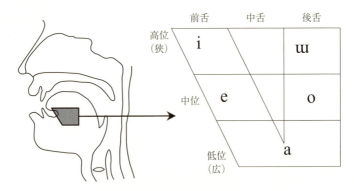

図 5.2 日本語の母音

面の最高部が前寄りの母音を**前舌母音** (front vowel), 中寄りの母音を**中舌母音** (central vowel), そして後ろ寄りの母音は**後舌母音** (back vowel) と呼ぶ. 構音音声学上, 日本語の i と e は前舌, o は後舌, そして a は中舌と後舌の間の中舌寄りの位置, そして ɯ は中舌と後舌の間の後舌寄りの位置で発音される.

最後に, ③の唇の形であるが, 唇をすぼめて突き出しながら発音される**円唇母音** (rounded vowel) と, 唇を突き出すことなく発音される**非円唇母音**（unrounded vowel, あるいは**平唇母音** (plain vowel)）に分けられる. 日本語では（唇の丸めは弱いが）o のみが円唇母音であり, i, e, a は, 非円唇母音である. ɯ については, 構音上, 通常非円唇であるが, ときにわずかに円唇性を帯びることもある.

①・②・③ それぞれに記した構音的特性を用いて日本語で用いられている母音を記述すると表 5.5 のようになる.

日本語は, 世界で最も多く使われている 5 母音体系を呈する言語であるが, 英語やフランス語のように, 言語によってはもっと多くの母音をもつ言語もあ

表 5.5 日本語母音の構音的特性

	①・②・③	例		①・②・③	例
i	高位前舌非円唇母音	i '胃'	ɯ	高位後舌非円唇母音	ɯ '鵜'
e	中位前舌非円唇母音	e '柄'	o	中位後舌円唇母音	o '尾'
			a	低位中舌非円唇母音	ai '愛'

る．そのような世界中のさまざまな母音体系を比較し記述するために，IPAでは自然言語で使用される母音を，**第 1 次基本母音** (primary cardinal vowels) と**第 2 次基本母音** (secondary cardinal vowels) の 2 種類に区分し，特徴付けている（どちらの基本母音図も，母音間の音質の関係を示すものとして考案され，本来は構音上の位置を示すものではない）．

図 5.3a における i, e, ɛ, a, ɑ は非円唇母音で，u, o, ɔ は円唇母音である．一方，図 5.3b における y, ø, œ, ɶ, ɒ は，図 5.3a の i, e, ɛ, a, ɑ それぞれに円唇性を加えたものであり，ɯ, ɣ, ʌ は，図 5.3a の u, o, ɔ それぞれを非円唇母音にしたものである．さらに，図 5.3b には，高位中舌母音の ɨ と ʉ が記されている．前者の ɨ は非円唇母音で，後者の ʉ は円唇母音である．これらの母音を構音的観点から記述すると表 5.6 のようになる．表の括弧内のように，③・②・① の順番で母音を記述する場合もある．

以上の構音音声学で用いられる基本的事項に触れながら，次の章では，音韻論を研究する際に必要と思われる基本事項の説明を行う．

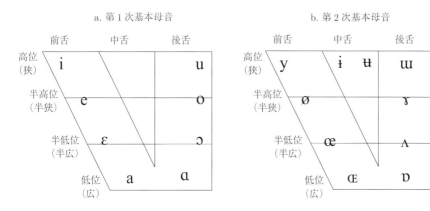

図 5.3 基本母音

表 5.6 基本母音の構音的特性

	①・②・③ (③・②・①)		①・②・③ (③・②・①)
i	高位前舌非円唇母音 (非円唇前舌狭母音)	y	高位前舌円唇母音 (円唇前舌狭母音)
e	半高位前舌非円唇母音 (非円唇前舌半狭母音)	ø	半高位前舌円唇母音 (円唇前舌半狭母音)
ɛ	半低位前舌非円唇母音 (非円唇前舌半広母音)	œ	半低位前舌円唇母音 (円唇前舌半広母音)
a	低位前舌非円唇母音 (非円唇前舌広母音)	Œ	低位前舌円唇母音 (円唇前舌広母音)
u	高位後舌円唇母音 (円唇後舌狭母音)	ɯ	高位後舌非円唇母音 (非円唇後舌狭母音)
o	半高位後舌円唇母音 (円唇後舌半狭母音)	ɤ	半高位後舌非円唇母音 (非円唇後舌半狭母音)
ɔ	半低位後舌円唇母音 (円唇後舌半広母音)	ʌ	半低位後舌非円唇母音 (非円唇後舌半広母音)
ɑ	低位後舌非円唇母音 (円唇後舌広母音)	ɒ	低位後舌円唇母音 (非円唇後舌広母音)
		ɨ	高位中舌非円唇母音 (非円唇中舌狭母音)
		ʉ	高位中舌円唇母音 (円唇中舌狭母音)

さらに学びたい人のために

[1] 清水克正：英語音声学—理論と学習，勁草書房 (1995)，189 p
音声の産出および聴覚について，丁寧にかつわかりやすく説明している．また，英語音声の学習指導への応用方法も解説している．

[2] 川原繁人：音とことばのふしぎな世界—メイド声から英語の達人まで（岩波科学ライブラリー），岩波書店 (2015)，115 p
本章で概説した調音音声学だけでなく，音響音声学と聴覚音声学についても，キラキラネームやメイド声など身近な現象から出発してわかりやすく，かつ本質をしっかり捉えて解説している．

6

音韻論

　本章では，前章で展開された構音音声学の基本的知識を前提に，ヒトの脳内に実在すると考えられる音声にかかわる抽象的範疇，および音の配列・交替にかかわる規則について論じる．前章の冒頭で述べたように，このような範疇や規則の解明を試みる研究分野を **音韻論 (phonology)** と呼び，本章では，そこで扱われる「分節音と音素」(6.1.1 項)，「音韻素性」(6.1.2 項)，「モーラ」(6.1.3 項)，「音節」(6.1.4 項)，「韻律」(6.1.5 項)，といった基本事項の説明と，「静的分布規則」(6.1.6 項 (1)) および「動的交替規則」(6.1.6 項 (2)) と称される音韻現象の解説を行う．

　そして，本章の後半 (6.2 節) では，日本語における動的交替現象の 1 つである連濁（複合語形成過程において，第 2 要素の語頭にある無声阻害音が有声阻害音に変化する現象）に焦点を当て，第 1 要素の (i) 音韻的長さと (ii) 語彙的種類が，第 2 要素の語頭における連濁（阻害音の有声化）の有無にどの程度関与しているかを解説する．そこでは，第 1 要素が連濁生起に与える影響の度合いを統計分析する手法として，カイ 2 乗分布を使った適合度検定と独立性の検定，および反復のある分散分析を用いる．

6.1 音韻論の歩き方

6.1.1 分節音と音素

我々人間は，途切れのない音響信号を，構成している音の種類や数について瞬時に識別する能力を有している．たとえば，「学校嫌いの小学生」という句について音声的に具現化した音響信号を，音声分析用のソフトウェア (Speech Filing System(SFS): http://www.phon.ucl.ac.uk/resource/sfs/) によって視覚化すると図 6.1 のようになる．

図 6.1a の音響信号を見てみると，音と音の切れ目を明確に示す物理的特性を（音響音声学や音韻的知識なしに）見つけ出すのは困難である．それにもかかわらず，図 6.1a を聞いた標準日本語の話者は，それを構成している音の種類と数を，困難なく即座に見つけ出すことができる．

図 6.1b に例示されているように，この能力の使用により分節化された箇所それぞれを，言語学では**分節音 (segment)** と呼ぶ（分節化された分節音 1 つ 1 つに対応する形で記されている記号が**音声記号 (phonetic symbols)** である）．

ここで注目すべき点は，分節音の音響的（物理的）特徴が同一ではなくても，同じ分節音と見なされる音があることだ．たとえば，図 6.1b において g と見なされている 2 つの分節音（いずれも母音 a の前に生じている g）の音響的特徴を見てみよう（以下では，それぞれの特徴を捉えやすいように，関係箇所を拡大している）．

図 6.2a と図 6.2b はそれぞれ，語頭に生じる g と母音間に生じる g の音響信

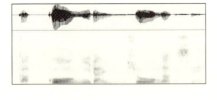

a. "学校嫌いの小学生"

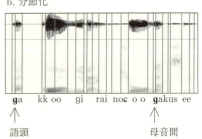

b. 分節化

図 **6.1** 視覚化された音響信号

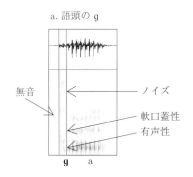
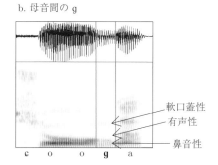

図 **6.2** 物理的に異なる 2 種類の g

号を表している．これら 2 つを比較してみてすぐわかる相違は，物理的長さである．図 6.2a の g のほうが図 6.2b の g のよりも物理的に短い．次にそれぞれの信号上の特性を比べてみると，図 6.2a ではノイズおよび無音状態が観察されるが，図 6.2b ではそれらがない．対照的に，図 6.2b には鼻音性があるが，図 6.2a にはそれがない．このように，"g" と知覚される音響信号の長さや波形にはいくつかの相違が見られる．この音響上の相違を構音音声学の観点から捉えた場合，図 6.2a は有声軟口蓋破裂（閉鎖）音 g で，図 6.2b は有声軟口蓋鼻音 ŋ と見なされる．

しかしながら，日本語の母語話者は図 6.2a と図 6.2b の該当箇所を，他の物理的に異なる音とは区別しながら，どちらも g であるとして認識する．このように，物理的に詳細が異なる音を同一のものと捉えるということは，どういうことであろうか．

図 6.2 で記した g を比較してみると，いずれも，**有声性 (voicing)** と **軟口蓋性 (velarity)**（後舌と軟口蓋の間で閉鎖を作り，その状態を解放した結果生じる音響的特徴．詳細は Backley & Nasukawa (2009) および Backley (2011) を参照）を呈している．すなわち，これらの共通の音響的特徴が，図 6.2 に示した 2 つの g を同一の音であると認識させるのである．換言すれば，音声を g と捉えるのに，音響信号上，有声性と軟口蓋性が必須であり，この 2 つの特性が存在すれば，他の特徴があっても，異なる音声であると認識されないということである．

異音		音声環境	例
[g]	(有声軟口蓋破裂音)	語頭	**g**akkoo '学校'
[ŋ]	(有声軟口蓋鼻音)	母音間等，それ以外	ɕuuŋaku '中学'
			maŋŋa '漫画'

図 6.3 音素 /g/

言語学では，前述のように共通特性を有し，同一の音と見なされている分節音の集合を**音素** (phoneme) と呼ぶ．これに対し，その音素を構成している物理的に異なる分節音（図 6.3 における g と ŋ）を**異音** (allophone) と呼ぶ．言語学では伝統的に，音素を示す場合はスラッシュで音声記号を挟み，/g/のように表す．一方，異音を指す場合は，角括弧で音声記号を括り [g] や [ŋ] とする．

音素/g/に属すると見なされる標準日本語の [g] と [ŋ] の関係を見てみると，図 6.3 のように，[g] は語頭に現れ，[ŋ] はそれ以外の場所に現れるというように排他的な分布を示す．

音素の種類や数は，言語によって異なる．たとえば，日本語の母音は 5 つの音素 (/a, i, u, e, o/) から構成され，イタリア語は 7 つの母音音素 (/a, i, u, e, ɛ, o, ɔ/)，そして，イギリス英語の母音は 20 の音素 (/ɪ, e, æ, ʌ, ə, ɒ, ʊ, iː, ɑː, ɜː, ɔː, uː, eɪ, aɪ, ɔɪ, əʊ, aʊ, ɪə, ɛə, ʊə/) から構成されている．子音について見た場合，日本語は/p, b, t, d, k, g, s, z, h, m, n, ɴ, ɾ, j, w/などの子音音素を有し，イタリア語は/p, b, t, d, k, g, f, v, s, z, ts, dz, ʃ, tʃ, dʒ, m, n, ɲ, ŋ, r, ɾ, l, ʎ, j, w/，そして，英語は/p, b, t, d, k, g, f, v, θ, ð, s, z, ʃ, ʒ, tʃ, dʒ, h, m, n, ŋ, l, ɹ, j, w/といった子音音素を呈する．

では，音素の種類や数を同定するのに，伝統的にどのような手法を用いているのであろうか．言語各々の音素の種類を明らかにするために，言語学では，主に次の 2 種類の同定方法を用いる．

① **対立的分布 (contrasive distribution)**

物理的に異なる複数の音を 1 つずつ同一の音声環境に入れてみた場合，それぞれの音について，単語の意味が変われば，それらの音同士の関係は対立的分布であるという．

② **相補的分布 (complementary distribution)**
物理的に異なる複数の音が同一の音声環境に決して現れない場合，それらの音同士の関係は相補的分布であるという．

まず，① についてであるが，2 つの音が対立的（意味の違いをもたらす）かどうかは**最小対語 (minimal pair)** を探し出すことで確認できる．最小対語とは，1 音を除き他の構成音，ならびにそれらの配列パターンが同一であり，かつ異なる意味を指示する 2 語のことをいう（例：[ka**k**i]–[ka**ŋ**i] '柿'–'鍵'，[**p**IN]–[**b**IN] 'ピン'–'ビン'）．唯一異なる位置へ物理的に異なる音を投入し，異なる意味をもつ単語を生み出すことになれば（例：[ka**ŋ**i]–[ka**m**i] '鍵'–'紙'），初めに入れられた音とそれに替わって入れられた音は，異なる音素に属する音であると見なされ，この音同士の関係を**対立的分布 (contrasive distribution)** という．

次に ② についてであるが，物理的に異なる複数の音が互いに相容れない環境に生じる場合，それらの音は同じ音素に属すると考えることができる．この音同士の関係を**相補分布 (complementary distribution)** と呼ぶ．相補分布の関係にある音の分布は，音韻環境から予測が可能である．代表的な例は，図 6.3 で示した標準日本語の [g] と [ŋ] の分布である．[g] は語頭に現れ，[ŋ] はそれ以外の場所に現れ，互いに排他的な分布を示す．このような関係の場合，これらの音は同一の音素に属していると見なされる．日本語以外の代表的な例は，英語における，[pʰ]（強い帯気音），[p]（非帯気音），[p̚]（非可聴解放音）の関係である．[pʰ] は強勢のある音節の最初（例：peak），[p] は同一音節に属する /s/ の直後の位置（例：speak），[p̚] は語末もしくは閉鎖音の直前の位置（例：keep, kept）に現れる，というように互いに排他的な分布を示す．このことから，これらは音素 /p/（無声両唇破裂音）に属する異音と見なされる[1]．

---

[1] しかしながら相補分布は，ときに間違った予測をしてしまう．たとえば，英語で語末，音節末に生じない [h] と，語頭，音節頭子音に生じない軟口蓋鼻音 [ŋ] は，相補分布の観点からすると同じ音素に属することになる．この間違った予測をもたらさないために，さらにもう 1 つ，**音声的類似 (phonetic similarity)** という音素同定の方法が用いられる．この方法を用いて [h] と [ŋ] の音声的特徴を比較してみると，[h] は無声声門摩擦音であり，[ŋ] は有声軟口蓋鼻音であるので，両音に共有されている特徴は存在しないことがわかる．この場合，たとえ両音が相補的分布関係を示したとしても，音声的類似が確認されないため，両者が同じ音素に属しているとはいえない．

6.1.2　音韻素性

前節で，対立（意味の違いをもたらす関係）を示すか否かで音素を同定すると述べたが，実は，対立をもたらす最小の単位は音素ではなく，それを構成する**属性 (attribute, property)** であると考えられている．そのような属性の存在は，音韻現象の観察から導き出される**自然類 (natural classes)** と呼ばれる音（素）の分類により確認される．たとえば，英語で許される子音連続 C_1C_2 において，C_1 が鼻音である場合，bu*mp*er [bʌmpə], wi*nt*er [wɪntə], hu*ng*er [hʌŋgə] のように，C_1 の鼻音は後続する C_2 の閉鎖音 (/p, t, g/) と同器的である (homorganic: 同じ構音点をもつ)．これを**静的分布 (static distribution)** 現象と呼ぶ．他方，C_1 が鼻音でない場合，he*lp* [help], ba*sk*et [bæskɪt], ta*ct* [tækt] のように，C_1 と C_2 は同器的である必要はない．このように，後続子音と同器性を示す音 ([m, n, ŋ]) は，同器性を示さない音 ([l, s, k]) と音韻的に異なる振る舞いを示すことから，前者は鼻音性という類を形成し，後者は非鼻音性もしくは口音性という類に属していると見なすことができる．上述の音韻現象のみならず，さまざまな現象を通じて確認されるこのようなグループを，それぞれ自然類と呼ぶ．ある特定の音が属すると考えられる自然類の数は，その音を構成する属性（鼻音性，口音性など）の種類と数を明らかにする大きな手掛かりとなる．

言語ごとに異なる種類を呈する音素と異なり，音に内在する属性は，言語機能の音韻部門の一部を構成する普遍的**音韻的最小単位 (phonological prime)** として機能していると一般的に想定されている．このような属性は，**素性 (feature)**，**エレメント (element)**，**構成素 (component)**，**粒子 (particle)** などと呼ばれている．以降は，これらの代表として「素性」という名称を用いる．素性の種類や数は理論により異なる（表 6.1）．ここでは，Harris (1994, 2005), Clements & Hume (1995), Harris & Lindsey (2000) などに従い，+/− といった**二値的（等価的）特性 (bivalency, equipollence)** ではなく，存在するか否かといった**一値的（欠如的）特性 (monovalency, privativeness)** で表示され，かつ，母音・子音いずれの位置にも生じることが可能な素性を例示している (Nasukawa & Backley, 2008; Backley, 2011)．

これらの素性が音声的に具現化した際に，音響信号上に写像されたパターン

6.1 音韻論の歩き方　89

表 6.1　素　性

a.

母音素性	省略記号	子音 (C) 上での具現形	母音上 (V) での具現形
|mass|	|A|	口蓋垂性，咽頭性	非高位性
|dip|	|I|	歯音性，硬口蓋性	前舌性
|rump|	|U|	唇性，軟口蓋性	円唇性，後舌性

b.

子音素性	省略記号	子音上 (C) での具現形	母音上 (V) での具現形
|edge|	|ʔ|	口腔内あるいは声門の閉鎖	きしみ声
|noise|	|H|	気息性，無声性，阻害性	高音調
|murmur|	|N|	鼻音性，阻害音上の有声性	鼻音性，低音調

表 6.2　素性と音響パターン

Harris (2005), Harris & Lindsey (1995, 2000), Backley (2011), Nasukawa (2014) より.

a.

母音素性	スペクトル形状	フィルタ・レスポンスのスキーマ (y 軸＝振幅, x 軸＝周波数)	音声的具現形
|mass|	母音スペクトル上の中央部に集中するエネルギーの塊から成る音響パターン		[ɑ]
|dip|	母音スペクトル上で低域と高域の両域に分散しているエネルギー間に見られる大きな窪みから成る音響パターン		[i]
|rump|	母音スペクトル上の低域から高域に向けて見られるエネルギーの減少状態により形成される (右下がり形状) 音響パターン		[u]

b.

子音素性	スペクトログラフ上の特徴	スペクトログラフのスキーマ (y 軸＝周波数, x 軸＝時間)	音声的具現形
|edge|	振幅全体の突然の下降	無音	[əʔə]
|noise|	非周期的エネルギー	ノイズ	[əhə]
|murmur|	周波数の下方に見られる広域共鳴性	共鳴性	[əmə]

90　第 6 章　音韻論

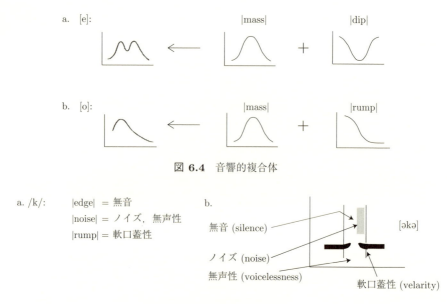

図 **6.4**　音響的複合体

図 **6.5**　/k/の音響的具現形

は表 6.2 のとおりである．表 6.2 の右端に記した音声的具現形に含まれていない他の音は，表 6.2 の素性が複数組み合わされることで産出される（図 6.4）．たとえば，母音/e/は，（音声的に [ɑ] として具現化される）|mass| と（音声的に [i] として具現化される）|dip| が組み合わされた複合体が，音声的に具現化したものである．

　子音の例としては，音素/k/を図 6.5 に表示する．図 6.5a は，/k/を構成している素性を記しており，図 6.5b では，それらが音響信号上でどのように具現化されるかを例示している．他の音がどのような素性の組み合わせから成っているかということ，ならびに，音内の素性同士の諸構造については，Harris & Lindsey (1995, 2000), Harris (2005), Nasukawa & Backley (2008), Backley (2011), Nasukawa (2014) に詳細が論じられている．

6.1.3 モーラとピッチ

前述のように言語研究においては，伝統的に分節音や音素を母音と子音の2つに分類する．母音は語形成において重要な役割を担っており，意味の弁別性にかかわる**分節特性 (segmental property)** 以外に，音調，アクセント，イントネーションといった**超分節特性 (suprasegmental property)**，あるいは，**韻律特性 (prosodic property)** を表す役割を担っている．これと反対に，子音は超分節特性との直接的なかかわりは呈さず，弁別性に深くかかわる分節特性を表す役割を担っている．

ところが日本語では，子音として分類される音のなかに，母音のような振る舞いを呈するものが存在する．たとえば母音は，超分節特性の1つといえるピッチ（L（低音調）やH（高音調））をともなうことができる．（HLとして具現化される）/aki/ '秋' と，（LHとして具現化される）/aki/ '空き' がその典型的な例である．同様に，/N/で記される撥音（例：/kaN/ '勘' もしくは '缶'）や/Q/で記される促音（例：/kappu/ '割賦' もしくは 'カップ'）もピッチをともない表出する．たとえば，'勘' はLH(/kaN/)と具現化され，'缶' はHL(/kaN/)として具現化される．

伝統的に，日本語では1母音は1モーラ（1拍）分の長さを有するとされている．子音のなかで上述の/N/（撥音）と/Q/（促音）も母音同様高低ピッチをともない，1モーラ（1拍）分の長さを呈する．このことは，/N/と/Q/の仮名表記に反映されており，どちらも独立した仮名1つ（/N/＝「ん」，/Q/＝「っ」）で表記される．

モーラ性を呈するという特性は，母音と/N/・/Q/の両方で観察されるが，ピッチ・アクセント核の有無という観点からすると，母音と/N/・/Q/は異なる振る舞いを示す．このピッチ・アクセント核とは，ピッチの下がり目の直前の拍（または音節）のことを指す．たとえば，'箸' を意味する /haci/ の場合，/ci/でピッチが下がるので，その直前の/ha/がアクセント核と考えられる．同様の音配列が /haci/ のようにLHというピッチ・パターンを呈する場合は，下がり目が見あたらない．しかし，/haci/の後ろに助詞 'が' を加えてみると，下がり目がある /haciga/ '橋が' と下がり目がない /haciga/ '端が' という区別が生じる．前者

では，下がり目の直前の/ɕi/がアクセント核であり，下がり目がない後者は，アクセント核をもたないことになる．以上のことから，2音節から成る語の場合は，/haɕiga/（第1音節がアクセント核），/haɕiga/（第2音節がアクセント核），/haɕiga/（アクセント核をもたない：平板型アクセントという）のように，助詞を加えることで3種類の語彙対立を生むことになる．

　モーラ性を呈する/N/と/Q/に話を戻すと，東京アクセント式を示す日本語では，母音（を有する音節）とは異なり，これらがアクセント核となることはない．たとえば，/kaNga/は'缶が'を，そして/kaNga/は'勘が'を意味するが，/kaNga/という下がり目の直前にアクセント核として/N/が生じることはない．すなわち，/N/は（多くの）母音と異なりアクセント核となることはない．/Q/についても，/kappu/'カップ'と/kappu/'割賦'の区別はあるが，/Q/がアクセント核となる/kappu/は存在しない．このように，ピッチの高低の有無については母音と同じ振る舞いを見せ，アクセント核の有無については典型的な母音とは異なる振る舞いを呈することから，/N/と/Q/は，特殊モーラであると称される．

　実は，母音のなかにもアクセント核になりにくいものがある．それは「引く音」と呼ばれるもので，/N/と/Q/同様，特殊モーラとして扱われている．「引く音」とは片仮名を用いた場合「ー」(V_2) で記述される部分で，'塀が'/heega/や'法が'/hooga/の母音部分（長音：V_1V_2）の後半部を指す．他のピッチ・パターンである'兵が'/heega/や'頬が'/hooga/という語が存在することから，引く音は，他の母音同様，ピッチの高低両方を呈する．他方，/N/と/Q/同様，引く音部にアクセント核がある/heega/や/hooga/が存在しないことから，特殊モーラであると考えられる．また，/maiga/'舞が'と/maiga/'真衣が'は存在するが，/maiga/が存在しないことから，異なる母音が連続する際の2番目の部分 (V_2) も特殊モーラであると見なされる．以上をまとめると，表6.3のようになる．

表 **6.3** モーラ性の有無

音素		
母音	/a, i, u, e, o/	モーラ
	/V_2/	特殊モーラ
子音	/N, Q/	特殊モーラ
	/p, b, t, d, k, g, s, z, h, m, n, r, j, w/	非モーラ

6.1.4 音　節

6.1.2 項では，素性がいくつか集まって音（素）を構成していることを見た．その（素性から成る）音がいくつか集まり構成される音連続を，**音節 (syllable)** と呼ぶ．音節は，**子音 (consonant: C)** と**母音 (vowel: V)** という分類を基盤にしており，V を中心としてその前後に現れる C あるいは子音群から成ると考えられている．音節型のなかで，V 1 つに C 1 つが先行する CV 連続は普遍的（無標）であり，すべての言語で用いられている．一方，CVC や VC という音連続は言語によって選択的（有標）である．前者 (CV) のように，V で終わる音節を**開音節 (open syllable)**，後者 (CVC, VC) のように C で終わる音節を**閉音節 (closed syllable)** と呼ぶ．

閉音節である CVC の構造を樹形図を用いて表すと，C と VC とに分けられる（図 6.6）．前者を**頭子音 (onset)**，そして後者を**韻 (rhyme)** と称する．韻は，さらに V で形成される**核 (nucleus)** と，それに後続する C から成る**尾子音 (coda)** に分かれる．

日本語の音節は，C 1 つとそれに続く V 1 つから構成されている開音節の場合が多く（例：/ka/'蚊'，/ta/'田'，/ha/'歯'），その場合は，図 6.6b の構造となる．なかには，「胃」(/i/) のように，V のみから成る語もある．日本語の音節構造については，理論により異なる構造が想定されており，主に図 6.7 の 2 種類がさまざまな文献で取り上げられている．

図 6.7a は最も一般的なもので，英語を代表とする他の言語同様，日本語では，頭子音，核，韻，が枝分かれをする構造であると考えられている．この構造のもとでは，頭子音が枝分かれした場合，2 番目の位置を占めることができるの

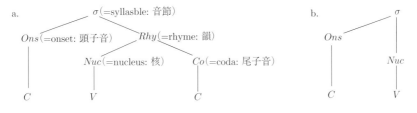

図 **6.6**　音節構造

94　第 6 章　音韻論

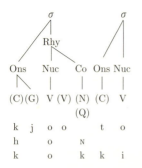
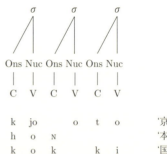

図 6.7　異なる 2 種類の音節構造

は拗音 /j/ のみであり，核が枝分かれすると全体として長母音や二重母音になると考えられている．さらに，韻も枝分かれ可能で，その際，尾子音の位置に現れることが可能なのは，撥音と促音のみであるとしている．

これに対し図 6.7b は，日本語では CV（頭子音 1 つとそれに続く核 1 つから成る音節）のみが許され，枝分かれ構造を有さないと考える理論で採用されているものである (Nasukawa, 2005, 2010, 2015)．この理論では，拗音は核の一部であり，撥音は頭子音にある鼻音性とそれに続く空核[2]からなる音節が音声的に具現化されたものであると考える．促音「っ」の部分は，尾子音ではなく頭子音にあり，その直後に空核が続くとされる（図 6.7a と図 6.7b のどちらが理論的に妥当で，日本語の音韻現象をより適切に説明できるかについての議論は Nasukawa, 2004, 2005, 2012, 2015 を参照）．

6.1.5　韻　律

前節では，音がいくつか集まり音節を構成するということを見たが，さらに，その音節がいくつか集まって，より大きな構成体を形成することができる．音節が複数集まることで**韻脚**（フット：**foot**）が構築され，その韻脚が複数集まることで**形態素 (morpheme)** 等の構成体が形成される．これらは一般的に，**韻律 (prosody)**，または，**超分節構造 (suprasegmental structure)** と呼ばれる．

---
[2] 空核とは，素性を一切もたない核のことである．

6.1 音韻論の歩き方

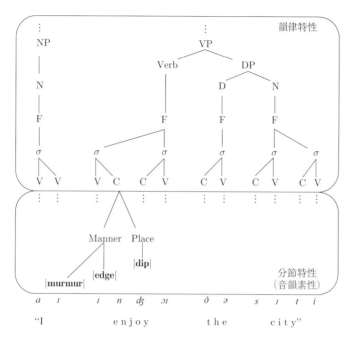

NP：名詞句，N：名詞，VP：動詞句，Verb：動詞，DP：決定詞句，D：決定詞，
σ：音節，F：韻脚，C：子音，V：母音，Place：構音位置，Manner：構音方法

図 **6.8** 韻律特性と分節特性

さらには，複数の形態素から語 (word) が形成され，複数の語から句 (phrase) が作られる．このような形態・統語構造も，広義の韻律といえる．図 6.8 の樹形図は，英語の "I enjoy the city" の英文の韻律構造を記したものである．

これらの韻律特性は，伝送・受信機構である発声器官により，強勢，ピッチ，イントネーション等にかかわる音響パターンを産出するのに利用される[3]．

---

[3] 韻律構造は，異音の分布にも深くかかわっている．伝統的に，語頭や頭子音は韻律的強位置 (strong position) と呼ばれ，語末や尾子音は韻律的弱位置 (weak position) と呼ばれる．たとえば英語において，|edge, noise, rump| から構成される /k/ が（境界の左端を示す）強位置に生じると，韻律境界標識 (prosodic boundary marker) として /k/ 内の |noise| が音声的に際立って解釈され，気息性を呈する無声気息軟口蓋破裂音 (voiceless aspirated velar plosive)[kʰ] として具現化される．一方，/k/ が（境界の右端に通常位置する）弱位置で用いられると，|noise| は音声的に際立ちを失い，無声無気息非可聴解放軟口蓋閉鎖音 (voiceless unaspirated inaudible stop) の [k̚] として現れる．このような韻律位置と，韻律位置を占め

6.1.6 静的分布規則と動的交替規則

音韻現象には大別して，**静的分布** (static distribution) と**動的交替** (dynamic alternation) と呼ばれるものがある．前者は，形態素を構成している音の配列にかかわる現象（例：日本語では CC 連続や撥音以外の語末 C を禁じるなど）で，後者は，形態・統語操作の結果構築された形態素境界付近で観察される現象（例：/haɕiru/'走る' ＋ 過去時制接辞/-ta/'た' → [haɕitta] のように形態素間で生じる促音便化など）を指す．以下では，各々の現象を引き起こす規則について触れる．

(1) 静的分布規則

他の言語同様，日本語にもさまざまな静的分布規則が存在する．そのなかで広く取り上げられているものの1つに，表 6.4 に示すような，子音と母音の組み合わせに関する制約がある．この表は，和語で使用される C と V の可能な組み合わせを記している．借用語（外来語）の発音に使用されるようになった音（例：/ti/<u>ティ</u>ーシャツ，/tu/<u>トゥ</u>ールーズや/tse/チャン・<u>ツィ</u>イー）等を加えるとさらに多くの C と V の組み合わせが可能になるが，ここでは，和語に限定して静的分布規則を論じる．この表では，左側 (i) に直音 (/CV/) を，右側 (ii) に拗音 (/CjV/) を配置している．四角で囲われた×印付きのものは，存在しない C と V の組み合わせを意味し，太い四角で囲われているものは，破線矢印の始点にある直音の CV（たとえば，/si/）の音声的具現形として使われているもの (/ɕi/) を指している．

表 6.4 で最初に注目すべきは，基本的に/Cji/と/Cje/の連続が存在しないという点である．これは，表 6.4g のヤ行で見られるように，そもそも/ji/と/je/の連続が存在しないためである．この現象を分析するのに，/j, i, e/それぞれの内部構造を見てみると，/j/と/i/はともに表 6.1 で示した素性 |I|(|dip|) のみから構成されている．|I| が C 位置に現れると音声的に/j/として具現化され，同素性が V 位置に現れると音声的に/i/として表出する．そして/e/は，|I| と |A|(|mass|) の2つの素性から構成されている．このことからわかるように，/j, i, e/いず

る音との間にはたらく構造上の相互作用は，音韻表示の音声解釈に大きな影響を与える（詳細は，Harris, 1994; Nasukawa, 2005; Backley, 2011 を参照）．

6.1 音韻論の歩き方　97

表 6.4　拗音の静的分布規則

	直音 (/CV/)	(開)拗音 (/CjV/)	
a	i. か き く け こ ka ki ku ke ko が ぎ ぐ げ ご ga gi gu ge go /ŋa /ŋi /ŋu /ŋe /ŋo	ii. きゃ きぃ きゅ きぇ きょ kja ~~kji~~ kju ~~kje~~ kjo ぎゃ ぎぃ ぎゅ ぎぇ ぎょ gja ~~gji~~ gju ~~gje~~ gjo /ŋja/ ~~/ŋji/~~ /ŋju/ ~~/ŋje/~~ /ŋjo/	
b	i. さ し す せ そ sa ~~ɕi~~ su se so ざ じ ず ぜ ぞ za ʑi zu ze zo /dza /dʑi /dzu /dze /dzo	ii. しゃ し しゅ しぇ しょ ɕa ɕi ɕu ɕe ɕo (sja)(sji)(sju)(sje)(sjo) じゃ じ じゅ じぇ じょ ʑa ʑi ʑu ʑe ʑo /dʑa/ /dʑi/ /dʑu/ /dʑe/ /dʑo/ (zja) (zji) (zju) (zje) (zjo)	← sjの口蓋化 ← zjの口蓋化
c	i. た ち つ て と ta ~~tɕi~~ ~~tsɯ~~ te to 　　　　つ 　　　　tsu だ ぢ づ で ど da ~~dʑi~~ ~~dzu~~ de do	ii. ちゃ ち ちゅ ちぇ ちょ tɕa tɕi tɕu tɕe tɕo (tja)(tji)(tju)(tje)(tjo) ぢゃ ぢ ぢゅ ぢぇ ぢょ dʑa dʑi dʑu dʑe dʑo /dʑa/ /dʑi/ /dʑu/ /dʑe/ /dʑo/ (zja) (zji) (zju) (zje) (zjo)	← tjの口蓋化 ← djの口蓋化
d	i. な に ぬ ね の na ni nu ne no	ii. にゃ に にゅ にぇ にょ nja ~~ɲi~~ nju ~~ɲe~~ njo	
e	i. は ひ ふ へ ほ ha ~~çi~~ ~~ɸu~~ he ho 　　　　ふ 　　　　ɸu ぱ ぴ ぷ ぺ ぽ pa pi pu pe po ば び ぶ べ ぼ ba bi bu be bo	ii. ひゃ ひ ひゅ ひぇ ひょ ça çi çu çe ço /hja/ /hji/ /hju/ /hje/ /hjo/ ぴゃ ぴ ぴゅ ぴぇ ぴょ pja ~~pji~~ pju ~~pje~~ pjo びゃ び びゅ びぇ びょ bja ~~bji~~ bju ~~bje~~ bjo	
f	i. ま み む め も ma mi mu me mo	ii. みゃ み みゅ みぇ みょ mja ~~mji~~ mju ~~mje~~ mjo	
g	や ゆ よ ja ~~ji~~ ju ~~je~~ jo		
h	i. ら り る れ ろ ra ri ru re ro	ii. りゃ り りゅ りぇ りょ rja ~~rji~~ rju ~~rje~~ rjo	
i	わ うぃ うぅ うぇうぉ wa ~~wi~~ ~~wu~~ ~~we~~ ~~wo~~		

れの音にも素性 |I| が含まれており，音節内に |I| が2つ並ぶことを避ける**異化** (dissimilation) 規則がはたらいていると考えられる．一般的に，この現象を説明するのには，**同一性回避**（identity avoidance，あるいは，**必異原理 (OCP:**

Obligatory Contour Principle）と呼ばれる原理）が用いられる．これは，特定の領域において，ある要素が複数出現するのを回避する一般原理である．

表 6.4 には，素性 |I| が関係する現象がもう 1 つある．それは前述の |I| の異化現象と相反する |I| の同化現象である．この同化現象は，**舌頂性 (coronality)** を有する阻害音 (/s, z, t, d/) において限定的に観察されるもので，舌頂阻害音の後ろに /ji/ が現れると，/sji/→/ɕi/ や /tji/→/tɕi/ のように舌頂阻害音が口蓋化する．そのため，/Cji/ とは認識されず，前述の |I| の異化現象が見られない．加えて，拗音のみならず，直音における舌頂阻害音にも，/si/→/ɕi/ や /ti/→/tɕi/ のように口蓋化現象が観察される．その結果，舌頂阻害音を有する直音と拗音は，/i/ や /j/ といった |I| のみから成る音の前で**中立化**（音韻的に異なる音同士が，ある環境で同一の音価を呈する音になること）を示す．

口蓋性を示す |I| という素性がかかわる現象のみならず，|U|(|rump|) がかかわる現象も観察される．たとえば，(|U| から成る) 母音 /u/ の直前で，/t/→/ts/, /h/→/ɸ/ となったり，(|U| から成る) 子音 /w/ の後ろに出現可能な母音は /a/ のみで，他の母音は後続できない．これらのほかに，/zj/→/ʑ/(/dʑ/), /dj/→/ʑ/(/dʑ/) のように，開拗音 (CjV) の初めに生じる /ʑ/ と /d/ の中和現象（対立を失う現象）も見られる（ほかにもさまざまな静的分布現象が見られるが，詳細については Nasukawa (2015) を参照のこと）．

(2) 動的交替規則

日本語における動的交替現象の代表的なものの 1 つに連濁がある[4]．連濁とは，語と語を結び付けて新たな語を作るという複合語形成過程において，後部要素の語頭にある無声阻害音（清音）が有声阻害音（濁音）に変化する現象で，主に和語で（漢語や外来語のなかで日常化したものにおいても）観察される．

---

[4] 連濁は生産的ではなく，特定の語群に対してある時代にはたらいた歴史的現象であり，それゆえ和語に多く見られるという見解もある．この立場のもとでは，連濁は共時的には動的交替規則とは見なされない．

6.1 音韻論の歩き方　99

(1) a. onna '女'　＋ **k**okoro '心'　→ onna**g**okoro '女心'
　　b. ori '折り'　＋ **k**ami '紙'　→ ori**g**ami '折り紙'
　　c. jaki '焼き'　＋ **s**akana '魚'　→ jaki**z**akana '焼き魚'
　　d. oo '大'　　＋ **t**aiko '太鼓'　→ oo**d**aiko '大太鼓'
　　e. geki '激'　＋ **ɸ**utori '太り'　→ geki**b**utori '激太り'

素性レベルでこの現象を考えてみると，阻害音の有声化（真正有声化）を引き起こしているのは，素性 |N|(|murmur|) であると考えられる[5]．この素性は，複合語を構成する 2 つの要素を結合する接着剤のようなはたらきをし，要素間の境界であることを示すために，境界に接する音上に現れようとする．日本語において |N| が表出するには，阻害性を表す |H| の存在が必要であるため，要素間の境界 (…$C_1V_1\#C_2V_2$…) で |H| をもつ阻害音が出現可能な右側の位置 ($\#C_2$) に |N| は現れる．CV という開音節を構造形成基盤とする日本語では，語境界の左側には V もしくは撥音 /ɴ/ のみが出現し，（|H| を有する）阻害音が出現することがないため，境界の左側に |N| が生じることはない．

(2)　　　　　　　複合語標識

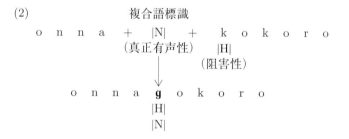

しかし，後部要素にもともと（語彙的に）有声阻害音が含まれている場合は，以下に示すように，|N| が表出することができず，連濁は生じない．

(3) a. onna '女'　＋ **k**otoba 'ことば'　→ onna**k**otoba '女ことば' (*onnagotoba)
　　b. maru '丸'　＋ **h**adak '裸'　　→ maru**h**adaka '丸裸' (*marubadaka)
　　c. kami '神'　＋ **k**aze '風'　　→ kami**k**aze '神風' (*kamigaze)

---

[5] 表 6.1b に示したように，この素性は阻害音上では有声性として具現化される．

これは，複合語内後部要素という特定の領域において，(|H, N| により定義される) 有声阻害音が 2 つ以上生じることを避ける制約がはたらいているためであると考えられる．

(4) 　　　　　　　複合語標識
　　　　o n n a ＋ |N| ＋ k o t o b a
　　　　　　　　　　　　　　|H|　　|H|
　　　　　　　　　　　　　　　　　　|N|
　　　　　　　　↓
　　　　＊o n n a g o t o b a
　　　　　　　|H|　　　　|H|
　　　　　　　|N|　　　　|N|

この制約は一般的にライマンの法則 (**Lyman's law**) と呼ばれる規則として知られている．この規則をより普遍性の高い原理で記述する場合は，ここでも**同一性回避 (identity avoidance)**，あるいは，**必異原理 (OCP: Obligatory Contour Principle)** と呼ばれる原理が用いられる．この |H, N| に対する同一性回避は，実は複合語形成過程においてのみ観察されるものではなく，以下のように，和語一般に対してもはたらいている．このことから，この同一性回避は静的分布規則の 1 つであるともいえる．

(5) a. sabi '錆'　　　　＊zabi
　　b. kazari '飾り'　　＊gazari
　　c. tsubasa '翼'　　 ＊dzubasa, ＊tsubaza, ＊dzubaza
　　d. tokage 'トカゲ'　＊dokage, ＊togage, ＊dobage

以上，本節では，数多くある音韻現象の事例として 2 種類の音韻現象を説明した．次節では，この節で最後に取り上げた連濁の諸相を解明するための実験とその結果を論じる．

6.2　研究事例

6.1.6 項 (2) で見たように，和語が 2 つ組み合わされたときに，ある条件が整うと連濁が生じると考えられてきた．しかし次に示すように，和語であっても

連濁が見られないものが存在する.

(6) a. ciro '白'   + kuro '黒'   → cirokuro '白黒'   (*ciroguro)
    b. sakana '魚' + tsuri '釣り' → sakanatsuri '魚釣り' (*sakanadzuri)
    c. ko '小'   + tori '鳥'   → kotori '小鳥'   (*kodori)
    d. kata '片'   + kana '仮名' → katakana '片仮名' (*katagana)
    e. kutsu '靴'   + cita '下'   → kutsucita '靴下'   (*kutsuzita)

まず,(6a) であるが,複合語を構成している要素の関係が修飾関係ではなく並列関係にあり,そのような場合は複合語ではないので,連濁が生じないと考えられている.しかし,(6b, c) の例と,(1) の例を比較してみると,なぜ (1) では連濁が起きるのに,(6) では生じないのかという疑問が生じる.たとえば,(6b, c) と (6b) の複合語では,いずれも形態統語構造的に,第 2 要素が第 1 要素の目的語（補部）であるが,前者では連濁が観察され,後者では見られない.さらに,(1d,e) と (6c) はいずれも第 1 要素が第 2 要素を修飾しているが,前者は連濁を示し,後者は呈さない.

さらに,kookokugaica '広告会社'（← kookoku '広告' + kaica '会社' 漢語）amagappa '雨合羽'（← ama '雨' + kappa '合羽' 外来語）のように,和語だけでなく,漢語や外来語でも連濁を呈するものが存在する.

これを受け,Tamaoka et al. (2009) は,有声化が見られない複合語における第 1 要素に目を向け,第 1 要素が連濁生起にどの程度関与しているかを探る実験を行った.特に,第 1 要素の (i) 音韻的長さと (ii) 語彙的種類が連濁生起に与える影響を統計的に明らかにしようとした.以降,(i) と (ii) について,それぞれ解説する.

6.2.1　研究事例 1　複合語第 1 要素の音韻的長さと連濁生起の関係

Tamaoka et al. (2009) では,2 語から成る複合語の第 1 要素の音韻的長さが,第 2 要素語頭の阻害音有声化にどの程度関係しているかについての実験を行った.実験では,CVCVCV という構造から成る（実在する）和語に似せた非実在語を第 2 要素とし,1 モーラ,2 モーラ,3 モーラと音韻的長さの異なる実在す

る和語を第 1 要素とした.

表 6.5 のように，1 モーラから成る第 1 要素としては，/ko/ '小'，/te/ '手'，/to/ '戸'，2 モーラから成る第 1 要素としては，/simo/ (>ɕimo) '下'，/naka/ '中'，/naga/ '長'，3 モーラから成る第 1 要素としては，/sakura/ '桜'，/tɕikara/ '力'，/matsuri/ '祭り' を用いた．第 2 要素については，意味的影響が出ないように，意味的に中立で，和語に似た/hukari/(>ɸukari) と/hasuri/を第 2 要素とした．そして，上述の第 1 要素に/hukari/が後続した場合と/hasuri/が続いた場

表 6.5 複合語第 1 要素のモーラ数と第 2 要素頭の阻害音有声化有無の関係

a.

第 1 要素		第 2 要素 $hukari$			カイ 2 乗
文字	音	無声音	有声音	比率	適合度検定
1 モーラ CV 語					
小（コ）	/ko/	33	191	85.27%	$\chi^2(1) = 111.446, p < .001$
手（テ）	/te/	30	193	86.55%	$\chi^2(1) = 119.144, p < .001$
戸（ト）	/to/	49	175	78.13%	$\chi^2(1) = 70.875, p < .001$
2 モーラ CVCV 語					
下（シモ）	/simo/	69	155	69.20%	$\chi^2(1) = 33.018, p < .001$
中（ナカ）	/naka/	46	178	79.46%	$\chi^2(1) = 77.786, p < .001$
長（ナガ）	/naga/	62	161	72.20%	$\chi^2(1) = 43.951, p < .001$
3 モーラ CVCVCV 語					
桜（サクラ）	/sakura/	87	136	60.99%	$\chi^2(1) = 10.767, n.s.$
力（チカラ）	/tikara/	53	171	76.34%	$\chi^2(1) = 62.161, p < .001$
祭り（マツリ）	/maturi/	75	149	66.52%	$\chi^2(1) = 24.446, p < .001$

b.

第 1 要素		第 2 要素 $hasuri$			カイ 2 乗	カイ 2 乗
文字	音	無声音	有声音	比率	適合度検定	独立性検定
1 モーラ CV 語						
小（コ）	/ko/	40	184	82.14%	$\chi^2(1) = 92.571, p < .001$	$\chi^2(1) = 0.802, n.s.$
手（テ）	/te/	53	171	76.34%	$\chi^2(1) = 62.161, p < .001$	$\chi^2(1) = 7.701, n.s.$
戸（ト）	/to/	43	181	80.80%	$\chi^2(1) = 85.018, p < .001$	$\chi^2(1) = 0.492, n.s.$
2 モーラ CVCV 語						
下（シモ）	/simo/	73	150	67.26%	$\chi^2(1) = 26.587, p < .001$	$\chi^2(1) = 0.192, n.s.$
中（ナカ）	/naka/	68	156	69.64%	$\chi^2(1) = 34.571, p < .001$	$\chi^2(1) = 5.695, n.s.$
長（ナガ）	/naga/	71	153	68.30%	$\chi^2(1) = 30.018, p < .001$	$\chi^2(1) = 0.811, n.s.$
3 モーラ CVCVCV 語						
桜（サクラ）	/sakura/	105	117	52.70%	$\chi^2(1) = 0.649, n.s.$	$\chi^2(1) = 3.112, n.s.$
力（チカラ）	/tikara/	83	140	62.78%	$\chi^2(1) = 14.570, p < .001$	$\chi^2(1) = 9.705, n.s.$
祭り（マツリ）	/maturi/	92	131	58.74%	$\chi^2(1) = 6.821, n.s.$	$\chi^2(1) = 2.885, n.s.$

合，それぞれの語頭阻害音/h/が有声化して/b/になるかどうかを，日本語を母語とする大学生224名を対象に，質問紙を用いて調査した．その結果をまとめたのが表6.5である．

上述の被験者により形成された複合語は，第2要素の始めの阻害音/h/が無声音のままか，あるいは有声音/b/となるかのいずれかである．つまり，二者択一で，選択数を分析の対象としている．これは，統計ではノンパラメトリック・データといわれ，正規分布などで使われる特定の分布を仮定しない統計的検定である．このような場合，無声と有声それぞれの選択者数がランダムな50%であるかどうかを検討する**カイ2乗適合度検定**（**Chi-square tests of goodness-of-fit**，第17章参照）による分析を行う．この分析では，有声と無声の選択頻度がそれぞれ50%の確率で生起する場合には，カイ2乗値は有意にはならない．有意なカイ2乗値が得られた場合に，何らかの理由で有声と無声の選択頻度のいずれかが高いことになる．有声選択のほうが多い場合には連濁が頻繁に見られ，反対に無声が頻繁に選択される場合は，連濁が生じていないということになる．有声と無声のいずれかの選択頻度が高い場合，連濁の比率で確認することができる．

1〜3モーラから成る実在する第1要素3つと，実在しない第2要素（例：/hukari/）とを組み合わせて（3実在語×3モーラタイプ＝9回），被験者に第2要素の始めの阻害音が有声化するか否かを問うた．実験では，**第1種の誤り** (**type I error**) を避けるため，**帰無仮説** (**null hypothesis**) を却下し，有意水準を検討するのに**ボンフェローニ法**（第15章参照）を用いた．この実験では，有意水準0.05を組み合わせ数の9で割り，0.0056が導き出され，これを受けて，0.001という厳しい有意水準としている．

表6.5のカイ2乗適合度検定の結果において，18ある検定結果のうち15項目で，第2要素の始めの阻害音が有声化されたもののほうが高い頻度で選ばれた．また，第1要素に使用されたCV，CVCV，CVCVCVから成る9種類の和語と第2要素/hukari/を組み合わせたパターン表6.5aのほとんどで，第2要素の始めの阻害音は無声音よりも有声音のほうが選ばれる頻度が高かった．唯一の例外は，第1要素が/sakura/の場合であったが，それでも偶然に連濁が起こる確率のレベルであった．同様に，第2要素を/hasuri/にした表6.5bの場合も，第

1要素が/sakura/と/maturi/(>matsuri) のときを除いて，/h/ではなく，有声阻害音/b/を選択するという同様の傾向を示した．

さらに，第2要素として用いられている/hukari/と/hasuri/が，語頭阻害音の有声化の頻度に影響しているかどうかを確かめるために，**カイ2乗独立性検定（Chi-square tests of independence**，第17章参照）を第1要素に用いられた9つの和語に対してそれぞれ行っている．この分析は，/hukari/か/hasuri/という2種類の第2要素と，有声か無声かという2つの変数がお互いに独立して影響しているかどうかを確かめるための分析である．カイ2乗値が有意である場合には，第2要素として/hukari/を用いた場合と/hasuri/を用いた場合とで連濁の起こるパターンが異なることを示す．分析の結果，表6.5のように，どの和語においてもカイ2乗値は有意ではなかった．つまり，第1要素の種類による無声化・有声化の頻度については，第2要素として/hukari/を用いた場合と/hasuri/を用いた場合では，相違は認められなかった．

次に第1要素の和語の呈するモーラ数の相違が，第2要素の始めの阻害音を有声化する能力とどのような関係があるのかを調査した．表6.6のように，第1要素を構成しているモーラ数に基づき3つのグループ (CV, CVCV, CVCVCV) に分け，それぞれのグループに属する6つの複合語(例：CVの場合は，/ko/ + /hukari/, /te/ + /hukari/, /to/ + /hukari/, /ko/ + /hasuri/, /te/ + /hasuri/, /to/ + /hasuri/ の6つ) 各々に対して，その第2要素の始めの/h/がそのまま無声音であれば0，有声化していれば1を付与した．これにより，0～6の範囲で，第1要素が第2要素頭の阻害音を有声化する力を定義した．

表6.6の有声化誘因力は，有声化が起きると1つずつ増えていく．これは，

表 6.6 第1「和語」要素のモーラ数と第2要素頭の阻害音有声化の関係 (1)

第1「和語」要素	音韻構造	モーラ数	有声化誘因力 平均	標準偏差
小/ko/, 手/te/, 戸/to/	CV	1	4.88	1.43
下/simo/, 中/naka/, 長/naga/	CVCV	2	4.24	1.55
桜/sakura/, 力/tikara/, 祭り/maturi/	CVCVCV	3	3.78	1.68
単純対比			1 > 2 > 3	

被験者数：217

0から1まで変化することから，等間隔で変化する尺度といえる．そのため，正規分布を仮定して，平均値と標準偏差が計算できる．表6.6に示したように，CVモーラの平均値は4.88，CVCVモーラは4.24，そしてCVCVCVモーラは3.78となった．さらに，異なる1から3モーラまでの3種類の等質なCVから成るモーラ構造について，同じ被験者が同じ課題を行った．これにより，モーラが1つのとき，モーラが2つのとき，モーラが3つのときと，同じ被験者内でモーラが1つずつ増えていく形で有声化を測定したことになる．したがって，モーラ数の3について，**反復のある一元配置の分散分析**（第15章参照）を行った．分析の結果，主効果が有意となり（$F(2,432) = 54.938, p < .001$），第2要素の有声化傾向は，第1要素のモーラ数が増えると，減少することが明らかになった．

主効果の有無は，モーラ数が影響していることを示すだけである．そのため，モーラ数で区別した3種類の刺激群のうち，どの群で有声化誘因力が強いかは明らかではない．この点を確かめるために，**単純対比 (simple contrast)** という手法を用いる．反復のない分散分析であれば，**多重比較 (multiple comparison)** を使うのが最も一般的であるが，反復測定の場合は，同じ被験者内での比較であるため，この手法を使う．モーラ数の異なる3つの刺激群について比較してみると，(i) 第1要素である和語がCVである場合とCVCVである場合の相違（$F(1,216) = 46.684, p < .001$），および，(ii) 第1要素がCV和語である場合とCVCVCVである場合の相違（$F(1,216) = 102.650, p < .001$）のいずれにおいても有意な違いが見られた．そして，(iii) 第1要素がCVCVである和語の場合とCVCVCVである和語の場合の相違も有意であった（$F(1,216) = 16.701, p < .001$）．これにより，第1要素のモーラ (CV) 数が増すと，第2要素の始めの無声阻害音を有声化させる能力が減少すること（1モーラ >2モーラ >3モーラ）が明らかになった．以上，複合語の第1要素の音韻的長さが，第2要素の連濁現象にかかわりがあるのではないか，という先に記した仮説を支持する結果となった．

6.2.2 研究事例2 複合語第1要素の使用頻度と連濁生起の関係

6.2.1項で論じたTamaokaらの実験では，複合語の第1要素として用いられた語の実際の使用頻度が実験で考慮されていなかった．そこで，同論文内の第

表 6.7　第 1 要素の使用頻度

第 1 要素		音韻構造	モーラ数	使用頻度
蚊	/ka/	CV	1	515
柿	/kaki/	CVCV	2	442
刀	/katana/	CVCVCV	3	588
歯	/ha/	CV	1	3,659
雲	/kumo/	CVCV	2	3,891
港	/minato/	CVCVCV	3	3,170
火	/hi/	CV	1	11,441
山	/yama/	CVCV	2	11,469
柱	/hasira/	CVCVCV	3	15,248

2 実験として，Tamaoka らは，前実験の被験者と異なる大学生 118 名を対象に，使用頻度を吟味して厳選した和語を第 1 要素とした実験を行った．先の実験同様，質問紙を用いた実験であったため，第 1 要素を漢字 1 文字で表記できる和語に限定することで，紙面に記された漢字の数に左右されないようにした．表 6.7 に記した第 1 要素として選ばれた和語の使用頻度については，朝日新聞 14 年分で使用された一般名詞の種類と数を調査し，その結果をもとに算出された．

これらを第 1 要素に，また 6.2.1 項同様，/hukari/ と /hasuri/ を第 2 要素にし，6.2.1 項と同じ実験を行った．この実験においても，複合語の第 2 要素の始めの阻害音が無声音のままか，それとも有声音となるかの二者択一となるので，同頻度の予測値が設定されたカイ 2 乗適合度検定によって検討した．6.2.1 項同様，ボンフェローニ法に基づき，有意水準は 0.001 を基準とした．

表 6.8 のカイ 2 乗適合度検定の結果において，18 項目ある検定結果のうち 16 項目で，第 2 要素の対象音が有声化されたもののほうが高頻度で選ばれた．そして，第 1 要素に使用された CV，CVCV，CVCVCV から成る 9 種類の和語と第 2 要素 /hukari/ を組み合わせたパターン（表 6.8a）すべてにおいて，第 2 要素の始めの阻害音は無声音よりも有声音として選ばれる頻度が高かった．同様に，第 2 要素を /hasuri/ にした場合（表 6.8b）も，第 1 要素が /yama/(/jama/) と /minato/ のときを除いて，有声阻害音を選択するという同じ傾向を示した．

この実験においても，6.2.1 項と同じように，/hukari/ と /hasuri/ の語頭阻害音の有声化の頻度を比較するのに，第 1 要素に用いた 9 つの和語に対してカイ 2 乗独立性検定を行った．その結果，2 モーラの CVCV の /yama/ 以外では有意

表 6.8 複合語第 1 要素（和語）のモーラ数と第 2 要素頭の阻害音有声化有無の関係

a.

第 1 要素		第 2 要素 $hukari$			カイ 2 乗
文字	音	無声音	有声音	比率	適合度検定
1 モーラ CV 語					
蚊（カ）	/ka/	19	99	83.90%	$\chi^2(1) = 54.237, p < .001$
歯（ハ）	/ha/	8	110	93.22%	$\chi^2(1) = 88.169, p < .001$
火（ヒ）	/hi/	7	111	94.07%	$\chi^2(1) = 91.661, p < .001$
2 モーラ CVCV 語					
柿（カキ）	/kaki/	34	84	71.19%	$\chi^2(1) = 21.186, p < .001$
雲（クモ）	/kumo/	33	85	72.03%	$\chi^2(1) = 22.915, p < .001$
山（ヤマ）	/yama/	23	95	80.51%	$\chi^2(1) = 43.932, p < .001$
3 モーラ CVCVCV 語					
刀（カタナ）	/katana/	29	89	75.42%	$\chi^2(1) = 30.508, p < .001$
港（ミナト）	/minato/	35	83	70.34%	$\chi^2(1) = 19.525, p < .001$
柱（ハシラ）	/hasira/	28	90	76.27%	$\chi^2(1) = 32.576, p < .001$

b.

第 1 要素		第 2 要素 $hasuri$			カイ 2 乗	カイ 2 乗
文字	音	無声音	有声音	比率	適合度検定	独立性検定
1 モーラ CV 語						
蚊（カ）	/ka/	11	107	90.68%	$\chi^2(1) = 78.102, p < .001$	$\chi^2(1) = 2.444, n.s.$
歯（ハ）	/ha/	5	113	95.76%	$\chi^2(1) = 98.847, p < .001$	$\chi^2(1) = 0.733, n.s.$
火（ヒ）	/hi/	6	112	94.92%	$\chi^2(1) = 95.220, p < .001$	$\chi^2(1) = 0.081, n.s.$
2 モーラ CVCV 語						
柿（カキ）	/kaki/	28	90	76.27%	$\chi^2(1) = 32.576, p < .001$	$\chi^2(1) = 0.788, n.s.$
雲（クモ）	/kumo/	40	78	66.10%	$\chi^2(1) = 12.237, p < .001$	$\chi^2(1) = 0.972, n.s.$
山（ヤマ）	/yama/	47	71	60.17%	$\chi^2(1) = 4.881, n.s.$	$\chi^2(1) = 11.698, p < .001$
3 モーラ CVCVCV 語						
刀（カタナ）	/katana/	39	79	66.95%	$\chi^2(1) = 13.559, p < .001$	$\chi^2(1) = 2.066, n.s.$
港（ミナト）	/minato/	42	76	64.41%	$\chi^2(1) = 9.797, n.s.$	$\chi^2(1) = 0.945, n.s.$
柱（ハシラ）	/hasira/	22	96	81.36%	$\chi^2(1) = 46.407, p < .001$	$\chi^2(1) = 0.914, n.s.$

にはならなかった．つまり，9 種類の和語のうち 8 種類において，第 2 要素の種類に関係なく，その始めに位置する阻害音が有声化されるという傾向が示された．

この実験においても，第 1 要素の和語の呈するモーラ数の相違が第 2 要素の始めの阻害音を有声化する能力とどのような関係があるかについて調べられた．表 6.9 のように，第 1 要素を構成しているモーラ数で 3 つのグループ (CV, CVCV, CVCVCV) を作り，それぞれのグループに属する 6 つの複合語（例：CV の場

表 6.9 第 1「和語」要素のモーラ数と第 2 要素頭の阻害音有声化有無の関係 (2)

第 1「和語」要素	音韻構造	モーラ数	有声化誘因力 平均	標準偏差
蚊/ka/, 歯/ha/, 火/hi/	CV	1	5.53	1.02
柿/kaki/, 雲/kumo/, 山/yama/	CVCV	2	4.26	1.60
刀/katana/, 港/minato/, 柱/hasira/	CVCVCV	3	4.35	1.66
単純対比			1 > 2 = 3	

被験者数：217

合は，/ka/+/hukari/, /ha/+/hukari/, /hi/+/hukari/, /ka/+/hasuri/, /ha/+/hasuri/, /hi/+/hasuri/の 6 つ）各々に対して，その第 2 要素の始めの阻害音/h/がそのまま無声音であれば 0，有声化していれば 1 を付与した．これにより，0〜6 の範囲で，第 1 要素が第 2 要素頭の阻害音を有声化する力を定義された．表 6.9 に示されているように，CVCV と CVCVCV モーラの平均値はそれぞれ 4.26 と 4.35 を示したのに対して，CV モーラの平均値は 5.53 というきわめて高い有声化誘因力となった．

表 6.6 と同様に反復のある一元配置の分散分析を行った結果，有意な主効果が見られた ($F(2, 234) = 58.787, p < .001$)．そこで，単純対比で 3 グループを比較した．その結果，(i) 第 1 要素の和語が CV である場合と CVCV の場合の相違 ($F(1, 117) = 90.642, p < .001$)，および，(ii) 第 1 要素が CV である場合と CVCVCV である場合の相違 ($F(1, 117) = 72.769, p < .001$) のいずれにおいても有意な差が認められた．しかしながら，(iii) 第 1 要素が CVCV である場合と CVCVCV である場合の相違 ($F(1, 117) = 0.401, n.s.$) には，有意な差が認められなかった．以上より，6.2.1 項における実験結果と異なり，第 1 要素の音韻構造が CVCV（2 モーラ）である場合と CVCVCV（3 モーラ）である場合に，第 2 要素の始めの無声阻害音を有声化させる能力に差は見られなかった．一方，CV 和語が第 1 要素として出現した場合，CVCV 和語と CVCVCV 和語に比べて，高い有声化能力を呈するということ（1 モーラ >2 モーラ = 3 モーラ）が，この実験を通して解明された．また，表 6.7 で示したように，1 モーラの刺激語の使用頻度が低いため，使用頻度の影響で有意に有声化（連濁）が生じているわけではないことも確認された．

問題 6.1　次の表は，Tamaoka et al. (2009) における複合語化にかかわる 3 つ目の実験結果である．この実験では，2 モーラから成り，撥音/N/で終わる第 1 要素 CVN と 2 モーラから成る第 1 要素 CVCV の間で，第 2 要素の始めの阻害音に対する有声化誘因能力に差があるかを調査したものである．表 (1) の CVN の刺激項目は，語彙タイプ 3 種類×異なる語 3 種類×異なる音韻構造 2 種類×非存在語である第 2 要素 2 種類＝計 36 項目であった．表 (2) の CVCV の刺激項目については，3 つの語彙タイプそれぞれに語が 2 つずつしか掲載されていないが（和語 /koku/，/riki/；漢語 /butsu/，/mini/；外来語 /puro/，/pori/），6.2.1 項の実験で用いた/simo/'下'，/naka/'中'，/naga/ '長'，を加え，表 (1) の CVN の刺激項目と同様にした（6.2.1 項における/simo/'下'，/naka/'中'，/naga/ '長' の実験結果を参照すること）．表の実験結果を見て，表 6.5 と表 6.8 で 2 種類のカイ 2 乗検定について紹介した部分を参照しながら，第 1 要素と，第 2 要素の始めの阻害音の有声化との関係を詳細に説明しなさい．

第 1 要素		第 2 要素 hukari			カイ 2 乗
文字	音	無声音	有声音	比率	適合度検定
(1) CVN					
どん	doN	33	191	85.27%	$\chi^2(1) = 111.446, p < .001$
踏ん（フん）	huN	37	187	83.48%	$\chi^2(1) = 100.446, p < .001$
飲ん（ノん）	noN	44	179	80.27%	$\chi^2(1) = 81.726, p < .001$
寒（カン）	kaN	43	181	80.80%	$\chi^2(1) = 85.018, p < .001$
新（シン）	siN	63	161	71.88%	$\chi^2(1) = 42.875, p < .001$
本（ホン）	hoN	38	186	83.04%	$\chi^2(1) = 97.786, p < .001$
サン	saN	77	146	65.47%	$\chi^2(1) = 21.350, p < .001$
ノン	noN	72	152	67.86%	$\chi^2(1) = 28.571, p < .001$
ワン	waN	71	153	68.30%	$\chi^2(1) = 30.018, p < .001$
(2) CVCV	下記の和語は研究事例 1 のもの（下（シモ），中（ナカ），長（ナガ））と同様				
国（コク）	koku	75	148	66.37%	$\chi^2(1) = 23.897, p < .001$
力（リキ）	riki	61	162	72.65%	$\chi^2(1) = 45.744, p < .001$
仏（ブツ）	butu	120	104	46.43%	$\chi^2(1) = 1.143, n.s.$
ミニ	mini	93	131	58.48%	$\chi^2(1) = 6.446, n.s.$
プロ	puro	73	150	67.26%	$\chi^2(1) = 26.587, p < .001$
ポリ	pori	65	159	70.98%	$\chi^2(1) = 39.446, p < .001$

第1要素		第2要素 hasuri			カイ2乗 適合度検定	カイ2乗 独立性検定
文字	音	無声音	有声音	比率		
(1) CVN						
どん	doN	64	160	71.43%	$\chi^2(1) = 41.143, p < .001$	$\chi^2(1) = 12.645, p < .001$
踏ん（フん）	huN	35	188	84.30%	$\chi^2(1) = 104.973, p < .001$	$\chi^2(1) = 0.056, n.s.$
飲ん（ノん）	noN	61	162	72.65%	$\chi^2(1) = 45.744, p < .001$	$\chi^2(1) = 3.600, n.s.$
寒（カン）	kaN	44	179	80.27%	$\chi^2(1) = 81.726, p < .001$	$\chi^2(1) = 0.020, n.s.$
新（シン）	siN	64	160	71.43%	$\chi^2(1) = 41.143, p < .001$	$\chi^2(1) = 0.011, n.s.$
本（ホン）	hoN	49	173	77.93%	$\chi^2(1) = 69.261, p < .001$	$\chi^2(1) = 1.853, n.s.$
サン	saN	61	163	72.77%	$\chi^2(1) = 46.446, p < .001$	$\chi^2(1) = 2.788, n.s.$
ノン	noN	76	147	65.92%	$\chi^2(1) = 22.605, p < .001$	$\chi^2(1) = 0.189, n.s.$
ワン	waN	76	148	66.07%	$\chi^2(1) = 23.143, p < .001$	$\chi^2(1) = 0.253, n.s.$
(2) CVCV		下記の和語は研究事例1のもの（下（シモ），中（ナカ），長（ナガ））と同様				
国（コク）	koku	80	144	64.29%	$\chi^2(1) = 18.286, p < .001$	$\chi^2(1) = 0.214, n.s.$
力（リキ）	riki	71	153	68.30%	$\chi^2(1) = 30.018, p < .001$	$\chi^2(1) = 1.012, n.s.$
仏（ブツ）	butu	118	105	47.09%	$\chi^2(1) = 0.643, n.s.$	$\chi^2(1) = 0.019, n.s.$
ミニ	mini	73	151	67.41%	$\chi^2(1) = 27.161, p < .001$	$\chi^2(1) = 3.828, n.s.$
プロ	puro	80	144	64.29%	$\chi^2(1) = 18.286, p < .001$	$\chi^2(1) = 0.440, n.s.$
ポリ	pori	54	169	75.78%	$\chi^2(1) = 59.305, p < .001$	$\chi^2(1) = 1.319, n.s.$

問題 6.2 問題 6.1 における表の実験結果を受け作成されたのが次の表である．これは，語種と音節構造の観点から有声化，言い換えると，連濁の有無を実験的に検証した結果である．この Tamaoka et al. (2009) の研究では，反復のある分散分析が用いられており，語種および音節構造の独立変数について，主効果が有意であるという結果が得られた．したがって，和語，漢語および外来語といった語種について各組の違いを単純対比で比較している．単純対比の結果は，次の表に要約され示されている．分散分析と単純対比について詳しく説明している表 6.6 を参照し，表の結果を有声化誘因力の違いの観点から説明しなさい．特に，第1要素と，第2要素の始めの阻害音の有声化との関係を詳細に説明しなさい．

語彙タイプ	音韻構造	刺激語	有声化誘因力 平均	標準偏差
(1) CVN 構造				
A 和語	CVN	踏ん (huN), 飲ん (noN), どん (doN)	4.78	1.53
B 漢語	CVN	寒 (kaN), 新 (siN), 本 (hoN)	4.65	1.56
C 外来語	CVN	サン (saN), ノン (noN), ワン (waN)	4.06	1.72
(2) CVCV 構造				
D 和語	CVCV	下 (simo), 中 (naka), 長 (naga)	4.27	1.53
E 漢語	CVCV	国 (koku), 力 (riki), 仏 (butu)	3.66	1.65
F 外来語	CVCV	ミニ (mini), プロ (puro), ポリ (pori)	4.07	1.74
単純対比の結果			和語＞漢語 ＝ 外来語 AB＞CDF＞E	

被験者数：213

さらに学びたい人のために

[1] 西原哲雄・那須川訓也：音韻理論ハンドブック，英宝社 (2005)，227 p
音韻論の研究対象とそれらの分析のために用いられる諸理論がわかりやすく解説されている．加えて，音韻論の研究史，音韻論で用いられる用語と諸概念についても詳しい．

[2] Backley, P.: *An introduction to element theory*. Edinburgh University Press (2011), 224 p
音声にかかわる最小単位と，それらの相互関係により引き起こされる言語学的現象を説明するエレメント理論の入門書である．エレメント理論と弁別素性理論との相違点の説明からはじまり，エレメントを用いた分節内構造の表示ならびに音韻現象の分析まで，平易な英語で非常にわかりやすく解説されている．

[3] 窪薗晴夫：日本語の音声（現代言語学入門 2），岩波書店 (1999)，246 p
日本語で用いられている音声の諸特性ならびに音韻現象について，わかりやすく解説されている．連濁現象をはじめとする多様な例が示されており，日本語の音韻現象を概括するのに適した書といえる．

第 **II** 部

言語処理機構の性質を探る

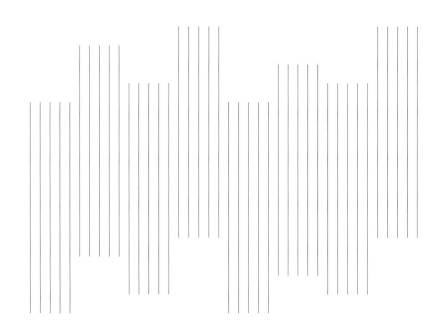

7

言語産出

> この章では,「女の子が鳥につつかれている」のような単純な文を口頭で産出する過程に焦点を当てて,人間が言語を産出する際の脳と心のはたらきについて述べる.自然発話に見られる「言い間違い」を手掛かりとした初期の研究から,実験を通して得られたデータを分析する最新の研究までを概観し,研究者が構築した「文産出モデル」の検証を目指した具体的な研究事例を紹介する.研究事例の紹介のなかで,発話開始時間(実験参加者がモニター画面に呈示された絵を見て説明する課題で,絵を見てから発話を始めるまでに要する時間)および凝視率(複数の絵を見て説明する課題で,どの絵をどのぐらい見ていたかの割合)を比較するため,どの統計分析手法をどのように使用するべきか,例を挙げて解説する.

7.1 言語産出の歩き方

　図 7.1 のような絵を見て,何が起こっているか説明するように求められたら,あなたはどのように答えるだろうか? 「女の子が鳥につつかれている」「鳥が女の子をつついている」「女の子が鳥におそわれている」など,さまざまに表現することができるだろう.人間が自分の母語を使用して,この例のような絵を

図 7.1 産出対象となる事象の例

説明するのに要する時間を計測してみると，平均して 1〜2 秒で答えが始まる．この短い時間のなかで，人間は絵に描かれている事象を理解し，適切な単語を選択し，文を組み立て，音声として発話を産出するという一連の複雑な作業を行わなければならない．この章では，そのために話者の頭のなかでどのような作業がどのような順序で行われているのかという言語産出の過程について，特に事象を表す基本的な言語単位である文の産出に焦点を当てて解説する．

7.1.1 言い間違いと言語産出モデル

言語産出は基本的に話者の頭のなかで行われるため，その過程を直接観察するのは難しい．しかし，この過程の産物である言語表現は，実際に観察することができる．したがって，産出過程を検討するための第一歩は，産出された言語表現のパターンを収集し，整理し，分析することから始まる．なかでも貴重なのは，いわゆる「言い間違い (speech error)」のデータである．日常言語を注意深く観察していると，さまざまなタイプの言い間違いが含まれていることに気付く．言語の産出過程に関する研究は，このような言い間違いに着目することから始まった（寺尾，2002）．例として，次のような会話を考えてみよう．

(1) 話者 A：リサが　ユカに　ミホを　紹介した．
　　話者 B：リカが...じゃなくて，リサが　ユカに　誰を　紹介したって？

このように，実際に話そうとした単語を構成する音声の一部が，後続する単語と入れ替わってしまう誤りは頻繁に観察される．このような誤りがいつ，どのように起きるのか考えてみよう．文を産出するまでには，意図した内容を表現するために適切な単語を選択する段階と，さらに選択した単語を音声化する段階が存在するとしよう．だとすれば，話者Bの発話では単語の選択が正しく行われたにもかかわらず，音声化の段階において，後続する単語の影響で一部の音が入れ替わってしまったという説明ができる．しかし，入れ替えが起こるのは音声だけではない．

(2) 話者B：ユカが...じゃなくて，リサが　誰に　誰を　紹介したって？

単語全体が，そっくり入れ替わってしまうこともある．このような例は，単語選択時の誤りと見なせるだろう．さらに次のような例も頻繁に観察される．

(3) 話者B：ユカがどうしたって？
　　話者A：ミホに紹介し...じゃなくって，紹介されたって．

この場合，「紹介する」という動詞は正しく選択されているのに，意図されていた形式である「紹介された」が産出できなかったことに気付いたため，後から訂正を行ったと考えることができる．だとすると，心内辞書から適切な単語を選択するレベルに加えて，能動・受動などの文型の相違に応じて選択した単語の語形を整えるレベルを別に設けるのが合理的である．ここまでをまとめると，さまざまなタイプの言い間違いの観察から，図7.2のような「文産出のモデル」を想定することができる．

　このモデルでレンマ (lemma) と呼ばれているのは，心内辞書に記載されていて能動・受動などの文型に応じた形式の選択が行われる以前の，いわば単語の原型に相当する形である．このモデルによれば，話者は意図に沿って表現内容を決定し，心内辞書にアクセスして適切なレンマを選択する．選択されたレンマをもとに単語の形態 (morpheme) が決定され，音声化の段階を経て，産出する表現形式が決定される．

7.1 言語産出の歩き方　　117

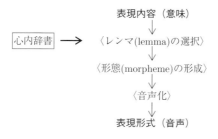

図 7.2　文産出のモデル I

7.1.2　語彙標示 (lexical encoding) 過程と文法標示 (grammatical encoding) 過程

　ここまで，言い間違いの観察から言語産出のモデルを考えてきたが，このモデルにはまだ重要な要素が欠けている．私たち人間は，事象を表現するために，複数の単語を組み合わせて文を産出することができる．文産出のためには単語を正しく産出するのみならず，それぞれの言語の文法に即した形で，正しい順序で単語をつなぎ合わせなければならない．

　(4) 話者 A：リサが　ミホの友だちを　紹介した．
　　　話者 B：友だちを ミホの . . . ミホの友だちを　誰が　紹介したって？

選択される語彙が同じでも，文法的な誤りがあれば意図された内容を表現できない．つまり文産出モデルにも，それぞれの言語の文法に基づいて産出される形式を整えるための文法標示過程が必要である．文法標示過程は単語の選択および語形の形成と深くかかわるので，両者は連動していなければならない．単語の選択および語形の形成が語彙標示過程で実施されるとすると，両者を連動させることで図 7.3 のようなモデルが想定できる．

　語彙標示過程が，単語の選定と語形の形成という 2 段階を含むように，文法標示過程にも，文法機能の付与と線形順序の決定という 2 段階が含まれる．それぞれの段階のはたらきについては，研究事例の節で詳しく述べる．

　このように，言い間違いの観察は，文の産出過程にどのような過程と段階が存在するかを示唆する貴重な情報を提供してくれる．意図された「正しい表現」

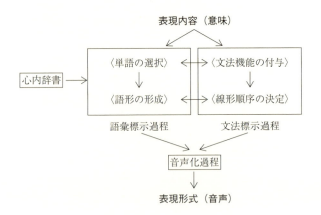

図 7.3 文産出のモデル II
Bock & Levelt(1994) を修正.

のみならず，言い間違いのように「誤った表現」のデータを利用して誤りのパターンを合理的に説明できるモデルを構築することで，言語産出過程の研究は大きく進展した．しかし，言い間違いを加えたとしても，産出された言語表現に基づいて言語の産出過程を探る研究には，残念ながら必然的限界がある．まず第一に，これらの研究はあくまでも産出過程そのものを観察しているのではなく，結果の観察を通して過程を推測しているにすぎない．たとえば，ある会社の工場で生産されるヒット商品の製造過程を探るため，ライバル会社が調査を開始したとしよう．商品の秘密を守るために，工場の内部は部外者が立ち入ることができないように固くガードされている．この状況でライバル会社にできることは，市販される商品を実際に購入し，詳しく分析して製造過程を探ることのみである．残念ながら，実際の製造過程を知るために，このような調査から得られる情報はごく限られている．危険ではあっても工場の内部にスパイを送り込み，製造過程を直接観察することができれば，はるかに多くの情報を得ることができるに違いない．さらにもう1つの問題は，実例を分析するだけの研究は，モデルを提案することはできても実際にそのモデルがどの程度有効なのか検証できないという点である．スパイが探り出した情報に基づいて想定した製造過程が，どの程度まで実際の製造過程と一致しているのかを確かめる

ためには，実際に製品を試作し，同じ商品が作れるかどうかを確かめてみる必要がある．

　言語産出の研究者たちは，2つの方向からこのような限界を乗り越えようとした．第一の方向は，産出にかかわるさまざまな要因を統制したうえで話者に言語表現の産出を促し，実験的にモデルを検証しようとするものである．これによって研究者たちはモデルを提案するのみならず，仮説検定の手法を用いてモデルの妥当性を評価することが可能になった．第二の方向は，産出の結果を観察する「オフライン」のデータに加えて，産出が終了する前に時間軸に沿った「オンライン」のデータを収集し，研究対象に含めるというものである．以降の節では，実際の研究事例を挙げながら，このような言語産出研究の新しい方向性について述べる．7.3.1項で第一の方向について説明し，7.3.2項で第二の方向について説明する．

7.2　研究事例

7.2.1　研究事例1　統語的プライミング効果を手掛かりとした研究

　複数の話者による対話データの分析によると，話者の間で言語表現の協調 (coordination) と呼ばれる現象が起こることが知られている．協調現象は文法標示においても観察され，たとえば対話中に一方の話者が受動文を使用すると，後続の発話においてもう一方の話者も受動文を産出する割合が増加する．Bock (1986), Bock & Loebell (1990) は，このような知見を言語産出研究のパラダイムに取り入れ，「統語的プライミング (syntactic priming)」と呼ばれる手法を開発した．

　「プライミング」とは，時間軸において先行する行動が後続する行動に影響を及ぼすことをいう．言語処理研究において広く知られているのは，「意味的プライミング」と呼ばれる現象である．たとえば，「みかん–リンゴ」のように意味的関連性の高い要素から成るペアと「机–リンゴ」のように意味的関連性の低い要素から成るペアを用意し，実在する単語か否かを尋ねる語彙性判断課題を実験参加者に課して反応時間を計測する．すると，先行要素（プライム）として「みかん」を処理した場合と「机」を処理した場合で，後続要素（ターゲッ

図 7.4　プライミング実験における線画描写課題の例

ト）である「リンゴ」の処理に有意な影響が見られる．意味的関連性のある単語間では処理が促進され，ターゲットに対する反応時間が短くなる場合が多い．このようなプライミング効果は，プライムの処理によって心内辞書で生じた意味的活性化がターゲットの語彙処理を促進したことを示唆している．

　文の産出過程に独立した文法標示過程が存在するのであれば，そこで遂行された統語処理も，プライミング効果をもたらすことが予測される．Deng et al. (2012) は，図 7.4 のような事象を引き起こす動作主と事象によって影響を受ける被動者とを表す線画を用意し，日本語を母語とする実験参加者に対して，絵がどんな事象を表しているか口頭で描写を行うように指示した．

　線画を描写する際に使用する文法形式は指定されていないので，参加者は「女の人が男の人を叩いた」という能動文で描写することも，「男の人が女の人に叩かれた」という受動文で描写することもできる．

　実験は 2 人 1 組で実施され，それぞれの参加者が，自分の向かい合うモニター画面に呈示された線画を交互に口頭で描写していく．このとき，参加者の 1 人は前もって，能動文を使用するか受動文を使用するかに関する指示を受けている．さらに，両参加者とも口頭描写を行う前に，必ず相手方が産出した文を一度復唱するように指示されている．直前に相手方が産出した文（プライム）が能動文であったか受動文であったかによって，指示を受けていない参加者が産出する能動文と受動文（ターゲット）の割合がどのような影響を受けるかを探

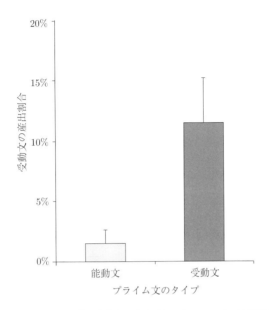

図 7.5 プライム文のタイプと受動文の産出割合（エラーバーは標準誤差を表す）

ることが，この実験の目的である．

参加者がターゲットとして受動文を産出する割合について，プライムが受動文であった場合と能動文であった場合とで比較すると，図 7.5 のような結果が得られた．

Deng et al. (2012) は，産出割合の相違が統計的に有意であるか確かめるために，プライム文の種類を独立変数，産出割合を従属変数と見なして一元配置の分散分析を実施した．結果 ($F_1(1, 19) = 10.94, p < .001; F_2(1, 19) = 17.36, p < .001$) から，プライムが受動文である場合にターゲットの受動文産出割合が有意に増加することが明らかにされた．

このような「統語的プライミング」の効果は，次のように説明することができる．図 7.3 で示されたモデルには，文法標示過程のなかに「文法機能の付与」という段階が含まれている．描出しようとする事象に複数の要素がかかわっている場合には，話者はこの段階で特定の要素を選び出し，「主語」「目的語」などの文法機能を付与すると考えられる．図 7.4 のような事象には動作主と被動者

が存在するため，話者はその一方に主語の文法機能を付与し，他方に目的語の文法機能を付与する．動作主に主語の文法機能が付与されれば能動文が，被動者に主語の文法機能が付与されれば受動文が産出される．多くの言語において動作主に主語の文法機能が付与される傾向が強いため，プライムの影響がなければ，話者は能動文で事象を描写することが多い (McDonald *et al.*, 1993). しかし，プライムとして受動文が与えられると，そこで被動者に主語の文法機能を与えたことがターゲット試行における文法機能付与に影響を及ぼし，被動者に主語の文法機能を付与して受動文を産出する割合が増えたと考えられる．このようなプライミング効果の存在は，言語産出過程に文法機能の付与が行われる段階が存在することを強く示唆するものである．

文法機能が付与された後，図 7.3 のモデルでは線形順序の決定が行われることを想定している．

(5) 話者 A: リサが　ミホに　ユカを　紹介した．
　　話者 B: 誰を　ミホに　紹介したって？／ミホに　誰を　紹介したって？

話者は同じ文法機能付与を行いつつ，異なる語順で文を産出できることから，線形順序決定段階は文法機能付与段階とは独立に存在する可能性が高い．Deng *et al.* (2012) は線形順序の決定に関しても，文法機能の付与とは独立してプライミング効果が観察されることを確かめている．

文法標示過程をめぐっては，このように文法機能付与段階と線形順序決定段階の果たす役割の詳細な検討を中心に，両者の相互作用や語彙標示過程との関連を考慮しつつ，現在もさまざまな研究が続けられている．

7.2.2　研究事例 2　言語産出時の視線を手掛かりとした研究

統語的プライミングの手法を用いた研究は，文産出過程の詳細に関する重要な知見をもたらした．しかしこれまでの多くの研究では，産出割合など，文が産出された結果であるオフラインのデータが分析対象とされてきた．動的な過程の解明を目標とする文産出研究において，文が産出され終わる前に産出過程に沿ったオンラインのデータが得られれば，従来のデータを補強する貴重な手掛かりとなると考えられる．

図 **7.6** 視線計測実験における線画描写課題の例

現在，文産出の過程をオンラインで探る手法として注目されているのは，産出時の話者の視線の分析である (Griffin & Bock, 2000)．文産出の過程に対して産出される要素の特性が及ぼす影響を探る目的で，日本語母語話者 20 名を対象に実施された小野ら (2009) による実験では，参加者はモニター画面に呈示される図 7.6 のような線画を，できるだけ早く正確に口頭で描写するように求められた．

画面には 2 つの要素が呈示され，必ず一方がイキモノ（有生物）で，他方がモノ（無生物）である．参加者は，「有生物が無生物の横にいる（チョウが本の横にいる）」「無生物の横に有生物がいる（本の横にチョウがいる）」「無生物が有生物の横にある（本がチョウの横にある）」「有生物の横に無生物がある（チョウの横に本がある）」という 4 通りの文型のなかから，あらかじめ指定された文型で答えるように指示されている．

表 7.1 は，4 つの文型それぞれの発話開始時間の平均値を表している．

表 **7.1** 文型ごとの平均発話開始時間

文 型	平均発話開始時間（標準偏差）
A. チョウが本の横にいる	1195.00 (230)
B. 本の横にチョウがいる	1195.89 (230)
C. 本がチョウの横にある	1196.98 (254)
D. チョウの横に本がある	1326.74 (304)

この実験では，発話開始時間に影響を及ぼす要因は 2 つある．すなわち，格助詞の順序（ガ格 > ニ格の順か × ニ格 > ガ格の順か）と名詞タイプの順序（生物 > 無生物の順か × 無生物 > 生物の順か）である．これらの独立変数は質的

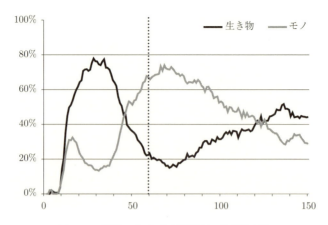

図 **7.7** 課題 A における凝視率の時間的変化

変数であり，従属変数となる反応時間は量的変数であるから，統計分析としては分散分析を実施すればよい．そこで，第一要因を格助詞の順序，第二要因を名詞タイプの順序として 2 要因配置の分散分析を実施した．結果，要因間の交互作用が有意であった ($F(1, 23) = 4.69, p < .05$)．単純主効果の検定を行ったところ，生物 > 無生物の順で産出された場合に，格助詞の単純主効果が有意 ($F(1, 46) = 12.73, p < .001$) であり，かつニ格 > ガ格の順で産出された場合に，名詞タイプの単純主効果が有意 ($F(1, 46) = 11.52, p < .005$) であった．これは，課題 D すなわち「有生物の横に無生物がある（チョウの横に本がある）」のような語順で文が産出される場合に，課題 A，B，C より発話開始が遅れることを示している．

次に凝視 (fixation) 率の比較について検討しよう．図 7.7 は，「有生物が無生物の横にいる（チョウが本の横にいる）」型の文型で答える場合（課題 A）における凝視率の時間的変化を表している．

グラフの縦軸はそれぞれの要素に対する凝視率を表し，横軸は視覚刺激である線画が呈示されてから 60Hz でサンプリングを行った回数（50 の目盛りが約 830 ミリ秒，100 の目盛りが約 1660 ミリ秒に相当する）を表している．黒色の線が先に言及される要素（チョウ，以下，第一要素と呼ぶ）に対する凝視率で，灰色の線は後で言及される要素（本，以下，第二要素と呼ぶ）への凝視率であ

る．発話の開始時点は，グラフ中に縦の点線で標示されている．なお，凝視率はそれぞれの絵に対する凝視の回数を，すべての凝視を合計した回数で割って得られるが，実験参加者は2つの絵以外の部分を見ていることもあるので，絵に対する凝視率の合計は必ずしも100％とはならない．

　グラフに示された話者の視線の特徴は，次の3段階に分けて捉えることができる．第一の段階は，刺激呈示後約300ミリ秒程度の短い段階で，線画中の要素に対する凝視率は等しく上昇し，有生物（チョウ）と無生物（本），第一要素と第二要素の間に目立った相違は観察されない．第二の段階は400～800ミリ秒の間で，第一要素であるチョウに対する凝視率が顕著に上昇し，第二要素である本に対する凝視率は下降している．第三の段階は800ミリ秒以降，平均的な発話開始時点である1200ミリ秒までの時間帯で，第一要素に対する凝視率が下降し，第二要素に対する凝視率が上昇している．発話開始時点では，むしろ第二要素に対する凝視率が高くなっていることがわかる．

　このような3段階は，文産出研究に視線計測の手法を初めて導入したGriffin & Bock (2000)ですでに報告されている．英語母語話者が動作主と被動者を含む事象を描写する際の視線を計測した研究では，第一段階では動作主と被動者の双方に対する凝視率が上昇し，第二段階および第三段階では，発話順序に沿って第一要素から第二要素に凝視率が移行する傾向が見られた．第一段階では視線が発話内容の影響を受けないことから，この段階は話者が線画を見て事象および事象に参与する要素を視覚的に認知する段階であると考えられる．一方，第二段階および第三段階では，発話順序に沿って要素への視線が移行する「発話と凝視の対応 (speech-gaze correspondence)」が観察される．さらに，発話開始時には凝視対象は第二要素に移行していることから，視線は発話を先取りして移行していくことがわかる．

　日本語を対象とした研究においても，発話と凝視の対応関係が明らかに観察された．つまり，両者の対応関係は言語を問わない普遍的なものであることがわかる．一方，有生性を操作することによって，この研究では要素の特性が文産出過程にどのような影響を及ぼすかの一端が明らかにされた．図7.8は，「有生物の横に無生物がある（チョウの横に本がある）」型の文型で答える場合（課題D）の凝視率の時間的変化を表している．

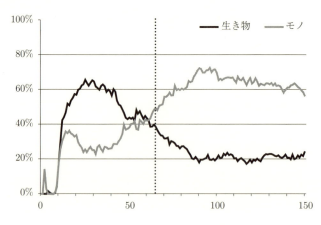

図 7.8 課題 D における凝視率の時間的変化

　動作主と被動者の双方に対する凝視率が上昇する第一段階では，図 7.7 と図 7.8 の間に目立った相違は観察されないが，第一要素に対する凝視率が上昇する第二段階では，視線の移行に質的な相違があることに気付く．小野ら (2009) はこの相違を確かめるために，第一要素に対する凝視率と第二要素に対する凝視率の差分を計算し，条件間の相違が有意であるか，統計分析によって検証した．発話開始時間の分析で述べたとおり，この実験における独立変数は，助詞の順序（ガ格 > ニ格の順か × ニ格 > ガ格の順か）と名詞タイプの順序（生物 > 無生物の順か × 無生物 > 生物の順か）という 2 種類の質的変数である．分析対象となる凝視率の差分は量的変数なので，この場合も分散分析を用いればよい．分析を実施した結果，第二段階において要因間の交互作用が有意であった $(F(1, 22) = 18.56, p < .001)$．続いて単純主効果の検定を実施すると，名詞句が生物 > 無生物の順であるとき，助詞の順序の効果が有意であった $(F(1, 44) = 11.55, p < .005)$．つまり，名詞句が生物 > 無生物の順で，かつ助詞の順序がガ格 > ニ格のとき，生物（チョウ）に対する凝視率が有意に高くなることがわかった．さらに，助詞の順序がニ格 > ガ格の場合の名詞句タイプの順序の単純主効果も有意であった $(F(1, 44) = 13.57, p < .001)$．これは，助詞の順序がニ格 > ガ格のときは，無生物（本）がニ格になるほうが凝視率が高くなることを表している．これらの結果を総合して，同じ線画で表される事象を描写

する際でも，名詞句の有生性（チョウ vs. 本）と文法機能の付与され方（チョウが vs. チョウの横に）が異なると，話者が線画を見る視線パターンに有意な相違が現れることがわかった．発話開始時間の相違と凝視率の相違を総合的に考慮すると，名詞句の有生性と文法機能の付与され方が相互に関連しつつ，産出過程に影響を及ぼしていることがわかる．

この実験からわかるように，視線を観察することで，話者が文を産出するためにどのような視覚情報を（何を）どのようなタイミングで（いつ）処理しているか，時間軸に沿って貴重な情報を得ることができる．視線計測の手法を利用した文産出過程の研究はまだ始められたばかりであるが，これまでの研究の課題を克服できる有望な方法として，多くの研究者の注目を集めている．

問題 7.1 言語表現の産出パターンを手掛かりにする実験的研究では，さまざまな課題を課して文を産出させ，条件間で産出割合を比較するものが多い．たとえば，受動文と能動文をプライムとして文を産出させる統語的プライミング効果を探る実験で，200 回の試行に対して次のような結果が得られたとしよう．

	能動文プライム条件	受動文プライム条件
能動文の産出数 （産出割合）	187 (93.5%)	161 (85.5%)
受動文の産出数 （産出割合）	13 (6.5%)	29 (14.5%)

このようなデータの比較にはどのような検定を実施するのが有効だろうか．もし本文中で紹介した文献のように分散分析を使用するとしたら，どのような点に注意しなければならないだろうか．

問題 7.2 話者の産出時の視線を手掛かりとした研究では，視覚刺激として呈示される線画のなかの各要素に対する凝視率を比較することが多い．たとえば，有生物と無生物の 2 つの要素を含む線画を，どちらの要素を主語とするか指定したうえで（それぞれを「有生物主語条件」「無生物主語条件」と呼ぶ），口頭描写させる課題を実施し，課題遂行中の視線を計測する実験を行ったとする．特定の時間帯で観察されたそれぞれの要素に対する凝視回

	有生物主語条件	無生物主語条件
有生物への凝視率	62%	42%
無生物への凝視率	28%	48%

数を全体の凝視回数で割って，表のような凝視率が得られたとしよう．

　条件間で観察された凝視率の相違が有意であるかを確かめるために，どのような検定方法が考えられるだろうか．本文中で紹介された文献では，どのような方法がとられていただろうか．また，この方法にはどのような利点とどのような欠点があるだろうか．

さらに学びたい人のために

[1] 寺尾 康：言い間違いはどうして起こる？　岩波書店 (2002)，193 p
言語産出に興味を抱いて心理言語学という知的冒険の旅に出るなら，入り口はこの本で決まり！　言い間違いが言語産出について何を教えてくれるか，日本語の豊富な例を使ってわかりやすく解説している．

[2] Bock, K., Levelt, W.: Language production: Grammatical encoding. In: Gernsbacher, M.A. (ed), *Handbook of psycholinguistics*, 945–984. San Diego, CA: Academic Press, Inc (1994), 1196 p
そこに山があれば登りたいと考えるなら，この解説が登山口である．文産出研究の核心である文法標示過程について，この分野を切り開いてきた 2 人の研究者が語ってくれる．

[3] Griffin, Z., Bock, K.: What the eyes say about speaking. *Psychological Science*, **11**: 274–279 (2000)
最新の研究という未踏の高峰にチャレンジしたければ，ここがベースキャンプになる．視線が言語産出について何を教えてくれるか知りたいなら，まずこの論文を読んでみてほしい！

8

言語理解

　この章では，語，句，文，談話のレベルで，読んだり聞いたりして意味内容を理解する際の処理について概観する．まず，語のレベルとして，書字，音韻，意味および統語の情報が，個々に独立して脳内に記憶されていることを紹介する．句のレベルについては，句を単位とした構造が存在し，それによって複数の解釈を可能にしていることを説明する．文のレベルについては，かき混ぜによる移動の操作を説明し，その文処理のメカニズムを実験で検討した研究を取り上げる．さらに談話レベルでは，先行する情報がかき混ぜ語順に与える影響について検討した実験結果を見ていく．

　この章の統計解析として，新聞の大規模コーパスでの出現頻度に関する様態と結果の副詞の頻度について，カイ 2 乗分布を使った適合性と独立性の検定を使った分析を紹介する．言語処理実験では，同じ被験者による文や句など異なる条件において，読みなどに要する反応時間や視線停留時間を測定する．この場合，個人内（1 人）で条件が異なる文の繰り返しの処理時間を測定することとなるため，反復のある分散分析が使われる．被験者および項目分析の両側面から分析が行われる．

　本章で取り上げる主な統計用語は，反復のある分散分析，一元配置の分散分析，二元配置の分散分析，主効果，交互作用，単純対比，一様性の検定，最適性の検定である．

8.1 言語理解の歩き方

8.1.1 語の理解

脳内には語や形態素が記憶されていると仮定され，それは**心内辞書** (mental lexicon) と呼ばれている．語が**閾値** (threshold) を超えたときに，その語が認知される．たとえば，視覚提示された語の知覚が始まり，特定の語であると認知されるということは，活性値が上がり，語として認知されるレベルが閾値を超えたことを意味する．語彙のうち，使用頻度の低い語よりも高い語のほうが迅速に閾値を超えて知覚されやすい．語が使用される頻度によって理解に要する速度が異なることから，語として認知される閾値が異なることがわかる．これは，**語彙頻度効果** (word frequency effect) といわれる (Taft, 1979)．1つの語は，**書字** (orthography)，**音韻** (phonology)，**概念** (concepts) の3種類の**表象群** (representations) をもつ．加えて，従来は語彙に含めて考えられなかった統語的情報の表象群も**レンマ** (lemma) と呼ばれ，脳内に記憶されていると考えられている (Levelt *et al.*, 1999)．脳内には，これら4種類の表象群が記憶されており，それぞれが独立して機能している．

脳内の語彙概念は，お互いに結合してネットワークを形成している．たとえば，「医者」「看護師」「病院」「医療」などは，医療現場という意味で関連しているので，お互いに概念的に強く結び付いている．このことは，**プライミング** (priming) の実験手法で証明されている．まず，「医者」という語を，何を見たのか思い出せないくらい短い間の50ミリ秒程度だけ視覚提示して，その後で「看護師」を提示した条件と，概念的に関係のない「建物」を同じ条件で見せた場合を比較する．すると，「医者」を先行提示するほうが，「建物」を先行提示するよりも，「看護師」の理解が加速される．先に見せた語が，後に提示した語の概念を誘発的に活性化して，処理を速めるのである．これは，**拡散的活性化** (spreading activation) と呼ばれる (Collins & Loftus, 1975)．つまり，心内辞書の概念的ネットワークが拡散的に構築されていることを示している．ただし，脳内の概念的ネットワークは整然と意味的に階層化された分類にはなっておらず，緩やかな分類をもつ平板的なネットワークであるとされている．

語彙の諸概念と独立して，統語的特性の表象群がレンマに記憶されていると

想定したのは **WEAVER++(Word Encoding by Activation and VERification**) モデルである (Levelt *et al.*, 1999)．これまで，日本語では名詞に文法的な性や単数・複数の区別がないため，レンマの表象群についてはあまり研究されてこなかった（WEAVER++の紹介および日本語のレンマについては，玉岡 (2013) を参照）．ドイツ語，フランス語，スペイン語などのヨーロッパ諸言語であれば，名詞であっても単数・複数，名詞の性，加算・不加算などの統語的特性を思い浮かべなければ，語を産出することができない．そのため，特定の名詞が視覚提示されただけで，それに関係した統語的特性の表象群が活性化されると考えられる．日本語の場合を考えると，「面接」は名詞であるが，サ変動詞「—スル」を付加して「面接する」とすることで，動詞としても使用できる．しかし，「安全」という名詞は「安全する」とはいえず，動詞としては使えない．同様に，「辛い」という形容詞は，接尾辞「—サ」をともなって，「辛さ」という名詞にすることができるが，「祝い」という名詞に「—サ」をつけて「祝さ」ということはできない．このように，どの語が動詞化あるいは名詞化ができるかという情報は，レンマに記録された統語的特性の表象群であると考えられる．

　街角で「メガネ」と書かれた看板を目にしたとする．片仮名の文字が視覚的に入力され，「メガネ」という文字の書字的表象が活性化される．このとき，「ガ」の濁音の点の部分が汚れて消えていたとすれば，「メカネ」となり誤りである．日本語母語話者であれば，このことにはかなり速い段階で気付くことができる．これは概念的な理解の前に，書字的表象が違うことを，視覚入力からすぐに認知できるからである．また，「メガネ」という文字が脳に入力されると，引き続き /megane/ という音韻的表象が活性化される．発音する必要があれば，口や舌の発声的な運動を介して音声化することができる．「メガネ」が名詞であるという統語的表象も文を作る際には必要であるため，こうした情報も活性化される．もちろん，「メガネ」は，視覚的に提示された文字の知覚から，書字的表象の活性化を介して，概念的表象が活性化され意味が理解される．ここでは，「意味」とは「メガネ」の概念であり，それに関係した多様な意味内容のことである．

　以上のように，語は，書かれた文字である書字的表象，発音である音韻的表象，意味である概念的表象，統語的特徴である統語的表象を介して，さまざまな形で理解される．書き誤り，言い誤り，意味の勘違い，活用の誤りが，それ

ぞれ独立して迅速に認知できるのは，個々に異なる4種類の表象群が記録されており，それらが別々に機能しているからである．

8.1.2 句の理解

語には，名詞，動詞，形容詞といった品詞がある．私たちは，語を見ると品詞が何かすぐわかる．語の統語的特徴はレンマに記載されており，こうした品詞の分類を**語彙範疇** (lexical category) という．2つ以上の語や付属形式が連結され，まとまった概念を表したものを**句** (phrase) という（単語1つで句になる場合もある）．主語を示す主部の句と動詞を含む述部の句をもつものの連結を，**節** (clause) という．句には，名詞句，形容詞句，副詞句，動詞句などがある．名詞句は，語の集まりが名詞の役割をし，名詞が**主要部** (head) となる．たとえば，英語だと「冠詞＋形容詞＋名詞」の a red apple のような組み合わせになる．日本語では冠詞がないので，「形容詞＋名詞」で「赤いリンゴ」となり，名詞である「リンゴ」が主要部である．動詞句は，名詞句と動詞の組み合わせである．たとえば，「赤いリンゴ」に対格のヲを付加して名詞句を作り，主要部の他動詞「食べる」と結び付いて［［赤いリンゴを］［食べる］］という動詞句を作る．基本的に，主部の名詞句と述部の動詞句が組み合わされて文になる．たとえば，「小さな男の子が」という主語の「男の子」を含む名詞句が，「赤いリンゴを食べた」という動詞句と組み合わされて，［［小さな男の子が］［赤いリンゴを［食べた］］］という文を作る．

同じ語が集まって句を作る場合でも，異なる意味になることがある．たとえば，「小さい妹のクラス」という場合に，「小さい」という形容詞が「妹」あるいは「クラス」のいずれの名詞を修飾するかによって，意味が異なってくる．「妹」が小さい場合には，［［小さい妹］のクラス］］という構造で理解される．ところが「クラス」が小さいのであれば，［小さい［妹のクラス］］という構造で理解される．つまり，同じ語を組み合わせても，2つの異なる名詞句の構造を作ることができ，構造にあわせて異なる理解が可能である．このように，人間が言語を理解する際には，**階層構造** (hierarchical structure) を作ることがわかる (Chomsky, 1980；統語構造の階層性については第2章参照)．その際，上記の例であれば最も近い位置にある「妹」を修飾して「小さい妹」と理解されるこ

とが多い．これは，**局所効果 (locality effect)** と呼ばれる (Gibson, 1998)．このように，語の品詞情報から統語構造を作るプロセスを，**統語解析 (syntactic parsing)** という．

　副詞の「こなごなに」は，「壊す」と共起することが多い．対象物である「花瓶を」を含むと「花瓶をこなごなに壊す」あるいは「こなごなに花瓶を壊す」といえる．「こなごな」は，花瓶がどのように壊されたかを示すので，結果の副詞といわれる．言語的直感から，結果の副詞は動詞句内に出現すると想定され，動詞句副詞の一種であるといわれている (Koizumi, 1993；三原, 2008)．実際，理解に要する反応時間を調べてみると，結果の副詞が動詞句内に出現する場合のほうが，動詞句外よりも速く理解される（小泉・玉岡, 2006）．2 つの語が共起して出現する回数を，**共起頻度 (collocation frequency)** という．9 年分の毎日新聞コーパスを使って，結果の副詞と目的語をもつ他動詞との共起頻度を調べると，結果の副詞が目的語と動詞の間に現れる頻度 (80.7%) が，結果の副詞が目的語の前 (18.0%) や主語の前 (1.3%) に現れる頻度よりも有意に高かった（難波・玉岡, 2014）．同じ動詞句副詞でも，「ゆっくり」のような様態の副詞は，動詞の前に現れた割合 (48.4%) と目的語の前に現れた割合 (50.0%) とに差がなく，主語の前にはほとんど現れなかった (1.7%)．

　ここで，結果と様態の副詞を例に，コーパス研究で活用できる統計解析を紹介する．頻度データは正規分布を仮定しないデータなので，カイ 2 乗検定などが使われる．たとえば，難波・玉岡 (2014) の例だと，様態の副詞が，与格・対格名詞句の前にくる S*Adv*OV の語順で 3288 件，他動詞の前にくる SO*Adv*V の語順で 3398 件あった．一方，結果の副詞は，与格・対格名詞句の前が 202 件，他動詞の前が 908 件である．様態と結果の 2 種類の副詞と 3 つの文中での語順について，2 × 3 のカイ 2 乗分布を使った独立性の検定を行うことで，副詞の種類と語順が頻度の結果に影響しているかどうかを確認できる．分析の結果は有意であり ($\chi^2(2) = 371.12, p < .001$)，副詞の種類と語順に有意な独立した関係が見られた．つまり，様態と結果の副詞の頻度は，語順によって頻度のパターンが有意に異なっていることを示している．

　さらに，様態の副詞の語順別の頻度を見ると，S*Adv*OV と SO*Adv*V の語順でほぼ同じくらいの頻度であることがわかる．ランダムな頻度であれば，2 種類

の語順なので50％ずつになる．様態の副詞については，統計的に見てランダムであるかどうかを確かめることができる．それが，(S)$AdvOV$ と (S)$OAdvV$ の2つの語順の頻度についての適合性（あるいは一様性）の検定である．両位置での様態と結果の副詞の頻度を比較してみると，様態の副詞は，($\chi^2(1) = 1.81$, $p = .179$, $n.s.$）であり，有意ではなく，(S)$AdvOV$ と (S)$OAdvV$ の2つの語順でほぼ同じくらいの頻度で生起することがわかる．一方，結果の副詞についても同様の分析を行ってみる．すると，($\chi^2(1) = 449.04, p < .001$) で有意となり，結果の副詞は，(S)$AdvOV$ よりも (S)$OAdvV$ の語順で多く見られることが示された．

このように，カイ2乗分布を使った独立性および適合性の検定を使うことで，例に示したような，結果の副詞と様態の副詞の文中における出現位置ごとの生起頻度の違いを検討することができる．

8.1.3 文の理解

日本語では，「トーストを姉が焼いた」のように，主語と目的語を入れ換えた**かき混ぜ語順 (scrambled order)** の文を自由に作ることができる．文を視覚的に提示して，それが理解されるまでの時間を測定した実験では，能動文，受動文，可能文，使役文のすべてにおいて，主語-目的語-動詞 (SOV) の正順語順のほうが，かき混ぜ語順 (OSV) の文よりも処理時間が速いことが示されている (Tamaoka et al., 2005)．これは，**スクランブル効果 (scrambling effects)** と呼ばれている．たとえば，「リンゴを景子が食べた」という文であれば，「リンゴを」の後に「景子が」がくるので，主語と目的語がかき混ぜられた語順であることがわかる．そこで，「リンゴを」が**埋語 (filler)** であると判断する．目的語は本来，動詞の直前にくるべき要素なので，動詞の前の位置を**空所 (gap)** と判断し，埋語と空所の**依存関係 (dependency)** を確立して文を理解する (1)（第2章参照）．この文処理のメカニズムは，**空所補充解析 (gap-filling parsing)** と呼ばれている (Aoshima et al., 2004; Phillips & Wagers, 2007; Stowe, 1986).

(1)　　埋語　　　　　　　空所
　　　［リンゴを［景子が＿＿＿＿＿＿食べた］］
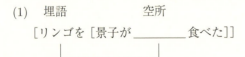

スクランブル効果は，中国人日本語学習者による能動文の理解でも観察されている（玉岡，2005）．母語の中国語がSVO語順であっても，日本語のかき混ぜ語順の文を理解するには，正順語順のSOVを基本の語順として理解しているようである．これは，**正順語順方略 (canonical order strategy)** という (Fodor *et al.*, 1974)．

文の主要部は動詞であるため，**動詞駆動型処理 (verb-driven processing)** が行われるという主張がある (Pritchett, 1991, 1992; Mulders, 2002)．確かに，英語のように主語の後に動詞がくる言語であれば，動詞を目的語などよりも先に処理することができるので，動詞の**項構造（arugument structure, 個々の動詞がどのような項と共起するかに関する情報）**や意味などの情報をもとに，その後にくる名詞句や副詞句などを予測することが可能であろう．しかし，日本語のように動詞が最後にくる言語ではそうはいかない．たとえば，「黒く長い髪の少女が50メートルの大学の屋内プールを泳いだ」だと，「泳ぐ」という動詞に到達するまでに，長い複数の句を読まなくてはならない．動詞を見るまで処理が始まらないと考えるのは，これらの要素を動詞を見るまで覚えておかなくてはならなくなり，記憶負荷が大きすぎるので無理がある．そのため，書かれた文字列の順，あるいは発音された順に，徐々に文の構造を作り，意味を理解していくと考えるのが自然であろう．これは，**漸増的処理 (incremental processing)** といわれている (Nakano *et al.*, 2002; Aoshima *et al.*, 2009)．

文の漸増的処理のプロセスを実証するために，**眼球の動き (eye-movement)** を測定する装置を使って，ある対象を見ている時間（視線停留時間）を測定する実験が行われている．この実験は，文を聞きながら，コンピュータのスクリーンに描かれた複数の絵を見るという実験である．この実験では，まだ聞いていないのに，次にくると予想される動詞句の絵を見ることが観測され (Kamide *et al.*, 2003)，日本語の文でも動詞を見る前に，**予測処理 (anticipatory processing)** が行われることを示している．

漸増的な予測処理をするといっても，必ずしも処理が順調に進むとは限らない．たとえば，「駅長が乗客を信頼した駅員にプラットフォームの片隅で紹介した」という関係節文であれば，「駅長が乗客を信頼した」というところまでは単文であると想定して処理していくであろう．ところが，「駅員に」を見ると，こ

れまでの解釈では理解できないことに気付く．ここで，「駅長が乗客を信頼した」という予測に反して，「乗客を信頼した駅員に」という解釈が可能になる．さらに読み進み，最後の動詞である「紹介した」を見ると，これまでの予想に反して，「駅長が」紹介したのは乗客であることがわかる．そして，「乗客を」「信頼した駅員に」対して紹介したという関係であると再解釈しなくてはならない（詳細は，広瀬，2011）．最後の動詞の段階での再解釈には，大きな戸惑いをともなう（処理負荷が高い）と思われる．初めから順番に漸増的な予測処理をしていくと曖昧性に遭遇し，それらを解消していくための再解析が要求される．動詞はやはり文の主要部であり，最後にくる動詞の情報で文全体の再解析が要求されることもある．

8.2 研究事例

8.2.1 研究事例 1　かき混ぜと眼球運動

　文を視覚提示してからオンラインで視線停留時間を測定すると，**読み戻り (regression)** を含んだ文理解の流れを測定できる．Tamaoka et al. (2014) は，基本語順およびかき混ぜ語順をこの方法で測定した．まず，(2a) のような意味的に自然な基本語順をもつ二重目的語文を 30 文作った．それをもとに (2b) のように対格目的語を与格目的語の前に出した一重かき混ぜ文 30 文と，(2c) のように 2 つの目的語を両方とも主語の前に出した二重かき混ぜ文 30 文を作った．

(2) a. 高橋さんが田中さんに花を贈った．（基本語順文）
　　b. 高橋さんが花を田中さんに贈った．（一重かき混ぜ文）
　　c. 田中さんに花を高橋さんが贈った．（二重かき混ぜ文）

これで (2a, b, c) のように，同じ単語でできた同じ命題を表し，意味的に自然な文が 30 セット（90 文）できる．同様の方法で，意味的に不自然な二重目的語文（たとえば，「井上さんが斉藤さんに予定を踏んだ」も 30 セット（90 文）作った．1 人の実験参加者が（たとえば (2a) と (2b) のように）同じ単語でできた同じ意味の文を 2 文以上見ると繰り返し（慣れ）の効果が出るので，それを避けるために上記の 60 セット（180 文）を 3 つの均等なリストに分配した．その際，

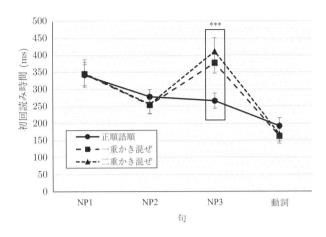

図 8.1 動詞を見る前の名詞句の総視線停留時間
注：*** $p < .001$. Tamaoka et al.(2014) のデータより作成.

各リストには各セットから 1 文ずつ選ばれるようにした（ラテン方格法による分配．1.2.2 項参照）．すなわち，各リストには，意味的に自然な基本語順文 10 文，意味的に自然な一重かき混ぜ文 10 文，意味的に自然な二重かき混ぜ文 10 文，意味的に不自然な基本語順文 10 文，意味的に不自然な一重かき混ぜ文 10 文，意味的に不自然な二重かき混ぜ文 10 文，の合計 60 文が含まれている．各実験参加者には，この 3 つのリストのうち，1 つだけが割り当てられた．実験には 18 名の日本語母語話者（大学生と大学院生）が参加し，各リストの刺激文を 6 名ずつの参加者が見た．もちろん，これらの研究対象の文のほかに，多様な構造の文をダミー文（あるいはフィラー文ともいう）として含んで実験を行う．

刺激文は 1 文ずつランダムな順序でモニターの中央に呈示し，それを読んでいるときの実験参加者の視線の動きと視線停留時間を計測した．

動詞を見る前に各名詞句を見ていた時間の総和（動詞を見る前の各名詞句での総視線停留時間，図 8.1）に与える語順の影響を調べるために，**一元配置の分散分析**（第 15 章参照）を行ったところ，3 番目の名詞句 (NP3) での視線停留時間に語順の主効果が見られた ($F_1(2, 34) = 16.38, p < .001; F_2(2, 58) = 20.77, p < .001$)．なお，$F_1$ は被験者の平均から分散分析を行った結果を示し，被験者

分析といわれる．一方，F_2 は刺激文の平均から分散分析を行った結果を示し，項目分析と呼ばれる．両方が有意である場合に，分析対象の主効果や交互作用が有意であると判断される．

ここで使っているのは反復のある分散分析である．反復があるとは，同じ被験者が同じ語で構成されている文を繰り返して処理した条件での比較である．主効果が有意になった場合には，それぞれの条件ごとに比較して，3つの条件のうちのどれが有意に違っているかを確かめなくてはならない．たとえば，(2a-c) の文例のように 3 つの条件があれば，これら 3 条件がそれぞれ有意に異なる場合もあれば，a と b が同じで，それらが c と異なることもあり，a が b および c と異なることもある．反復のある分散分析では，単純対比やテューキーの **HSD 検定 (Tukey honestly significant difference test)** による多重比較ですべての条件を比較し，3つの条件での関係を調べることができる．この研究では，3番目の名詞句での視線停留時間が，基本語順の (2a) よりもかき混ぜ語順の (2b) と (2c) で有意に長かった．

さらに，動詞を見てからの読み戻りでの視線停留時間（図 8.2）にも同様の分散分析を行ったところ，語順の主効果が見られた．同じ多重比較の結果，二重

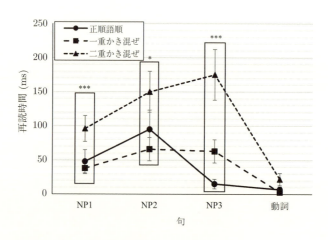

図 **8.2** 動詞を見た後の名詞句の総視線停留時間
注：* $p < .05$, *** $p < .001$. Tamaoka *et al.*(2014) のデータより作成．

かき混ぜ文 (2c) は，基本語順文 (2a) と一重かき混ぜ文 (2b) よりも，すべての名詞句 (NP1, NP2, NP3) で読み戻りでの視線停留時間が有意に長くなった．二重のかき混ぜ条件では，名詞句が基本語順から大きく逸脱しているので，動詞が要求する項の情報を使って統語構造を構築しようとするのであろう．かき混ぜで語順が複雑になると漸進的な逐次処理が難しくなるので，動詞の項および意味情報を使って統語構造を構築し，文を理解しようとすることがわかる．

8.2.2　研究事例 2　語順と文脈

研究事例 1 でも見たように，かき混ぜ移動によって語順が入れ替わると，文理解の際の処理負荷が増す．たとえば，(3a) の基本語順 (SOV) の文に比べて，(3b) のかき混ぜ語順 (OSV) の文は処理負荷が高い．

(3) a. SOV：政宗が愛姫をめとった．
　　b. OSV：愛姫を政宗がめとった．

これは主に，かき混ぜを含む文は，対応するかき混ぜを含まない文よりも統語構造が複雑なため，処理により手間がかかるからであると考えられている (Tamaoka et al., 2005)．それならば，処理負荷が高いにもかかわらずかき混ぜ文が使用されるのはなぜだろうか．

　考えられる要因の 1 つは，文産出における**概念接近可能性 (conceptual accessiblity)** の影響である．概念接近可能性とは，名詞の指示対象の表象（情報）を記憶から取り出す際の「取り出しやすさ」のことで，たとえば，一般的に抽象名詞よりも具象名詞のほうが概念接近可能生が高い（つまり想起しやすい）．概念接近可能性には，語そのものの意味的な性質（具象性や有生性や典型性など）で決まる内在的な概念接近可能性と，文脈の影響（既出性や話題性や意味プライミングなど）によって決まる一時的な概念接近可能性とがある (Prat-Sala & Branigan, 2000)．これまでに行われた英語や日本語などいくつかの言語の文産出の研究で，概念接近可能性の高い要素が，概念接近可能性の低い要素よりも文の前のほうに現れる傾向があることが報告されている．

　英語のように語順で文法関係を表す言語では，概念接近可能性の高い要素を前に出そうとした場合，能動文ではなく受動文を用いるなど，名詞句の文法関

係を変えなければならないことが多い．それに対して，日本語のように語順が比較的自由な言語では，文法関係を変えずに概念接近可能性に応じた語順の文を作ることが可能である．たとえば，Tanaka et al. (2011) は，絵画描写課題を用いた文産出実験で，主語が有生物（人）で目的語が無生物（物）の場合よりも，主語が無生物で目的語が有生物の場合のほうが，かき混ぜ文が産出される割合が高いことを示している．これは，有生物のほうが無生物よりも概念接近可能性が高いため，有生物が時間的に先に処理されやすいからであると考えられる．また，Ferreira & Yoshita (2003) の文脈付き文産出実験では，直前の文で言及された名詞（旧情報）がそうでない名詞（新情報）よりも文のなかで前に現れる傾向があった．

　かき混ぜ文の使用に情報の新・旧といった**情報構造** (information structure) が関与している可能性は，コーパスを用いた研究からも支持されている．たとえば，種々の雑誌記事を調べた Yamashita (2002) によると，埋め込み文を含まない単文のかき混ぜ文のうちほとんどすべてにおいて，前置された要素が指示代名詞を含むなど旧情報を担う要素であった．また，Imamura & Koizumi (2011) は，青空文庫の「〜を〜が V」語順の単文の大多数で，「〜を」の指示対象が直前の文に現れた旧情報であることを報告している．

　以上のように，かき混ぜ文はかき混ぜで前置される要素が旧情報のときに用いられる割合が高い．これには概念接近可能性といった文産出上の要因が影響していると考えられる．また，旧情報が新情報に先行する傾向は文法化されており，談話文法の一部としてそのような規則が存在すると考える研究者もいる（たとえば，久野 (1978) の「旧情報前置の原則」）．

　それでは，情報構造は文理解にも影響を与えるのであろうか．英語などを対象にした先行研究で，情報構造が文理解の際の処理負荷に影響を与えるかどうかは，文の種類によって異なるらしいことが報告されている（e.g. Clifton & Frazier, 2004）．しかし，日本語については，ほとんど研究がない（cf. 石田，1999）．そこで，Koizumi & Imamura (in press) は，日本語の基本語順文とかき混ぜ文の理解しやすさに情報の新旧の配列順序がどのような影響を与えるのかを検証するために，以下のような実験を行った．

　新情報・旧情報という用語の定義にはさまざまなものがあるが，Koizumi & Imamura (in press) では，先行文脈で言及された名詞を**旧情報**（いわゆる **discourse-old**），先行文脈で言及されていない名詞のことを**新情報** (**discourse-new**) と呼んでいる．この実験で用いられた刺激文は，(4)〜(7) のように，前文 (a) と後文 (b) から成る連接文である．前文は文脈となる文であり，後文は実験のターゲットとなる文である．

(4) a. 外務省の次官は黒木だ．
    b. 黒木が金田を迎えた． [S_{given} O_{new} V]
(5) a. 外務省の次官は金田だ．
    b. 黒木が金田を迎えた． [S_{new} O_{given} V]
(6) a. 外務省の次官は金田だ．
    b. 金田を黒木が迎えた． [O_{given} S_{new} V]
(7) a. 外務省の次官は黒木だ．
    b. 金田を黒木が迎えた． [O_{new} S_{given} V]

実験は，統語構造（基本語順 vs. かき混ぜ語順）と情報構造（旧・新語順 vs. 新・旧語順）を要因とする 2×2 のデザインで行われた．したがって，ターゲット文のパターンは [S_{given} O_{new} V], [S_{new} O_{given} V], [O_{given} S_{new} V], [O_{new} S_{given} V] の 4 通りである．たとえば S_{given} という記号は，主語の名詞が前文で言及された旧情報であることを示し，O_{new} は目的語の名詞が前文で言及されていない新情報であることを示している．前文は繋辞文（A の B は C だ），後文は他動詞文で統一されている．後文の旧情報の名詞は必ず前文の焦点要素 (C) である．(4) と (6) のように，後文において旧情報が新情報よりも前に現れている条件を支持的文脈条件と呼び，(5) と (7) のように後文において旧情報が新情報の後ろに生起している条件を非支持的文脈条件と呼ぶことにする．

実験課題には文正誤判断課題を用いた．実験参加者には，呈示された文が意味的に自然なら YES のボタンを，不自然なら NO のボタンを，できるだけ早く正確に押すように教示した．刺激文はパソコンのスクリーンの中央に一度に 1 文ずつ呈示された．まず前文が呈示され，実験参加者がそれに対して YES または NO のボタンを押すと，後文が呈示されるようにした．各文がスクリーンに呈示されてからボタンが押されるまでの時間を反応時間として記録した．意味

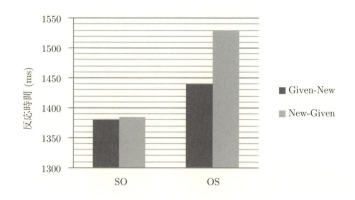

図 8.3 文脈付き文正誤判断課題の反応時間
Koizumi & Imamura (in press) のデータより作成.

的に自然な後文に正しく YES と反応したときの,後文に対する反応時間を文処理負荷の指標として分析の対象とした.

実験の結果(図8.3)に対して,統語構造(基本語順 vs. かき混ぜ語順)×情報構造(旧・新語順 vs. 新・旧語順)の **2 要因の分散分析** (第16章参照)を行ったところ,統語構造の主効果 ($F_1(1, 55) = 6.943, p < .05; F_2(1, 44) = 5.578, p < .05$) と情報構造の主効果 ($F_1(1, 55) = 18.851, p < .001; F_2(1, 44) = 34.167, p < .001$) がともに有意であった.また,両要因の交互作用が被験者分析で有意 ($F_1(1, 55) = 6.529, p < .05$),項目分析で有意傾向 ($F_2(1, 44) = 3.227, p < .10$) であった.まず,基本語順文への反応時間よりもかき混ぜ文への反応時間のほうが有意に長かった(統語構造の主効果).これは,統語構造が文処理負荷に影響を与えることを示した先行研究の結果と一致する(中條,1983;Mazuka *et al.*, 2002;Miyamoto & Takahashi, 2002;Tamaoka *et al.*, 2005).次に,新・旧語順文のほうが旧・新語順文よりも反応時間が有意に長かった(情報構造の主効果).これも先行研究の知見と一致する(Haviland & Clark, 1974;Kaiser & Trueswell, 2004;石田, 1999).さらに,細かく見ると,基本語順の [S_{given} O_{new} V] と [S_{new} O_{given} V] との間には反応時間に有意差がないが,かき混ぜ語順の [O_{given} S_{new} V] と [O_{new} S_{given} V] との間の反応時間には有意差があった(統語構造と情報構造の交互作用).これ

は，基本語順文の処理負荷には情報構造の影響が見られなかったが，かき混ぜ文の処理負荷には情報構造が影響を与えたことを示している．つまり，かき混ぜ文のときにだけ，新・旧語順のほうが旧・新語順よりも処理負荷が高かった．

以上の結果から，次の3つの結論を導くことができる．第一に，統語構造の主効果が有意であることから，文理解の処理負荷に統語構造が影響を与えることが再確認された．次に，情報構造の主効果が有意であることから，日本語文の理解のしやすさが情報構造に左右されることがわかった．すなわち，日本語においても，新・旧語順よりも旧・新語順のほうが好まれることが示された．最後に，両要因の交互作用のあり方から，基本語順文よりもかき混ぜ文のほうが，情報構造により大きく左右されることが判明した．この3つ目の結論は，概念接近可能性や旧情報前置の原則だけでは説明がつかない．なぜなら，これらの要因・原則は，かき混ぜ語順文だけでなく基本語順文においても，新・旧語順のほうが旧・新語順よりも処理負荷が高まると予測するからである．文理解において情報構造と統語構造が交互作用を示したということは，語彙概念の処理速度といった低次の要因がそのまま処理負荷に反映されるのではなく，さらに高次の処理において情報構造が役割を果たしていることを示唆している．より具体的には，旧情報前置の原則という談話文法の規則に加えて，(8) のようなメタ規則が文の容認度に影響を与え，それが処理負荷に反映されているのではないかと考えられる．

(8) 談話法規則違反のペナルティー
談話法規則の「意図的」違反に対しては，そのペナルティーとして，不適格性が生じるが，それの「非意図的」違反に対しては，ペナルティーがない（久野，1978，p. 39）．

すなわち，基本語順文は無標の構文なので，旧情報前置の原則に違反しても非意図的違反であるためペナルティーがない．しかし，統語構造が複雑な有標のかき混ぜ文をわざわざ用いておいて旧情報前置の原則に違反した場合は，意図的違反になり，罰せられる．

問題 8.1　40名の日本語母語話者に漢字1字（たとえば，「蚊」「旅」「姿」）とそれらの平仮

名提示（たとえば，「か」「たび」「すがた」）および無意味綴（たとえば，「く」「ちの」「さそに」）の3種類の条件で，視覚提示して訓読みの発音までの時間（命名潜時）を測定した（玉岡 (2005) 認知科学, **12**(2): 47–73, 表3より）．その結果，拍（モーラ）数の違いと3種類の条件は以下のようになった．なお，ms (millisecond) はミリ秒を示す．1秒は1000ミリ秒である．

条件1：漢字1字　　　　　　　　1拍 581 ms, 2拍 586 ms, 3拍 594 ms
条件2：漢字1字の平仮名提示　　1拍 476 ms, 2拍 491 ms, 3拍 501 ms
条件3：平仮名提示の無意味綴　　1拍 478 ms, 2拍 523 ms, 3拍 633 ms

3つの書字条件と3つの拍数条件の3×3の反復のある二元配置の分散分析を行った．この分析では，書字条件と拍数条件という2つの主効果と，それらの交互作用についての分析結果が出力される．分析では，2つの主効果は有意で，さらにそれらの変数の交互作用も有意であった．書字条件ごとに，1〜3拍までの拍数について反復のある一元配置の分散分析を行った結果，条件1の漢字1字では主効果は有意ではなかった．条件2の漢字1字を平仮名で提示した場合と条件3の「さそに」などの無意味綴を平仮名で提示した条件それぞれで，拍数の主効果は有意であった．さらに，条件1，条件2，条件3の書字条件の命名潜時を一元配置の分散分析で分析した結果，主効果は有意であった．これらの結果を語彙処理の観点から議論しなさい．

問題 8.2　スリランカで話されているシンハラ語は語順が自由である．正順語順は，主語 (S)，目的語 (O)，動詞 (V) の SOV だといわれている．しかし，SVO を正順語順とする英語も第2言語として広く話されている．動詞が主語と目的語を1つとる二項他動詞文を会話体のすべての語順で視覚提示して，文が意味的に正しいかどうかの文正誤判断課題を行い，課題に要する時間を測定した（Tamaoka *et al.* (2011), *Open Journal of Modern Linguistics*, **1**(2): 24–32, Table 2より）．動詞の位置の順に結果を示したものが，以下である．問題8.1と同様に，ms はミリ秒を示す．

　　SOV・・・1663 ms
　　OSV・・・1824 ms
　　SVO・・・1717 ms
　　OVS・・・1735 ms
　　VSO・・・1822 ms
　　VOS・・・1815 ms

反復のある分散分析の結果，主効果が有意であったので，単純対比 (simple contrast) で全条件を比較した．その結果，文正誤判断に要した時間は，SOV < SVO = OVS < OSV = VSO = VOS という順になった．この結果について文構造の観点から検討しなさい．

さらに学びたい人のために

[1] 玉岡賀津雄：仮名はすべて同じように発音されるのか『ことばと文字』3 号（日本のローマ字社），1–10．くろしお出版 (2015)，194 p
外来語において，仮名から拍への 1 対 1 対応の変換で発音されるのかという問いを立て，いくつかの対立する例を挙げて語彙処理について説明した記事．外来語を例に，有意味語効果，使用頻度効果，表記の親近性効果，擬似語の実在語との類似性効果の 4 つの処理効果に言及し，わかりやすく解説している．語彙処理の基本的な処理効果やモデルについて理解するのに役立つ記事である．

[2] Tamaoka, K.: The Japanese writing system and lexical understanding. *Japanese Langu age and Literature (The American Association of Teachers of Japanese, AATJ)*, **48**: 431–471(2014)
全米日本語教育学会の学術誌に掲載された日本語表記と語彙理解についての入門的な記事．日本語母語話者と英語および中国語を母語とする日本語学習者の語彙の理解について，過去に出版された実験およびテスト研究を詳細に説明している．

[3] Tamaoka, K.: Chapter 18: Processing of the Japanese language by native Chinese speak ers. In: Nakayama, M. (ed), *Handbook of Japanese Psycholinguistics(HJLL 9)*, 583–632. Berlin: De Gruyter Mouton (2015), 648 p
音韻，漢字形態素，語彙，句，文の処理までを，中国語を母語とする日本語学習者に焦点を絞って解説した記事．日本語母語話者の実験結果を基準にしながら中国人の日本語学習者と比較しており，言語の理解全般についてわかりやすく解説している．

[4] 小泉政利：文の産出と理解，『言語と哲学・心理学』遊佐典昭 編著，219–248．朝倉書店 (2010)，281 p
言語産出（伝えたいメッセージを，個別言語の語彙や文法の知識に基づいて，音声や文字に変換する過程）と言語理解（音声や文字を手掛かりにして，個別言語の語彙や文法の知識を参照しつつ，話し手のメッセージを能動的に再構築しようとする過程）の処理過程について，特に統語的側面に焦点を当てて，初学者向けに解説している．

[5] Koizumi, M.: Chapter 13: Experimental syntax: Word order in sentence processing. In: Nakayama, M. (ed), *Handbook of Japanese Psycholinguistics(HJLL 9)*, 387–432. Berlin: De Gruyter Mouton (2015), 648 p
文処理実験を用いた研究は大きく分けると，(1) 文法理論（の仮説）を検証しようとするものと，(2) 文解析理論（の仮説）を検証しようとするものとがある．この論文は，主に日本語を対象にした両タイプの研究の事例をわかりやすく紹介した，「実験統語論」への招待である．

9

母語獲得

　生成文法と呼ばれる言語理論は，生得的に与えられた母語獲得のための機構がヒトには存在し，その機構が言語経験と相互作用することによって，母語知識が獲得されると主張する．さらに，この生得的な母語獲得機構の一部には，言語の可能な異なり方を制約する仕組みが含まれていると考えられている．その仕組みが複数の言語現象を密接に結び付けることによって，言語の異なり方を狭く限定し，子どもの母語獲得を可能にしている．この仮説が正しければ，母語獲得において，① 2 つの異なる言語現象が同時に獲得される場合，および② 2 つの異なる言語現象が一定の順序で獲得される場合の存在が予測される．①の研究事例として，日本語における名詞複合と結果構文の獲得を取り上げ，それらが同時に獲得されるか否かについて統計分析を行う．具体的には，名詞複合の知識を確かめるテストと結果構文の知識を確かめるテストを子どもに実施し，その 2 つの変数の間に有意差があるかどうか，つまり関連があるかどうかを検証するために**フィッシャーの直接確率検定** (Fisher's exact test) を用いる．②の研究事例として，英語における前置詞残留現象と Verb-Particle 構文の獲得を取り上げ，子どもが Verb-Particle 構文を前置詞残留現象よりも先に獲得するか否かについて統計分析を実施する．具体的には，各子どもの自然発話において，前置詞残留現象を発話し始める前の Verb-Particle 構文の発話回数が，両方の構文を発話するようになった後の Verb-Particle 構文の相対的頻

度に照らして有意に偏っているかどうかを，**二項検定 (binomial test)** を用いて分析する．

9.1 母語獲得の歩き方

9.1.1 母語獲得とそれを支える内的メカニズム

母語の知識とは，ヒトが生まれてから一定期間触れていることによって自然に身についた言語の知識のことを指す．この説明が示すように，この世に生を受けた子どもが何語の知識を母語として獲得するかは，生後の一定期間，何語に触れているかによって決定される．両親の国籍などにかかわらず，日本語に触れていれば日本語の知識を母語として獲得し，英語に触れていれば英語の知識を母語として獲得する．何語に触れることもなければ何語の知識も獲得され得ないと考えられるため，母語知識の獲得には周りの人々が話す言葉を耳にし，それを言語経験として取り入れることが不可欠であるといえる．

では，外界から与えられる言語経験に対し，どのような操作や仕組みが関与して母語の知識が形成されるのだろうか．最も単純な可能性は，子どもが生後周りの人々の話す言葉を耳にしてそれらを模倣するとともに，周りの大人から見ておかしな言い方をした際に訂正を受けて，おかしな言い方を直しながら徐々に大人と同質の言語知識を身に付けていく，というものであろう．しかし，このような「模倣と大人による訂正」では，子どもの発話のなかに以下のような(大人から見て)「誤った」表現が一定期間にわたって現れることがあるという観察を説明することが非常に難しい．

(1) a. はいるない

　　　(2歳6ヶ月の幼児の発話；Sano, 2002)

　 b. えみちゃんがかいたのシンデレラ

　　　(2歳11ヶ月の幼児の発話；Murasugi, 1991)

これらの表現は大人が用いる発話ではないので，模倣の結果とは考えられない．さらに，(1)のような「誤った」表現を子どもが発話しても，周りの大人は言い

たいことを理解できるため，必ず表現を訂正するわけでもない．それにもかかわらず，子どもはしばらくするとそのような「誤った」表現を使用しなくなる．したがって，母語獲得において重要な役割を果たしているのは，「模倣と大人による訂正」ではなく，子どもの脳に収められた内的なメカニズムであると考えられる．

では，この内的メカニズムの具体的な性質については，どのような可能性が考えられるだろうか．1つは，この内的メカニズムは，「類推」のような比較的単純で知識の獲得一般に関与するような操作である，という可能性である．「類推」とは，「似ている点をもとにして，これまでに経験したある物事から導き出した情報を，似たような別の物事に対してあてはめる」操作のことを指す．たとえば，前回・前々回の英語の授業で，授業の最後に小テストが実施されたという経験をもつ生徒が，「今日の英語の授業においても最後に小テストがある」と考えるのがその具体例である．我々のもつ母語知識のすべてがこのような類推の操作によって獲得されうるかを検討するために，以下の数量詞を含む文を考えてみよう．

(2) a. 昨日，学生がジュースを3杯飲んだ．
    b. 昨日，ジュースを学生が3杯飲んだ．

(2a)と(2b)は，「学生が」という名詞句と「ジュースを」という名詞句の順序が異なっているが，どちらの文においても「3杯」という数量詞が「ジュースを」という名詞句と結び付いて修飾することが可能であるという点で共通している．もし母語獲得が，生後外界から取り込まれる言語経験に対して「類推」を適用することによってのみ達成されているのであれば，日本語を獲得中の子どもが(2)にあるような2種類の文を言語経験として取り込んだ際，「数量詞とそれが修飾する名詞句との間に他の名詞句が介在することが可能である」という情報を導き出し，それを他の似たような文に対して「類推」する可能性がある．しかし，(3)の文が示すように，このような「類推」によって得られる知識は，実際に日本語話者のもつ母語知識とは合致しない．

(3) *昨日，学生がジュースを3人飲んだ．

(3) では，「学生が」とそれを修飾する数量詞である「3 人」との間に「ジュースを」という名詞句が介在しているが，(2b) の場合と異なり，おかしな文となってしまう．日本語を母語とする話者ならば誰でも (2b) と (3) との間の文法性の違いを認識できるという事実を踏まえると，(2) と (3) に関する知識が言語経験と「類推」との相互作用によって獲得されたとは考えにくい．

上記の観察は，言語経験と「類推」のような比較的単純な操作との相互作用のみからは導くことができないと思われるような複雑で抽象的な性質が，大人のもつ母語知識のなかに含まれていることを示している．このように，入力としての言語経験と出力としての母語知識との間に質的な差が存在する状況を**刺激の貧困** (poverty of the stimulus) と呼ぶ．母語獲得は「刺激の貧困」という状況が存在するにもかかわらず可能であり，それがなぜなのかという問題が生じる．この問題は**言語獲得における論理的問題** (the logical problem of language acquisition)，またはプラトンの対話篇『メノン』におけるソクラテスと召し使いの少年との対話にちなんで**プラトンの問題** (Plato's problem) と呼ばれている．

母語獲得に関与する内的なメカニズムは，この「言語獲得の論理的問題」に対し答えを与えるものでなければならない．次項では，生成文法理論がこの問題に答えるためにどのような母語獲得モデルを提案しているかを議論する．

9.1.2 生成文法理論の母語獲得モデル

さまざまな言語を詳細に分析してみると，表面上の相違にもかかわらず，共通して観察される属性があることがわかる．この普遍的属性には，どの言語においても具現されている絶対的な普遍性と，「X という性質をもつ言語には Y という性質も見られる」という含意の形で述べられる相対的な普遍性の 2 種類がある．生成文法理論は，これらの普遍的属性の存在と，上記の「言語獲得の論理的問題」とを結び付け，(4) のような母語獲得のシナリオを提案する．(4) を図で示したものが (5) である．

(4) ヒトには遺伝的に規定された**言語獲得装置** (language acquisition device: LAD) が備わっており，その中核を成す**普遍文法** (UG) が獲得可

能な言語に対して一定の制約を課す．UG は，生後与えられる言語経験に適合するよう発達し，最終的に日本語・英語といった個別の言語の知識に至る．

(5) 言語経験　　→　　|言語獲得装置 (LAD)|　　→　　個別言語の知識

(4) のシナリオでは，母語知識は，生得的な「言語獲得装置」と生後子どもが外界から取り込む言語経験との相互作用の産物として獲得される．そして，このシナリオにおいては，UG が制約として機能することにより，子どもは乏しい言語経験から抽象的かつ豊富な内容をもった母語知識を獲得することが可能となるため，「言語獲得の論理的問題」に対する答えを得ることができる．また，UG のなかに，すべての言語が満たすべき制約である**原理 (principles)** と，言語間の可能な異なり方を少数の可変部の形で定めた制約である**パラメータ (parameters)** が含まれると仮定することにより，上で述べた言語の普遍的属性の存在に対して生物学的な説明を与えることができる．UG が「原理」と「パラメータ」から成るという考え方は，**UG に対する原理とパラメータのアプローチ (principles and parameters approach to UG: P&P)** と呼ばれている（Chomsky & Lasnik, 1993 などを参照）．このアプローチでは，母語獲得の過程は，生後外界から取り込まれる言語経験と照合することによって，パラメータの値を設定していく過程として捉えられる．

次項では，P&P が実際の母語獲得過程に対してどのような予測をするのかについて議論する．

9.1.3　生成文法理論に基づく母語獲得研究

P&P の考え方に従えば，UG は (i) 母語獲得の初期状態，(ii) 母語獲得の中間状態，(iii) 母語獲得の安定状態のすべてを規定する．UG に含まれる原理は，すべての言語において具現されるべき性質であり，それ自体には何ら（言語経験に基づく）学習を必要としないため，**成熟 (maturation)** の関与がない限り，最初期から一貫して子どもの母語知識を制約しているはずである．つまり，母語獲得における UG の原理の発現に関しては (6) の予測が成り立つ．

(6) UG の原理からの予測

子どもの母語知識は，観察しうる最初期から，UG の原理に従った体系となっている．

「観察しうる最初期」とは，子どもが当該の原理の発現に関与する語彙や構造を扱うことができるようになった段階を指す．さらに，当該の原理の知識が心理実験によって調査される場合には，子どもがこのような調査に協力できるだけの集中力・注意力を身に付けた段階という意味も含まれる．

P&P では，母語獲得の過程の本質的な部分は，UG に含まれるパラメータの値を経験と照合し設定することである．この考えが正しければ，母語獲得の中間段階は，母語獲得の安定状態（つまり大人の言語）において許される差異の範囲を超えることはないはずである．したがって，UG のパラメータからは，以下の 2 つの予測が成り立つ．

(7) UG のパラメータからの予測
    a. ある属性 X と Y の両方が，同一のパラメータの特定の値から生じる場合，子どもは X と Y をほぼ同時に獲得する．
    b. ある属性 X と Y の両方が，同一のパラメータの特定の値を必要とし，Y についてはさらに他のパラメータの特定の値が必要とされる場合，子どもは X と Y を同時に獲得するか，X を Y よりも先に獲得する．つまり，Y を X よりも先に獲得することはない．

(7a) は，世界の言語の異なり方において，X という属性と Y という属性の両方を許容する言語，および，どちらも許容しない言語という 2 通りしか存在しえないことをパラメータが規定する場合である．この場合，母語獲得の中間段階においても，X と Y の両方が存在しない段階と両方が存在する段階のみが観察されるはずであり，X と Y が同時に獲得されるという予測となる．

(7b) は，世界の言語の異なり方において，(i) X という属性と Y という属性の両方を許容する言語，(ii) X という属性のみを許容する言語，(iii) X と Y のどちらも許容しない言語，という 3 通りしか存在せず，Y という属性のみを許容する言語が存在しないことをパラメータが規定する場合である．この場合，母

語獲得の中間段階においても，Yという属性のみを許容する段階は存在しないことが予測され，言い換えれば，XとYが同時に獲得されるか，またはXがYよりも先に獲得されるという予測が成り立つ．

(7)に述べたパラメータからの母語獲得への予測を扱った研究については次節で詳しく議論することにし，ここではUGの原理からの予測(6)の妥当性を検討した研究を1つだけ簡単に紹介する．

日本語の「なぜ」や英語のwhyを含む(8)の文を考えよう．

(8) a. なぜテレビをつける前にケンはポップコーンを食べたの？
b. Why did Ken eat popcorn before turning on the TV?

「なぜ」やwhyは，文中に示された行為の理由を尋ねる表現であるから，日本語の文(8a)においても英語の文(8b)においても，可能性として，ポップコーンを食べた理由とテレビをつけた理由の2種類の答え方が存在するはずである．しかし，いずれの言語を母語とする話者も，「おなかが空いていたから」のようにポップコーンを食べた理由は答えとして可能だが，「野球の試合が見たかったから」のようにテレビをつけた理由を答えることは不可能であると判断する．これらの観察から，日本語と英語に共通する構造条件として，およそ(9)のような制約が存在すると考えられる．

(9) 「なぜ」に関する構造的制約
「なぜ」に相当する語は，「～前に」や「～後に」で導かれる節と結び付くことができない．

制約(9)は，日本語と英語という類型的に見て大きく異なった言語に共通して存在しているため，UGに含まれる原理を反映した属性の1つであると考えられている．そうであるならば，(6)に述べた予測から，子どもの母語知識は観察しうる最初期から(9)に従った体系になっていることが予測される．

Sugisaki (2012)は，上記の予測が妥当であるか否かを確かめるために，3歳10ヶ月～6歳5ヶ月の日本語を母語とする子ども37名（平均年齢5歳1ヶ月）を対象に実験を行った．実験方法は，2名の実験者が子どものそばに座り，そのうちの1名が写真を見せながらお話を子どもに聞かせ，お話の後に，もう1名の

実験者が操る人形が，子どもに (10) のような質問を行うというものであった．

(10) なぜご飯を食べる前にカエルさんはお風呂へ行ったの？

お話のなかでは，ご飯を食べた理由として「おなかが空いていたから」が，お風呂へ行った理由として「体が泥だらけだったから」が与えられていた．もし幼児の母語知識に構造条件 (9) がすでに含まれているならば，「なぜ」は「〜前に」の節と結び付くことができず，それゆえ「おなかが空いていたから」という答えは決して出てこないはずである．すべての子どもにこのようなお話と質問を 2 種類聞いてもらい，それにより得られた結果は，以下のとおりである．

(11) 実験の結果

構造的制約 (9) に従った答え	構造的制約 (9) に従わない答え
98.6% (73/74)	1.4% (1/74)

得られた結果は，(9) の構造条件がすでに子どもの母語知識のなかに存在することを示すものであった．この結果は，生得的な UG の原理が最初期から母語獲得過程を制約しているという仮説に対し，日本語獲得からの証拠を与えるものと解釈できる．

UG の原理からの予測は，(6) に述べられているとおり，当該の原理がかかわる部分について，子どもは大人と同じ反応を 100% 示すはずであるという予測であるため，統計的な検討が必要とされない場合が多い．一方で，パラメータからの予測 (7) に関しては，同一のパラメータから生じる 2 つの属性が同時に獲得されているか否か，あるいはそれらの属性が一定の順序で獲得されているか否かを判断することが必要となるため，統計的な分析が必要となる．9.2 節では，パラメータからの予測 (7) の妥当性を検討した研究事例を取り上げ，生成文法理論の枠組みに基づく母語獲得研究における統計の利用について紹介する．

9.2 研究事例

9.2.1 パラメータに基づく母語獲得研究 1　複合語形成

日本語や英語においては，(12) に例示されるような，2 つ以上の名詞を結合さ

せることでより大きな名詞を作り出す「名詞複合」が可能である．さらに (13) のように，これらの言語は目的語の指示対象に対し，動詞により示される行為が行われた結果の状態を表す語を含んだ構文の「結果構文」をもつ．一方，スペイン語やフランス語は，(12) のような「名詞複合」や (13) のような「結果構文」を許容しない．

(12) a. 日本語： バナナ + 箱 → バナナ箱
　　 b. 英語： banana + box → banana box
(13) a. 日本語： ジョンは家を<u>赤く</u>塗った．
　　 b. 英語： John painted the house <u>red</u>.

Snyder (2001) は，さまざまな言語を比較分析した結果，「名詞複合」が生産的に可能であるか否かという性質と，「結果構文」が可能であるか否かという性質には強い相関関係が存在することを発見した．Snyderによる言語間比較の一部を表 9.1 に示した．

Snyderは，結果構文が意味解釈を受ける際に，結果を示す語と動詞とが結合して1語になる必要があり，この結合を行う操作は名詞複合を行う操作と同一のものであると考えた．そして，この操作が可能であるかどうかがUGのパラメータの1つとして存在すると提案した．

この提案が正しければ，名詞複合と結果構文は同一のパラメータから生じる属性であるため，UGのパラメータからの予測 (7a) に従って (14) が予測される．

表 9.1 言語間比較

言語	生産的名詞複合	結果構文
英語	可	可
日本語	可	可
ドイツ語	可	可
フランス語	不可	不可
スペイン語	不可	不可
ロシア語	不可	不可

(14) 母語獲得に関する予測

日本語・英語タイプの言語を獲得中の子どもは，生産的名詞複合と結果構文をほぼ同時期に獲得する．

この予測の妥当性を調べるために，日本語を母語とする子どもを対象に以下のような実験研究が行われている (Sugisaki & Isobe, 2000)．被験者は，3歳4ヶ月〜4歳11ヶ月（平均年齢4歳2ヶ月）の子ども20名である．実験は名詞複合の知識を調べるテストと，結果構文の知識を調べるテストの2つから成り立っている．名詞複合テストは，パソコン上で提示された絵が何を示しているかを複合名詞を用いて答えるテストであり，以下のような質問を行う．

(15) 実験者：このクマの形をした時計のことは何ていうかな？

このような問いに対し，「クマ時計」と複合名詞を用いて答えられた場合には正解とし，「クマ」や「時計」，あるいは「クマの時計」と答えた場合には不正解とした．テストは4問から成り，3問以上正解を合格とした．

結果構文テストは，以下の2つの文の意味の違いを理解できるかどうかを調べるテストである．

(16) a. ねずみくんは赤くイスを塗っています．
b. ねずみくんは赤いイスを塗っています．

実験者は，被験者1人ずつに，調査用に作成したアニメを見せながら短いお話をする．そして，お話の最後に，(16a,b) いずれかの種類の文を述べる．子どもの作業は，その述べられた文がお話と合っているかどうかを判断することである．「塗る」と「切る」の2種類の動詞を用いてテスト文を作成し，どちらかの動詞（あるいは両方）に関して (16) に示されるような文が理解できる場合に，結果構文テストを合格とした．実験結果は次のとおりであった．

日本語獲得において，生産的名詞複合と結果構文がほぼ同時期に獲得されているのであれば，上記のような表において，名詞複合テストに合格したかどうかと，結果構文テストに合格したかどうかの間には関連が見られるはずである．上記の表のように，質的データ（変数）間でクロス集計し，2つの変数間に関

表 9.2 実験結果

		結果構文テスト	
		合格	不合格
名詞複合テスト	合格	10名	2名
	不合格	2名	6名

連があるかどうかを確認するための統計分析としては，**カイ 2 乗検定（独立性の検定**，第 17 章参照）が挙げられる．しかし，上記の表のように標本数が小さい（観測値と期待値の値に 5 未満のデータがある）場合には，フィッシャーの**直接確率検定 (Fisher's exact test)** が用いられる．

「名詞複合テストに合格した子どものグループと不合格となった子どものグループそれぞれにおいて，結果構文テストに合格した子どもと不合格となった子どもの人数の割合が等しい」という帰無仮説のもとで，上記の表に示した特定の数値の組み合わせが得られる確率を求めてみると，有意確率は 0.019（両側）となる．この結果から，「名詞複合テストへの合格・不合格と結果構文テストへの合格・不合格という 2 変数の間には関連がない」という帰無仮説が棄却される危険率の有意水準が 5% 以下であることがわかり，これらの 2 つの変数の間には関連があると判断することができる．

2 つのテストの合格・不合格という 2 変数の間に有意差が得られたという結果は，名詞複合と結果構文がほぼ同時期に獲得されることを示唆するものである．したがって，UG のなかにこれらの性質を結びつけるパラメータが存在するという考えに対し，母語獲得からの証拠を与えたものと解釈できる．

9.2.2　パラメータに基づく母語獲得研究 2　前置詞残留

前置詞の目的語を尋ねる *wh* 疑問文を形成する際，英語とスペイン語には次のような違いが観察される．

(17) 英語
  a. Who was Peter talking <u>with</u>?
  b. ?? <u>With</u> whom was Peter talking?

(18) スペイン語

 a. * Quién hablaba Pedro <u>con</u> ?
  who was-talking Peter with

 b. <u>Con</u> quién hablaba Pedro ?
  with who(m) was-talking Peter

スペイン語では，前置詞が *wh* 語とともに文頭に現れなければいけないのに対し，英語では，前置詞はもとの位置に留まることができる（より正確には，留まるほうがはるかに自然である）．英語で見られるような**前置詞残留 (preposition stranding)** の現象は，世界の言語において非常にまれな現象であり，理論研究においては，その言語間変異を司るパラメータの性質についてさまざまな提案が行われてきた．

Stowell (1981) は，前置詞残留を許す言語は，(19a) に例示されるような **Verb-Particle 構文**を許す言語の一部に限られると主張した．Sugisaki & Snyder (2002) による言語間比較の一部を表 9.3 に示した．

(19) a. 英語 Mary <u>lifted</u> <u>up</u> the box.
  b. スペイン語 María <u>levantó</u> (*<u>arriba</u>) la caja.

表 9.3 言語間比較

言語	Verb-Particle 構文	前置詞残留
英語	可	可
ノルウェー語	可	可
ドイツ語	可	不可
ギリシャ語	不可	不可
スペイン語	不可	不可
ロシア語	不可	不可

Stowell の提案した言語の異なり方に対する一般化は，Verb-Particle 構文と前置詞残留の両方が，あるパラメータの特定の値を必要とし，前置詞残留についてはさらに他のパラメータの特定の値が必要とされるという状況から生じていると考えることができる．言い換えれば，Verb-Particle 構文を獲得するのに必要な知識は，前置詞残留を獲得するのに必要な知識の一部という関係が成り立っている．これは (7b) に相当する状況であり，(20) の予測が成り立つ．

(20) 母語獲得に関する予測

英語を獲得中の子どもは，Verb-Particle 構文と前置詞残留を同時に獲得するか，Verb-Particle 構文を前置詞残留よりも先に獲得する．つまり，前置詞残留を Verb-Particle 構文よりも先に獲得することはない．

この予測の妥当性を検討するため，Sugisaki & Snyder (2002) は，CHILDES (MacWhinney, 2000) と呼ばれる幼児発話コーパスに収められている，英語を母語とする子ども 10 名について，自然発話分析を行った．Verb-Particle 構文と前置詞残留それぞれの最初のはっきりした発話を獲得年齢と見なした場合，これら 10 名の子どもの獲得年齢は表 9.4 のとおりであった．

表 9.4 獲得年齢（歳；月：日）

子ども	Verb-Particle 構文	前置詞残留
Abe	2;06:06	2;07:07
Adam	2;03:18	2;05:00
Allison	2;10:00	—
April	—	2;09:00
Eve	1;10:00	2;02:00
Naomi	2;00:05	2;08:30
Nina	1;11:16	2;09:13
Peter	1;11:17	2;05:03
Sarah	3;01:24	3;03:07
Shem	2;02:16	2;06:06
平均	2;03	2;07

10 名の子どものうち 8 名が，コーパスの終わりまでに両方の構文を獲得した．

これら 8 名の子どもは，年齢を見る限り，Verb-Particle 構文を前置詞残留よりも先に獲得しているように見える．しかし各子どもの発話において，Verb-Particle 構文のほうが前置詞残留よりも高い頻度で発話されるために，たまたま先に発話されているという可能性がある．したがって，Verb-Particle 構文と前置詞残留の両方が発話されるようになった際の相対的頻度に照らして，Verb-Particle 構文が先に発話された回数が偶然によるものなのかどうかを明らかにする必要があり，それを調べる統計手法として**二項検定**を実施した．

Eve を具体例として考えよう．Eve は Verb-Particle 構文の最初のはっきりした発話を 1 歳 10 か月で行い，前置詞残留の最初のはっきりした発話を 2 歳 2 か月で行った．Eve は，前置詞残留を獲得するまでに，Verb-Particle 構文を 8 回発話した．両方の性質が獲得されてからコーパスの終わりまでに，Eve は Verb-Particle 構文・前置詞残留をともに 2 回ずつ発話した．

(21) Eve による Verb-Particle 構文と前置詞残留の獲得

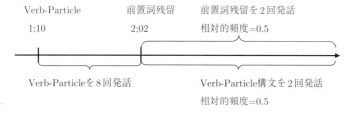

両方の性質が獲得され，どちらも発話できるようになった状態において，Verb-Particle 構文・前置詞残留の発話の合計回数 4 回のうち，2 回が Verb-Particle 構文であったことから，この構文の相対的頻度は 50%(0.5) であるといえる．この相対的頻度が獲得過程において変化せず，同一であるという仮説のもとにおいて，Verb-Particle 構文が先に偶然 8 回発話された確率は，0.5 の 8 乗によって求めることができる．得られた数値は 0.0039 となるため，Eve は 1%水準で，Verb-Particle 構文を前置詞残留よりも有意に早く獲得したといえる．

上記の二項検定を，コーパスの終わりまでに両方の構文を獲得した 8 名に実施したところ，6 名が Verb-Particle 構文を前置詞残留よりも有意に早く獲得していた．残りの 2 名については有意な差が見られなかったため，これらの構文

をほぼ同時に獲得したものと考えられる．一方，前置詞残留を Verb-Particle 構文よりも先に獲得した子どもは観察されず，したがって，得られた結果は (20) の予測と合致するものであった．この結果は，パラメータによって前置詞残留を許す言語が Verb-Particle 構文を許す言語の一部に限定されているという Stowell (1981) の主張に対し，英語獲得の観点から支持を与えたものと解釈できる．

9.3 まとめ

本章では，原理とパラメータから成る生得的な UG が母語獲得を支えているという生成文法理論の基本的な仮説を概観するとともに，言語の可能な異なり方を司るパラメータの存在を検討する母語獲得研究の事例を 2 例取り上げた．これらの事例を通して，母語獲得研究におけるフィッシャーの直接法と二項検定の利用について紹介し，生成文法理論に基づく母語獲得研究においては，特にパラメータに関する提案の妥当性を検討する際に統計分析が必要不可欠となることを論じた．

[問題 9.1 と問題 9.2 に答える際には，9.2.2 項における前置詞残留現象と Verb-Particle 構文の獲得に関する研究事例を参考にすること]

問題 9.1 Hasegawa (2006) によると，(i) の下線部に例示されるような swiping と呼ばれる現象は，(ii) に例示される前置詞残留現象を許す言語の一部に限られるようである．

(i) swiping
　 Peter went to the movies, but I don't know <u>who with</u>.
(ii) 前置詞残留
　 Who was Peter talking with?
(iii) Hasegawa (2006) による言語の異なり方に関する観察

	英語	デンマーク語	アイスランド語	スペイン語
前置詞残留	YES	YES	YES	NO
swiping	YES	YES	NO	NO

言語の異なり方に関する上記の一般化が UG のパラメータから導かれるのであれば，(i) と (ii) の両方を許す英語の獲得に関して，どのような予測が導かれるか，説明しなさい．

9.3 まとめ 161

問題 9.2 CHILDES コーパスに含まれる Aran という子どもは，前置詞残留と swiping の獲得に関して，以下のような状況を示した．この子どもは前置詞残留を swiping よりも有意に早く獲得しているかどうか，二項検定を用いて分析しなさい．

(i) Aran は，前置詞残留を含む最初のはっきりした発話を 2 歳 5 か月で行い，swiping を含む最初のはっきりした発話を 2 歳 7 か月で行った．
(ii) Aran は，swiping の最初のはっきりした発話を行うまでに，前置詞残留を含む発話を 14 回行った．
(iii) Aran は，swiping の最初のはっきりした発話以降，コーパスの最後までに，前置詞残留を含む発話を 12 回，swiping を含む発話を 8 回示した．

さらに学びたい人のために

[1] 杉崎鉱司：はじめての言語獲得—普遍文法に基づくアプローチ，岩波書店 (2015)，174 p
生成文法理論に基づく母語獲得研究の入門書．UG の原理とパラメータのそれぞれに関して，英語および日本語の獲得を中心に，母語獲得の観点から検討を加えた研究事例が豊富に紹介されている．これまでの母語獲得研究がどのような現象を対象として行われてきたのかについて理解を深めるのに適している．

[2] Stromswold, K.: Analyzing children's spontaneous speech. In: McDaniel, D., McKee, C., Cairns, HS. (eds) *Methods for assessing children's syntax*, 23–53. Cambridge, MA: MIT Press (1996), 408 p
母語獲得研究における自然発話の分析と，分析結果に対する説明の可能性，獲得順序を決めるための二項検定の使用などについて非常に丁寧な解説がなされている．理論的研究に基づく自然発話分析を行うためには必読の論文．

[3] Snyder, W.: *Child language: The parametric approach*. New York: Oxford University Press (2007), 221 p
パラメータに基づく母語獲得研究をテーマとした本．パラメータに関する理論的提案から導き出されるべき母語獲得への予測や，それを検討するための調査方法および統計的手法などについて，具体例に基づいて丁寧に議論されている．

10

第二言語習得

本章ではまず,第二言語使用者の言語知識の特徴を,母語からの影響と言語の普遍性の観点から扱う.次に,言語知識があるにもかかわらず,なぜ言語運用上問題が生じるのかについて,日本人英語使用者が産出で誤りをおかす「三単現の-s」を例に紹介する.最後に,第二言語学習開始年齢の問題と,第二言語習得研究が外国語教育へどのような示唆ができるかについて述べる.研究事例1では,教授効果を見るために「対応のあるt検定」を用いて教授前後の成績を比較する.研究事例2では,移動様態動詞の第二言語習得可能性を検証するために,独立変数が2要因(母語×文のタイプ)あるため,二元配置分散分析を用い,さらに,文のタイプについては「反復測定による分散分析」を使う.

10.1 第二言語習得の歩き方

母語とは,私たちが生後一定期間に接することで苦もなく自然に,無意識的に身に付ける最初の言語のことで,**第一言語** (first language, L1) ともいう.多くの場合は,1つの言語を母語として獲得するが,2つの言語のインプットに生後から同時に接することで,2つの言語を獲得することも可能である.これを**同時バイリンガル言語獲得** (bilingual first language acquisition) と呼ぶ.これに対して,**第二言語** (second language, L2) とは非母語の総称で,L1の

後に接する第二言語のみならず，第三言語，第四言語なども含む包括的概念である．このように，母語の後に L2 を身に付けることを**継続バイリンガル言語習得** (successive bilingual language acquisition)，一般的には**第二言語習得** (second language acquisition, SLA) と呼ぶ[1]．また，L2 には生活言語として使用されている環境で習得する「第二言語」と，L2 が主に教室で使用されている環境で習得する「外国語」を含む．したがって，日本における外国語としての英語習得も SLA 研究のトピックである．**多言語使用** (multilingualism) は世界中で見られる自然な現象であり，**二言語使用者** (bilingual) は，**単一言語使用者** (monolingual) よりも多い．

10.1.1 母語獲得と第二言語習得

母語獲得と SLA の大きな違いは，母語は誰でも苦もなく獲得できるのに対して，大人の L2 は習得の成功が保証されず，（例外を除いて）母語話者並みの能力まで一般的には到達しないことである．SLA を成功させる要因として，学習動機，学習開始年齢，L2 の使用頻度，学習環境（教師の質，クラスサイズなど）などがあるが，SLA の基盤となっているのは L2 の言語知識である．

私たちがことばを産出して理解できるのは，L1 であろうと L2 であろうと，脳内にこれを可能とする言語知識が何らかの形で実在するからである．この言語知識を，脳のなかに存在するという意味で**脳内言語** (internalized language, I–言語) と呼ぶ．この言語知識は，簡単にいえば，脳外に存在する「音（手話も含む）」と脳内に存在する「意味」を結び付ける脳内システム（心的演算 (mental computation)）である．

ここで SLA が母語獲得と大きく異なるのは，L2 使用者（学習者）はすでに母語を獲得していることである．L2 の脳内言語は，L2 使用者の母語知識でもなく，また目標言語の母語話者の言語知識とも異なる独自の体系をもち**中間言語** (interlanguage) と呼ばれる．

---

[1] acquisition の日本語訳として，母語の場合は「習い覚える」のではないので「獲得」と訳され，言語知識が脳内に成長していくことを意味する．第二言語の場合，acquisition の訳語として「獲得」よりも「習得」が使用されることが多いのでこの習慣に従うが，本章でいう「習得」は，脳内に第二言語が成長する意味での acquisition の訳である．

10.1.2 転移による第二言語知識

L2 使用者がすでに母語を獲得しているということは，SLA では母語の影響があることを意味する．これを母語からの**転移 (transfer)** と呼ぶ[2]．転移には習得を促進する場合（正の転移）と，遅らせる場合（負の転移）がある．発音面は，負の転移に気付きやすい．たとえば，日本人英語学習者は strong を，日本語の音節構造の影響から，母音を挿入して [sutorongu] と発音することがある．また，英語母語話者が日本語を学習する際，英語では音の長短が意味に影響を与えないので，英語母語話者は「おじさん」と「おじーさん」の識別が困難である．音声以外の転移は少し気付きにくい．日本語の「は」と「が」の区別は，英語母語話者には困難だが（負の転移），類似の使用区別のある韓国語母語話者には概ね問題がない（正の転移）．日本語母語話者によく見られる誤用として，日本語の話題を表す「は」の影響で，「この部屋は WiFi が使えない」を英語で "*This room can't use the WiFi" と表現することがある．また，日本語の被害受け身を英語に転移して，日本人英語学習者は "*I was criticized my presentation"（「私はプレゼンを批判された」）のような受動文を用いることがある．これらの負の転移は，英語を長年学んでいても影響がでてしまうことがある．

転移は選択的である点で興味深い．語順を例に考えてみよう．英語とフランス語は，次の点で異なる．第一に，(1) のようにフランス語では，主動詞が否定要素 (*pas*) に先行するが，英語は否定要素 (*not*) に後続する．第二に，(2) のように英語で副詞は主動詞と目的語の間に介在できないが，フランス語では可能である (White, 2003)．

(1) a.　Cats do not catch dogs.
　　b.　Les chats (n')attrapent pas les chiens.
　　　　The cats catch not the dogs.
(2) a.　Cats often catch mice.
　　b.　*Cats catch often mice.
　　c.　Les chats attrapent souvent les souris.
　　　　The cats catch often the mice.

---

[2] 後述するように L2 から L1 への影響もあるので，言語間影響 (cross-linguistic influence) とも呼ばれている．

第一の相違に関して，フランス人英語学習者は初級レベルの段階でも (1a) のような「否定要素–主動詞」の語順を用い，母語からの転移は起こらない．しかし，第二の相違の副詞の位置に関しては，フランス語からの転移のために，上級レベルになっても (2b) のような［主動詞–副詞–目的語］の語順を用いることが知られている (White, 2003)．副詞の位置に関しては，中国語も英語と同様に［副詞–動詞–目的語］の語順である．それでは，フランス語を母語とする中国語学習者は，母語の転移で［動詞–副詞–目的語］の語順を用いるのだろうか．不思議なことに，初級レベルでもフランス語からの転移は起こらず，学習者は正しい［副詞–動詞–目的語］の語順を用いる (Yuan, 2001)．この事実は，転移は表層的な現象ではなく，複雑な心的計算が含まれていることを示している．

転移は L2 が L1 に影響を与える場合もある．たとえば，英語圏の生活が長い日本人は，主語を省略するのが自然な日本語の文脈であっても，英語の影響で「彼が」「彼女が」を頻繁に用いることがある．さらに，L2 を頻繁に使用することで，非言語的な認知能力に影響を与え，認知症を遅らせるとの研究報告もある (Bialystok *et al*., 2012)．

10.1.3　経験以上の第二言語知識

母語獲得では，入力（言語経験）と出力（I–言語）の間に質的な隔たりがあるときに，**刺激の貧困 (poverty of the stimulus, PoS)** の状況が存在するという．このような刺激の貧困の状況にもかかわらず，子どもは無意識のうちに豊かな言語知識を獲得してしまう．言語獲得における PoS の問題を解くために，多くの理論が提案されてきた．その1つである生成文法は，人間の脳に言語知識の獲得を可能とする仕組み (**言語機能 (faculty of language)**) が生得的に備わっているとする言語獲得モデルを提案している．L2 使用者は母語話者とまったく同じ言語知識を得ることがないとしても，L2 使用者の言語知識が，教授，L1 知識，言語経験から帰納されたものとは考えられないほどの特性を有することがある (White, 2003)．たとえば，(3) の happen, fall などの自動詞を「受動化する誤り」は，母語にかかわらず英語の L2 使用者に見られる．

(3) a. *The accident was happened yesterday.

　　b. *Most people are fallen in love with someone.

　興味深いことに，この種の「誤り」は，exist, appear などの「存在や状態変化」を意味する自動詞（非対格動詞）に限って見られ，自分の意志で行為を行う talk, walk などの自動詞（非能格動詞）には生じない（John walked inside the station の意味で，John was walked inside the station のような間違いはまれである）．L2 使用者が，この動詞の相違に関する教授を受けていないのにもかかわらず無意識のうちに両者を区別していることは不思議な現象で，母語からの転移や受動態の知識不足という理由だけでは説明ができない．この種の「誤り」が，母語と関係なく発現することを考慮すると，ここに普遍的な要因が関与し，言語機能の解明に役立つと思われる（遊佐，2014）．

10.1.4　第二言語知識と言語運用

　英語学習者は上級レベルになっても，過去形や三単元の -s など屈折形態素の産出に問題があり，安定性がないことが知られている．たとえば，"John walks to school every day" というべきところを，"*John walk to school every day" といってしまうことがある．これは，時制 (tense) に関する知識の欠如を意味するのであろうか．時制は動詞の屈折だけではなく主語の形態にもかかわる．たとえば，英語の時制節内では，主語は発音しなければならず，代名詞は主格代名詞を用いる．

(4) a. Tom played tennis.　　　　　　　　　（時制節の主語は発音する）

　　b. To play tennis is fun.　　　　　　　　（不定詞の主語は発音しない）

(5) a. I/*Me played tennis yesterday.　　　　（時制節の主語代名詞は主格）

　　b. What, me play tennis yesterday?（時制を欠く節の主語代名詞は対格）[3]

ここで，時制の産出に問題のある英語学習者でも，時制節における顕在的主語や主格代名詞の産出には問題がない (Lardiere, 1998)．つまり，L2 使用者が動詞の屈折を脱落して用いるのは，時制の知識が欠如しているからではないことを

---

[3] このような文を，"mad magazine sentence" と呼ぶ (Akmajian, 1984)．

意味している．可能性としては，時制の知識は脳内言語として存在するが，言語運用でこの知識にアクセスし産出するときに問題が生じることが考えられる．すなわち，時制に関して意識的に学んだ**宣言的知識 (declarative knowledge)** が，無意識的で高速の**手続き的知識 (procedural knowledge)** に変化していないために，言語処理が自動化していないことに原因がある．

10.1.5　SLA と年齢の影響

　SLA では言語入力である L2 に接する年齢が遅いために，熟達度に影響が出ることは否定できない．よく知られているのが，一定の年齢を過ぎると L2 の習得は不可能であるとする「臨界期仮説」である．しかし，L1 獲得では臨界期（最近では感受性期）の存在が実証されているが，SLA では仮説段階であり，研究者間の意見の一致を見ていない．SLA における臨界期仮説を検証する大部分の研究は，L2 が生活環境で使用されている L2 環境で行われている．発達した認知機能をもつ成人のほうが短期で素早く L2 を学習できるが，結果的には早期に L2 を学習したほうがより母語話者に近い外国語を習得できるとする "Older is faster, younger is better" の臨界期の議論は，早期英語教育の基盤となっている．しかしながら，この議論は L2 環境の議論であり，外国語環境の議論ではない．英語圏で英語を生活手段として自然に獲得・使用する「**第二言語としての英語**」と，「**外国語としての英語**」を区別する必要がある．外国語として英語を学んでいる我が国では，学習開始年齢以上に，学習者の動機づけ，入力の接触量と質，教授法，学習法等が大きく影響する．

10.1.6　外国語教育への示唆

　言語理論は，言語知識の解明を目指した科学的理論であり，外国語教育現場に直接持ち込むのは危険である．しかし，これまでの研究成果から，いくつかの示唆は可能である．SLA とは，母語で最適化された言語知識を基盤としながら，中間言語を構築することである．ここで，中間言語が発達段階で質的な変化を起こすことを再構築という．まず，中間言語の再構築を行うのは言語入力であることから，多量で良質のインプットが必要である．また，中間言語は脳内に存在するので，直接教えることは不可能である．したがって，良質のインプッ

トを提供できる教師の役割が重要となる．また，脳内言語を考慮すれば，中間言語の再構築には時間がかかり，教授効果がなかなか上がらないことも自明である．アウトプットの役割は，定着化（自動化）であるといわれている．文脈なしのパターン練習ではなく，文脈内でのアウトプット練習により，脳内言語と言語運用のギャップに気付かせることが大切である．しかし，脳内言語の再構築化を促すのはあくまでもインプットであるので，会話やディスカッションの練習だけでは中間言語の再構築化にはつながらず，正確さも向上しない．また，外国語教育における「気付き」の重要性が指摘されているが，中間言語は母語に依存している部分が大きいので，母語を通さないと中間言語の再構築は難しいと思われる．この気付きには，教室内での明示的な指導が不可欠である．英語教育で，「英語で考える」英語モードの脳にするために英語で授業をすることが提唱されているが，上級レベルでも，第二言語を使うときには脳内では母語が使われていることが明らかになっている (Thierry & Wu, 2007; Vaughan-Evans et al., 2014)．したがって，英語で授業をする効果は，生徒が接する英語量を増やすだけにすぎないことに留意する必要がある．

10.2 研究事例

10.2.1 研究事例1　Yusa et al. (2011)

　この研究では，人間言語の普遍的特徴と仮定されている「構造依存性の原理[4]」がSLAでも機能しており，L2の臨界期・感受性期を過ぎたと一般にいわれる日本人大学生でも教授（トレーニング）により経験以上の知識の獲得が可能であることを**機能的磁気共鳴画像法 (functional magnetic resonance imaging, fMRI)** を用いて調べた．fMRIは脳活動が「どこで」行われているかを調べる空間分解能に優れているので，それぞれの機能を担っている脳の各部位を特定するのに適している．実験参加者が学んだのは**否定倒置 (negative inversion, NI)** である．NIとは，(6) が示すように，否定要素が文頭に生じると主語と助動詞の義務的な倒置を起こす言語現象である．NIは日本語には存在しないので，母語知識からの直接の転移は想定しにくい．さらに，NIは母語でも獲得が

---

[4] 人間言語の規則は，「2番目の単語」のような語順ではなく，統語構造に依存している．これを「構造依存性の原理」と呼び，生得的な言語機能の一部を形成すると考えられている．

遅く，主に文語体で使用される．また，発話においても使用頻度が多くはないため，L2 使用者が入力として豊富に接しているとは考えにくい．しかし，NI は構造依存性に従う．

(6) a. I will *never* eat sushi.
b. *Never* will I eat sushi.
c. *Never I will eat sushi.

(6a) から (6b) を導くためには，「否定要素が文頭にある場合には，最初の助動詞を否定要素の後ろに置く」(構造に依存しない規則)，「否定要素が文頭に移動した場合に，主語と主節の助動詞を倒置する」(構造に依存した規則) のどちらを利用しても可能である．しかし，主語の関係節を有する (7a) の never を前置した場合には，隣接する助動詞 will は，(7c) が示すように主語の関係節内の動詞 fail とは結び付けられない．つまり，前置する助動詞は，文頭から見て線形的に近い助動詞ではなく，構造的に近い助動詞 are であり，構造に依存した規則のみが文法的な NI 構文を生み出す．

(7) a. Those students who will fail a test are never hardworking in class.
b. Never are those students who will fail a test hardworking in class.
c. *Never will those students who fail a test are hardworking in class.

実験には，12 歳から英語を学習した日本人大学生英語学習者 40 名が参加した．実験は，fMRI を用いて 2 回 (Test 1, Test 2) 行った．各 Test は図 10.1 のような Session 1 (単文) と Session 2 (複文) から成り立っている．実験参加者は，英語能力テスト (TOEIC) と 1 回目の実験 (Test 1) の Session 1 における NI の成績により，各 20 名ずつ教授群と非教授群の 2 つのグループに分けられた．各グループの英語力 (TOEIC スコア) と NI に関する知識 (誤答率) の関連性を調べるための相関分析では，両グループともに関連性がないことを確認できた．この結果は少なくとも 1 回目の実験が終わった時点における両グループの TOEIC スコアから推定される英語力×否定倒置に関する知識に差がないことを意味する．教授群は，(6) のような単文のみを用いたトレーニングを 1 ヶ月にわたり受けた．

Session 1 単文

基本語順正文 (GC-s):
　　Those students are never late for class.
基本語順非文 (UC-s):
　　Those students are late for never class.
倒置語順正文 (GI-s):
　　Never are those students late for class.
倒置語順非文 (UI-s):
　　Never those students are late for class.

Session 2 複文

基本語順正文 (GC-c):
　　Those students who are very smart are never silent in class.
基本語順非文 (UC-c):
　　Those never students who are very smart are silent in class.
倒置語順正文 (GI-c):
　　Never are those students who are very smart silent in class.
倒置語順非文 (UI-c):
　　Never are those students who very smart are silent in class.

図 10.1　fMRI 実験で使用した実験文例

分析には，fMRI 撮像中に頭が動いてしまった等の参加者を除き，教授群から 17 名，非教授群から 19 名を用いた．同じ被験者が 1 回目と 2 回目の実験に参加したので，量的変数の誤答率に対して対応のある t 検定による検定を行った．（14.2 節，対応のある場合の t 検定を参照）．非教授群は，Test 1 と Test 2 の間で，NI に関する文法知識に有意な変化がなかった (GI-s: $t(18) = 0.28$, $n.s.$; GI-c: $t(18) = 1.81$, $n.s.$)．これは，NI の知識は Test 1 と Test 2 において同じ状態であることを意味し，トレーニングを受けていない非教授群から予想される結果である．教授群は，トレーニングで使用した NI を含む単文はもちろん (GI-s: $t(16) = 4.71$, $p < .001$)，トレーニングで教えられていない複文についても，教授前 (Test 1) に比べて教授後 (Test 2) では文法性判断の成績が向上した（誤答率が減少した；GI-c: $t(16) = 3.93$, $p < .001$)（詳細な統計分析に関しては

原著論文を参照のこと）．

この結果から，構造依存性の原理（遺伝的要因）と，単文の NI を用いたトレーニング（環境要因）が相まって，第二言語の臨界期・感受性期を超えた学習者が，トレーニング以上の統語知識を獲得したと解釈できる．

トレーニングの効果を調べるために，トレーニング前 (Test 1) とトレーニング後 (Test 2) とで，複文の NI の文法性を判断するときの脳活動にどのような相違が生じるのかを，ROI(Region of Interest) 分析を用いて検証した．ROI 分析とは，脳内の関心のある領域に限定した統計解析である．非教授群では，Test 1 と Test 2 で脳活動が有意に変化した部位はなかった．教授群は，複文の NI の文法性の判断をするときに，「統語中枢」である**左下前頭回 (left inferior frontal gyrus)** のブローカ野に有意な賦活が見られた．これは，単文の NI を使用したトレーニングと構造依存性が相まって，複文の NI の統語処理にかかわるブローカ野が機能変化を起こしたと見なすことが可能である．すなわち外国語環境でも，母語で機能する生物学的制約が依然としてはたらいていることを脳科学の側面から示唆している．つまり，人間言語の中心的原理（構造依存性）に関しては年齢効果がなく，この意味において，母語と第二言語の処理は根本的には異ならないことになる．さらに SLA における PoS 問題の存在に対して脳科学的観点から証拠を提示したといえる．

10.2.2　研究事例 2　Inagaki (2001)

この論文では，着点 (goal) を表す側置詞句（＝前置詞句と後置詞句；以下 PP）をともなう**移動動詞 (motion verb)** を，「英語母語話者の日本語習得」ならびに「日本語母語話者の英語習得」の観点から扱うことで，母語からの転移の方向性を検証している．

日本語と英語とでは，「歩く」"walk"，「走る」"run" など移動の様態を示す移動様態動詞 (manner-of-motion verb) と，「行く」"go"，「来る」"come" などの移動の方向を示す方向動作動詞 (directed motion verb) が，「に」"to, into" などを主要部とする着点を示す PP と共起できるかどうかに関して違いがある．英語の着点を示す前置詞句は，移動様態動詞 (John *walked* to school) と方向動作動詞 (John *went* to school) の両方と共起できる．一方，日本語では，着点を示

図 10.2　着点を示す側置詞と共起する日英語の移動動詞

す後置詞句は方向動作動詞と共起できるが（「ジョンが学校に 行った」），移動様態動詞とは共起できない（?*「ジョンが学校に 歩いた」）．つまり，移動構文において着点を示す PP（前置詞句，後置詞句）の使用できる範囲は，英語のほうが日本語よりも広いといえる．図で示すと，図 10.2 になる．

Inagaki (2001) では，次の 2 つの仮説を検証した．

(8) 日本語母語話者は，英語の着点を示す前置詞句をともなう移動様態動詞が可能であることを学習することは問題ない．

(9) 英語母語話者は，日本語の着点を示す後置詞句をともなう移動様態動詞が不可能であることを学習することは難しい．

実験では，42 名の日本人英語学習者（大学生）と，日本に少なくとも 3 年以上滞在している 21 名の英語母語話者（英語教師）のデータを分析した．大学生である日本語母語話者と，日本語のレベルが上級である英語母語話者の L2 の熟達度には相違があるが，本研究の仮説には問題がない．むしろ，L2 の熟達度の低い日本人英語学習者が英語の移動用様態動詞の習得に問題がなく，L2 の熟達度の高い英語母語話者が日本語の移動様態動詞の習得に問題があるならば，仮説 (8)(9) を支持することになる．

実験参加者は，絵を見てその内容を示した文の容認可能性を -2 から $+2$ までの 5 段階で判断する課題を行った（-2：完全に不自然，-1：かなり不自然，0：判断ができない，$+1$：かなり自然，$+2$：完全に自然）．課題は，英語と日本語で書かれたものを準備した．用いた移動様態動詞は，英語は walk, run, swim,

```
┌─── 英 語 ───┐
│ 移動様態動詞 + PP:
│     John walked into the house.
│ 方向移動動詞 + PP + -ing:
│     John went into/entered the house walking.
│ 方向動作動詞 + PP + by + -ing:
│     John went/entered the house by walking.
│ 様態移動動詞 and 方向移動動詞 + PP:
│     John walked and went into/entered the house.
└──────────────┘

┌─── 日本語 ───┐
│ PP + 移動様態動詞:
│     ?* ジョンは家の中に歩いた.
│ PP + て + 方向動作動詞:
│     ジョンは家（の中）に歩いて行った／入った.
│ て + PP + 方向動作動詞:
│     ジョンは歩いて家（の中）に行った／入った.
└──────────────┘
```

図 10.3　英語と日本語の文タイプ

crawl, fly, 日本語は「歩く」「走る」「泳ぐ」「這う」「飛ぶ」である．前置詞は，to, into, onto, under, over, behind, 後置詞は「に」「中に」「下に」「上に」「後ろに」である．実験に用いた文のタイプは図 10.3 のとおりである．

日本語，英語の移動様態動詞構文にそれぞれ，**反復測定の二元配置分散分析（two-way repeated measures ANOVA**，第 16 章参照）の検定を行った．ここでは，独立変数は母語，実験文のタイプの 2 つである．そのうち，母語は英語と日本語の 2 水準で，文タイプは英語の文が 4 水準，日本語の文が 3 水準である．従属変数は，容認判断課題の 5 段階評価値であるが，間隔尺度として扱っている．被験者内要因の文のタイプについて，反復測定による分散分析を行った．

英語課題では，日本人英語学習者は英語母語話者ほどではないが英語の「様態移動動詞＋前置詞」(John walked to school) を受け入れて，仮説 (8) を支持した．実験文のタイプ（4 つ）と言語（英語母語話者と日本語母語話者）に交互

作用が確認できた ($F(3,186)=24.48$, $p=.001$). 日本語母語話者は英語課題で, 「方向移動動詞 + PP + -ing」以外の文タイプは容認可能と判断した. 英語母語話者は, 「移動様態動詞 + PP」を最も受け入れ, 「方向動作動詞 + PP + by-ing」は最も数値が低く, 他の 2 タイプには有意差がなかった.

日本語課題では, 英語母語話者は日本語の上級レベルであっても日本語で不可能な「様態移動動詞 + 前置詞」(?*ジョンは学校に歩いた) を容認してしまい, 仮説 (9) を支持した. また, 実験文のタイプ (3 つ) と言語 (英語母語話者と日本語母語話者) に交互作用が確認できた ($F(2,124)=50.0$, $p=.001$). 英語母語話者はすべての文タイプを容認可能と判断した. 日本語母語話者は, 「PP + 移動様態動詞」のみを容認不可と判断して, 残りの 2 タイプには有意差がなかった.

この実験の結果は, L2 の学習可能性に関して次のような結論を導いた. L1 で生成する言語構造が L2 で生成する文法の部分集合 (subset) を形成するときは, L2 の入力に接することにより L1 に存在しない特性を学習できる. 一方, 当該特性に関して L2 が L1 の部分集合を形成する場合は, L1 の特性で L2 に含まれない特性を転移により過剰生成する可能性がある. この場合に, 過剰生成した構造が L2 では不可能であることを示す証拠が L1 には存在しないので, L1 からの転移をそぎ落とすのが難しいことを示している.

問題 10.1 第二言語習得研究では, 指導方法が中間言語に及ぼす効果を探る研究がある. White *et al.* (1991) は, フランス語を母語とする小学生の英語学習者が, ESL (English as a second language) 環境で英語の WH 疑問文をどのように習得するのかを調べた. 疑問文に関して**言語形式重視の指導法 (form-focused instruction)** を受ける教授グループと, 受けない非教授グループで WH 疑問文の容認性判断課題を行った. 非教授グループも, 教授グループ同様に容認性判断課題を 2 回遂行した.
 (a) 教授グループと非教授グループの 1 回目の容認性判断課題に有意差があるかどうかを調べるには, どのような統計的手法を用いたらよいか.
 (b) 上記の実験に加えて, 英語母語話者を統制群として加えた. 教授グループと非教授グループの 2 回目の容認性判断課題が, 母語話者の容認性判断課題と有意差があるかどうかを調べるにはどのような統計的手法を用いたらよいか.
 (c) 教授効果の有無を調べるために, 教授グループと非教授グループの 2 回の容認性判断課題と英語母語話者の容認性判断課題に有意差があるかどうかを調べるにはどのような統計的手法を用いたらよいか.

10.2 研究事例

問題 10.2 DeKeyser (2000) は，ハンガリー語を母語とする米国の移住者 57 名を実験参加者として，英語の熟達度の高い人と低い人の要因を探っている．論文の Appendix A (pp. 525–526) にあるデータをもとにして，次の問いに答えなさい．

(a) 米国の到着時年齢と文法性判断課題の成績に，どのような相関があるかを調べなさい．
(b) 実験参加者を米国到着時の年齢に基づいて 16 歳未満と 16 歳以上の実験群に分けた場合，学校での教育年数と文法性判断課題の成績に相関があるかどうかを調べなさい．
(c) 米国到着時の年齢が 16 歳以上の実験群で，文法性判断課題の成績が母語話者のレベルまで到達できる学習者は言語適性能力が高いと結論付けているが，この統計分析について議論しなさい．
(d) この論文の結論について議論しなさい．

さらに学びたい人のために

[1] VanPatten, B., Williams, J.: *Theories in second language acquisition: Introduction. 3rd edition.* New York: Routledge (2020), 308 p
第二言語習得に関する諸理論が，第二言語習得で明らかになった基本問題をどのように説明するか述べられている．

[2] Larson-Hall, J.: *A Guide to Doing Statistics in Second Language Research Using SPSS and R.2nd edition.* New York: Routledge (2010), 528 p
第二言語習得研究の研究例を，SPSS と R の使用法とともに具体的に解説している．

[3] Lightbown, P. M., Spada, N.: *How Languages are Learned.* 5th edition. Oxford: Oxford University Press (2021), 296 p
SLA を包括的に扱った入門書である．海外の多くの大学の外国語・第二言語教師養成コースで教科書として使われており，SLA を外国語教育と結び付けようとしている．

[4] 遊佐典昭：ナル動詞と英語教育『最新言語理論を英語教育に活用する』藤田耕司 他編，336–347．開拓社 (2012), 485 p
本章で扱った，英語学習者が特定の自動詞を「受動形」で用いる「誤用」の原因を平易に説明し，この言語現象が人間言語の普遍性と関係があることを論じている．詳しい議論は本論文の参考文献を参照のこと．

[5] White, L.: *Second Language Acquisition and Universal Grammar.* Cambridge, UK: Cambridge University Press (2003), 331 p
第二言語習得が生得的な制約を受けていることを，多くのデータから示している．発達段階の言語知識，言語入力の問題，形態素の獲得と統語論の関係，言語処理などの研究を概観するのに便利である．

11

言語の神経基盤

　言語の神経基盤を学ぶうえで，脳の構造的特徴を理解しておくことは必須である．そこで，まず11.1.1項で，11.1.2項以降の報告例を理解するために必要な脳の構造と機能を概観する．次に11.1.2項で，意味に関する神経基盤，特に具体名詞の意味にかかわる神経基盤を概観する．語の意味は複数の概念により構成されているが，それらがどこで，どのように1つの語の意味として形成されているのかを考える．11.1.3項では，統語の神経基盤を取り上げる．複数の語が一定の規則のもとにつながることで文が生まれるが，その一連の処理にかかわる神経基盤は，霊長類のなかで人間だけが高度な文法機能をもつという点において，ヒト脳に最も特徴的な神経基盤といえよう．11.1.4項では，音声・音韻の神経基盤を取り上げ，音声・音韻，そしてリズムやイントネーションなどのプロソディの処理にどのような違いがあるのかをまとめる．

　11.1節においては，可能な限り基本的な神経心理学的所見と脳機能イメージング法による解析を提示するよう心掛けた．さまざまなアプローチから得られる知見は，言語の神経基盤を俯瞰的に捉えることに役立つ．11.2節では，実際の研究事例を紹介しながら，そこで用いられている統計手法ならびにその際の注意項目等をまとめた．11.2.1項では脳波，11.2.2項では近赤外分光法による研究事例を紹介する．細部において異なる点はあるものの，同じ被験者からデータを収集することが多い言語の認知神経科学的

研究は，繰り返しのある分散分析（反復測定による分散分析）の使用やそれにかかわる補正（自由度調整法，多重比較法）など共通する点が多く，当該分野における基本的な解析手法の特徴を理解していただければと思う．

我々の日々のコミュニケーションにおいて，言語の果たしている役割は大きい．その言語活動を可能にしているのは脳の神経活動である．知覚，記憶，注意といった他の認知機能とのかかわりのなかでその独自性を明らかにすることは，言語の本質に迫る重要なアプローチの1つである．言語の神経基盤の研究は，脳損傷によって失われた言語機能について，脳部位と失語の症状を対応させて検討するという神経心理学的研究から始まった．現在では，神経心理学的所見に加えて，脳の神経細胞の電気的活動によって生じる電位変化を計測する**脳波・事象関連電位 (event-related potentials, ERPs)** や，磁場変化を計測する**脳磁図 (magnetoroencephalogram, MEG)**，そしてその神経細胞の活動にともない局所的に変化する脳血流量および酸素代謝の変化を計測する**機能的磁気共鳴画像法 (functional magnetic resonance imaging, fMRI)** や**近赤外分光法 (near infrared spectroscopy, NIRS)** などの非侵襲的な脳機能計測機器を用いた脳機能イメージング法を駆使することにより，障害者のみならず健常者に対しても言語機能の検査を行い，さらに多くの知見がもたらされている．本章では主に大脳に見られる意味，統語，そして音韻およびプロソディの処理にかかわる神経基盤に焦点を当て，最近の知見を踏まえながら概観する．

11.1 言語の神経基盤の歩き方

11.1.1 脳の構造と機能

脳は大きく分けて，大脳（終脳），小脳，脳幹から成り，脊髄とあわせて中枢神経系を形成している．なかでも大脳は，言語処理において重要な役割を担う．大脳は2つの大脳半球から成り，右半球と左半球は脳梁と呼ばれる神経線維によって解剖学的に結合しており，左右の大脳半球の間で情報のやりとりを可能にしている．脳の表面は神経細胞の集まりである大脳皮質で覆われており，前頭葉，頭頂葉，側頭葉，後頭葉という4つの領域に分けることができる（図

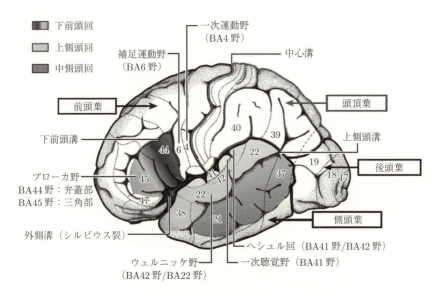

図 11.1　左外側面における 4 つの葉と主な脳回，脳溝の名称
　　　　数字はブロードマンの領野（Friederici, 2011 を改変）．

11.1)．それぞれの領域（葉）は，脳溝と呼ばれる溝と脳回と呼ばれる隆起部分により凹凸のある外観を示している．神経解剖学者のブロードマンは，細胞の密度や形といった細胞構築学的観点から，大脳皮質をおよそ 50 の「領野」に区分けした．その後，領野が機能的区分と概ね一致していることが明らかとなり，現在もなお，構造と機能の対応を考える上で重要な役割を果たしている．たとえば，ブロードマン 17 野は一次視覚野として機能しており，後頭葉における視覚情報処理の起点である．また，ブロードマン 41 野は一次聴覚野として音の処理に関与している．これら感覚野が担う役割を理解することも，広い意味での言語機能を理解するうえで重要となる．

　一方，脳の内部には軸索と呼ばれる神経線維の束が走っており，各領域を結び付けている．神経線維には大まかに 3 つの種類があり，左右それぞれの半球内で主に前と後ろを結合している「連合線維」，左右の大脳半球を結合している「交連線維」，そして大脳皮質と皮質下といった表面と深部を結合している「投射線維」がある．また，脳には無数の血管が走り，常にブドウ糖や酸素を神経

細胞に供給している．脳血管障害や神経変性疾患などで大脳皮質や皮質下が損傷を受けると，感覚機能や運動機能に障害がないにもかかわらず，言葉が出てこない，または言葉を理解できないといった症状が現れることがある．このような症状は「失語」と呼ばれる．失われた言語機能（失語症状）と損傷部位の対応関係を評価することで，「言語野」と呼ばれる言語処理に特有の神経基盤が，主に左半球に存在していることが明らかとなった．代表的な言語野としては，「ブローカ野」と呼ばれる下前頭回や「ウェルニッケ野」と呼ばれる上側頭回後方領域などが挙げられる．これら外側溝（シルビウス溝）の周辺領域は環シルビウス裂言語領域と呼ばれ，さらにその周辺に位置する環・環シルビウス裂言語領域を含め，広域的なネットワークにより言語の神経基盤を形成している．以降，これら言語野の機能を中心として，神経心理学的所見ならびに脳機能イメージング法の知見をもとに，意味，統語，そして音韻およびプロソディの処理にかかわる神経基盤を概観する．

11.1.2 意味の神経基盤

　語は音と意味の恣意的な結び付きによるものであり，その語の意味（語義）は複数の概念から形成されている．たとえば「犬」は，4脚で尻尾があり，吠える．さらには，哺乳類であり動物である．このような具体語の意味を構成する概念項目は，脳のどこに記憶されて，どのような形で処理されているのだろうか．一般に語の意味に関係する領域は，左半球側頭葉といわれている．神経心理学的研究では，**超皮質性感覚失語**（transcortical sensory aphasia）として知られる失語症が，典型的な語の意味理解障害を呈する．日本では，**語義失語**と分類されているタイプがその症状の特徴をよく表している．患者は音声の知覚や語の復唱はできるにもかかわらずその意味がわからないために，書きとり課題では音を頼りに当て字をしたり（例：[煙突→遠戸津，砂糖→左等]），音読課題では音読みと訓読みを誤ったりする（例：[黒板（こくばん）→くろいた，煙草（たばこ）→けむりくさ]）．これらの症例は，一般に左中側頭回を中心として下側頭回にかけて損傷されている場合が多い．

　左中側頭回と語の意味処理の関係は，脳機能イメージング研究においてもしばしば認められている．実験心理学の手法に，意味的に関連する2つの語を連

続して呈示した場合，先行刺激（プライム）が後続刺激（ターゲット）の語の処理を促進する**意味プライミング (semantic priming)** がある．認知処理においては，プライムとターゲットの間の時間が短い場合（250 ミリ秒以下）は自動的な処理を，長い場合（600 ミリ秒以上）はストラテジック（戦略的）な処理を反映するとされている．この手法を用いた脳機能イメージング研究によると，プライムとターゲットの時間差が長いときには左下前頭回，左中側頭回ともに活動が認められたが，時間差が短い場合には左中側頭回でのみ活動が認められた．この結果は，左側頭葉後部領域は，左下前頭回からトップ・ダウンにコントロールされた語彙意味情報の想起や選択による中側頭回への語彙意味アクセスに加えて，自動的な語彙意味へのアクセスにも関与していることから，左中側頭回に語彙意味表象が保持されていることを示していると考えられる．これらの神経科学的所見や脳機能イメージング研究から明らかになったことは，語彙意味表象は左中側頭回に貯蔵され，意味は複数の領域のネットワークによって処理されているという可能性である．ネットワークモデルを提唱している Lau et al. (2008) によると，側頭葉前方と角回への投射は入力された情報とコンテクストとの結合，下前頭回前部とのやりとりは語彙意味情報の検索，そして下前頭回後部とのやりとりは語彙意味情報の選択に関与するとしている（図 11.2）．側頭葉後部と下前頭回は，背側を上縦束（弓状束），腹側を下縦束や鉤状束などの神経線維により結合していることからも領域間の関係性がうかがえる．

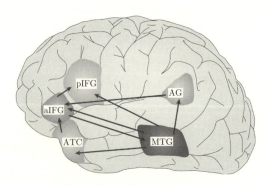

図 11.2 意味処理のネットワーク
Lau *et al.* (2008) より．

意味理解に関する自動的な処理は，左側頭葉後方領域のみならず，視覚，聴覚，そして運動などの各感覚領域にもその構成概念が保持されているという報告がある．時間分解能の高い脳波や脳磁図の研究によると，語の意味素性の処理は非常に早い時間（刺激提示後およそ 200 ミリ秒前後）に行われ，語の内容に関連した感覚領域がその時間帯で活動するという（例：意味の構成において，音の要素が非常に強い語「例：電話」の視覚提示では，実際の音の知覚と同様に左半球の上側頭回後方と中側頭回が活動；Kiefer & Pulvermüller, 2012）．

また近年，側頭葉前方の萎縮により意味理解障害を示す脳変性疾患が注目されている．この疾患は入力モダリティとは関係なく意味理解障害を示すのが特徴であり，意味を構成している要素が萎縮の進行とともに喪失する（例：しまうまの絵を見て［しまうま→うま→動物］）．このことから，側頭極を含む側頭葉前方は，各感覚領域に分散している概念情報を統一するハブとしての機能を担っているのではないかと考えられている（Patterson et al., 2007；図 11.3）．この考え方を支持する証拠として，ウェルニッケ失語症者が，視覚提示された絵や文字が生物か非生物かを判断する意味性判断課題に対して言語リハビリテーションを行った結果，側頭葉前方の活動が健常者群よりも高まっているという報告がある．この結果は，失われた上側頭回ならびに中側頭回後方領域の機能を側頭葉前方領域が代わりに担っている可能性を示すと同時に，側頭葉後方の

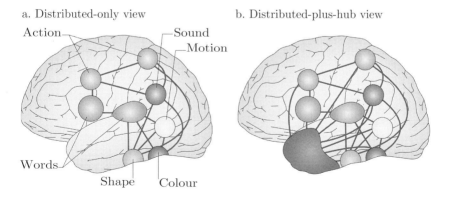

図 11.3　側頭葉前方と意味
Patterson et al. (2007) より．

かかわりがなくとも，意味処理が可能であることを示唆している．

しかし，語の意味処理が各感覚領域によってのみなされているのか，それともモダリティに依存しないハブのような領域を必要としているのかという問題は未だに議論が続いており結論は出ていない．意味表象の分散と側頭葉前方，ならびに後方領域の役割との関係性についてはさらなる研究が必要である．近年では，抽象語の意味表象の神経基盤にも注目が向けられているが，具体語から得られている以上に知見がない．神経心理学的研究と脳機能イメージング技法を組み合わせるなど，創意工夫による今後の研究が期待される．

11.1.3 統語の神経基盤

複数の語が一定の規則に従い結合することで，我々は句や文を生成し，より多くの情報のやりとりを可能にしている．統語にかかわる領域として，左下前頭回弁蓋部（BA44野），左下前頭回三角部（BA45野）を含む左下前頭葉領域の関与が指摘されている．これらの領域が損傷されると**ブローカ失語（Broca's aphasia）**と呼ばれる失語症状を示すことがある．話すことが困難になり，ぎこちない話し方となるが，なかでも内容語のみで機能語（日本語では助詞）が脱落するような場合は，**失文法失語（agrammatism）**と呼ばれる．しかし，ブローカ失語の障害は，このような発話だけではなく理解面にも及ぶことが知られている．聴理解は比較的良好にもかかわらず，非可逆文（例：馬が草を食べる）は理解でき，可逆文（例：馬が牛を追いかけた）は正しく理解できない．さらに，基本語順文（例：馬が牛を追いかけた）は理解できるが，かき混ぜ文（例：牛を馬が追いかけた）や受動文（例：牛が馬に追いかけられた）は理解できない(Hagiwara & Caplan, 1990)．また，品詞の列が同じでも間接受動文（例：母親が息子に事故を起こされた）は理解できるが，直接受動文（例：母親が息子に髪を切られた）は理解できない(Hagiwara, 1993)．意味的な手掛かりのない可逆文に共通していることは，名詞句の移動が重要な鍵であり，移動のない文は理解できるが，移動のある文は正しい意味役割の付与がなされないために理解できないというもので，これら神経心理学的研究では主に左下前頭回が移動にかかわる統語処理の基盤と考えられた．

その後，健常者を対象とした脳機能イメージング研究においても統語処理に

おける左下前頭回の関与が示された．fMRI では，課題条件と統制条件の血中酸素濃度の差を見ることで，その課題にかかわりの深い領域を特定する．Inui et al.(1998) では，左分枝文（例：[[優を倒した] 花子を] 太郎が押した）と中央埋め込み文（例：太郎が [[優を倒した] 花子を] 押した）を用いて文理解課題を実施している最中の脳機能計測を行ったところ，固視点を見る統制条件との比較で得られた活動が，左分枝文との比較において，中央埋め込み文でブローカ野（BA44 野と BA45 野）の活動が統計上有意に高くなり，この領域が構造処理に関与していることが示唆された．Kim et al. (2009) では，二項動詞を用いて日本語における基本語順文（例：おばあさんが幼児を助けた）とかき混ぜ文（例：幼児をおばあさんが助けた）の処理にかかわる神経基盤を検討した結果，固視点を見る統制条件との比較で得られた活動が，基本語順文よりもかき混ぜ文において，左半球の下前頭回と背外側運動前野に高い活動を認めた．このような統語操作は，正確な項構造の処理と意味役割の付与の上に成り立っているといえるが，一項動詞に比べて多項動詞（二項動詞＋三項動詞）の処理には主に環シルビウス裂言語領域の後方部分の関与が示唆されている (Thompson et al. 2007)．Hirotani et al. (2011) は，三項動詞から成る能動文（例：ジョンがマリーにリンゴを投げた），使役文（例：ジョンがマリーにリンゴを投げさせた），受動文（例：ジョンがマリーにリンゴを投げられた）を用いて，名詞の意味役割と統語構造の再解析にかかわる領域を検討している．意味役割の再解析（受動文・使役文）では，上側頭回後方と下前頭回三角部（BA45 野）に活動が認められたのに対して，統語構造の再解析（使役文）では BA45 野のみに活動の上昇が認められた．Makuuchi et al. (2009) は，埋め込み文を用いて，統語構造の複雑さと文処理の負荷（ワーキングメモリー）に関する領域を検討した．その結果，BA44 野の上部（下前頭溝）が文処理の負荷に対応しているのに対して，同領域の下部（弁蓋部）が統語構造の複雑さに関与しているとしている．BA44 野と BA45 野がどのような統語処理を担っているのかという点に関しては議論が続いているが，これまでの研究を取りまとめると，BA45 野と BA44 野は移動に，BA44 野は統語構造の複雑さと文処理の負荷に大きく関与している可能性が示唆された（Friederici et al., 2011；図 11.4）．さらに，Koizumi et al. (2012)では，三項動詞を用いた短距離かき混ぜ文と中距離かき混ぜ文に対する脳活動

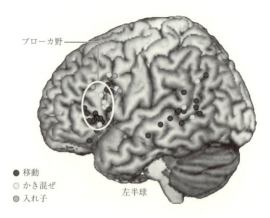

図 11.4 統語処理にかかわる下前頭回領域
Friederici(2011) より.

の比較から，左下前頭回前方部（BA45 野，BA46 野）が動詞とその項の依存関係を確立する自動的な処理を担っているのに対して，左下前頭回後方部およびその深部（BA44 野，BA13 野）は，それらの処理を言語性作動記憶の機能を通じてサポートしていることが示されている．

このように，名詞句の移動により生じる文の複雑さや文処理の負荷には，主に左下前頭領域がかかわっている一方，移動のない基本的な構造の組み立て（併合）は別の領域で行われている可能性がある．句構造規則違反文（品詞の間違い文）を用いた脳波・脳磁図による研究では，特に左半球の側頭葉前方領域の関与が示唆されている．そして最近の脳磁図の研究では，第一次聴覚野より前方の上側頭回において，非常に早い時間帯（刺激提示後 200 ミリ秒以内）で磁場の活動が認められた．この結果は，この領域が早期の統語構造の構築に関与していることを示している (Herrmann, 2011). 今後は，これらの領域と役割が言語にかかわらず同じなのか，それとも個別の言語によって異なるのかを詳細に検討する必要がある．

11.1.4 音韻・プロソディの神経基盤

両半球の上側頭回に位置する一次聴覚野に到達した音の情報は，側頭平面お

よび上側頭回領域において，まず音の周波数特性と時間特性の処理が行われる．その後，上側頭溝の中・後方領域を中心に語にかかわる音韻が処理される．これら一連の音・音韻の処理は左右両半球で行われているとされているが，機能的には，短時間での処理が求められる分節音素の処理は左半球で，時間的に長い範囲での変動がかかわるリズムやイントネーションなどのプロソディの処理は，主に右半球で行われているとされている．Meyer et al. (2002) は，通常の文（ノーマル条件），疑似語を使用して語彙情報のみ取り除いた文（統語条件），そして統語情報，語彙情報を取り除き，プロソディの情報のみを残した文（プロソディ条件）を用いて，被験者に能動文か受動文かを判断させて，その際の脳の活動を fMRI で計測した．ノーマル条件とプロソディ条件を比較した結果，ノーマル条件では両側の上側頭葉領域ならびに左下前頭回に高い活動が認められた．一方，プロソディ情報のみで構成されているプロソディ条件では，右半球のローランド弁蓋部や側頭平面など，主に右半球の活動が見られた．

句構造違反に対する活動領域が左上側頭領域である可能性を先に述べたが，プロソディの処理が右半球で行われているのであれば，左右半球間での連絡が必要となる．Friederici et al. (2007) では，プロソディ情報から予想される構造と，実際に違反のある構造との食い違いが引き起こす情報結合の難しさを反映しているとする陰性の事象関連電位の発生を利用し，脳梁の前方または後方部位に損傷をもつ患者と健常者に，それぞれの関係性が正しい文と誤りのある文を聞かせた．その結果，健常者と前方脳梁損傷の群ではプロソディ違反に対しての陰性成分が確認されたが，後方脳梁損傷者の群では確認できなかった．Sammler et al. (2010) は同様の群に対して，逆に統語構造が後続するプロソディの情報を予想させる文とプロソディとは関係のない句構造違反の文に対して，文法性を判断させた．その結果，健常者と前方脳梁損傷の群ではプロソディ違反に対して陰性成分が確認されたが，後方脳梁損傷者の群には認められなかった．一方，プロソディ情報の処理とは関係のない統語違反については，3 群ともに統語処理を反映する早期陰性成分と陽性成分が認められた．これらの結果は，脳梁後方部分が，左半球の統語情報と右半球のプロソディの情報とを結び付けるのに非常に重要な役割を果たしていることを示唆している．

11.2 研究事例

11.2.1 研究事例1 「転位」の特性にかかわる神経活動
(1) 論文の概要

ここでは，Hagiwara *et al.* (2007) の論文を紹介しながら，事象関連電位を用いた実験における統計手法を紹介する．Hagiwara らは，日本語における「転位」の特性にかかわる神経活動を，事象関連電位により検討した．「転位」とは，文において，語句が本来の位置とは異なる位置へ移動する，人間言語に固有といわれている現象である．刺激文には，基本語順の文に加えて，中距離かき混ぜ文と長距離かき混ぜ文を用いた．刺激は1文節ごとに400ミリ秒間モニターに提示され（刺激間時間間隔：500ミリ秒），被験者は各文ごとに内容正誤判断課題を行った．以下に刺激文の例を挙げる．

副詞句	NP1	NP2	NP3	VP1	VP2
基本語順 (canonical condition: CC)					
会見で	社長は	秘書が	弁護士を	探していると	言った
中距離かき混ぜ文 (middle-scrambled condition: MSC)					
会見で	社長は	弁護士を$_i$	秘書が	t_i 探していると	言った
長距離かき混ぜ文 (long-scrambled condition: LSC)					
会見で	弁護士を$_i$	社長は	秘書が	t_i 探していると	言った

脳波解析において，解析対象潜時は NP1 を切り出しとして NP3 までの文節を対象とする場合には 2900 ミリ秒，各文節の解析では 1100 ミリ秒としている．基線はともにターゲットとなる文節の直前 200 ミリ秒区間を使用し，解析には，内容正誤判断課題において正しいレスポンスがあったもののみを使用している．これは被験者の課題に対する注意，または課題の難易度などの妥当性を示すうえでも重要である．また，本研究では，かき混ぜ条件の効果を検討するため，基本語順をベースラインとして，その差分により効果を検討している．解析に用いるデータは電極を関心領域 (region of interest, ROI) に分けたものを使用している（図 11.5）が，これは頭皮上分布の検定を行ううえでよく用いられる方法である．

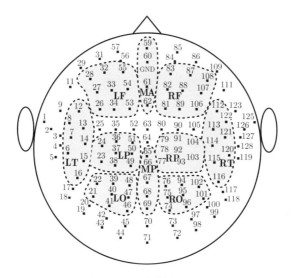

図 11.5 関心領域 (ROI)

(2) 統計解析と結果

事象関連電位研究では,反復測定を用いた実験計画を使用し,被験者内要因を含む**分散分析**(**analysis of variance: ANOVA**;第 15 章,第 16 章参照)を行うことが多い.なぜならば,複数の記録電極から得られているデータは同一被験者からのものであり,脳波は個人差が大きいため,実験条件に対して実験群と統制群という分け方をせずに,1 人の被験者からすべての刺激条件のデータを得ることが多いためである.本研究においても,反復のある 3 要因の分散分析(文条件 [CC, MSC, LSC] ×左右半球 [left, right] ×領域 [frontal, temporal, parietal, occipital])と 2 要因の分散分析(文条件 [CC, MSC, LSC] ×前方性 [anterior, posterior])が行われている.文条件と領域の関係性に対して 2 種類の分散分析を行っている理由として,Hagiwara らは正中領域と外側領域での振幅を個別に検討することを目的としたためとしている.

反復測定を用いた分析においては,適切な補正をする必要がある (Picton *et al.* 2000).被験者内要因を含む分散分析の必要十分条件は,各水準間の「差」の分散が等しいこととされ,これを球面性の仮定という.脳波ではデータが得られ

る電極の位置により電極間の振幅の相関関係は異なると考えられるため，この条件を満たすことが難しいとされている．この条件を満たしていない状態で分散分析を行うと，実際には差がないにもかかわらず差があると判断してしまう「タイプIのエラー」の確率が高くなる．このことから，この条件が満たされない場合には，係数 ε（イプシロン）による自由度の補正を行う必要がある．これには，Greenhouse-Geisser と Huynh-Feldt の方法がよく使用される．また，球面性の仮定を必要としない**多変量分散分析 (multivariate analysis of variance: MANOVA)** を行うことも選択肢として挙げられるが，MANOVA は水準数に対して十分に大きいサンプル数（被験者数）を必要とするため，多くの研究では自由度を調整した ANOVA を使用している．ここでは，Greenhouse-Geisser の ε を利用して自由度の調整を行っている．水準数が 2 の場合には，水準間の組み合わせが発生せず，常に球面性は成り立つことから，球面性の調整を行う必要はない．

反復測定を用いたデータの多重比較においても注意が必要である．多重比較では，検定の繰り返しによるタイプIのエラーの可能性を避けるために，ボンフェローニ法がよく用いられる．ボンフェローニ法では，有意水準 (α) を比較する検定の総数 (N) で割ることで有意水準を調整し，タイプIのエラー率を抑える．その反面，N の総数に影響を受け，本当は差があるにもかかわらず差がないとするタイプIIのエラーを引き起こす可能性が高くなる．このように，ボンフェローニ法は非常に保守的であるため，ボンフェローニを改良したものとして，p 値の大きさに従って N の値を調整するホルム (Holm) 法や，誤って棄却された帰無仮説（タイプIのエラー）の確率 (false discovery rate) により補正する方法なども行われている．Hagiwara らの研究では，文条件と頭皮上分布に交互作用が認められた場合には，対象領域における文条件に対してボンフェローニ法が採用されている．高密度電極での計測ではあるが，ROI を設定することでタイプIIエラーの確率を抑えているといえる．電位の頭皮上分布の解析には電位の大きさのばらつきを補正する必要があるとされているが，その妥当性においてはさまざまな議論がなされている．主な流れをまとめたものとして，入戸野 (2005) を参照されたい．

以上の解析の結果，まず，基本語順文 (CC) に比べて長距離かき混ぜ文 (LSC)

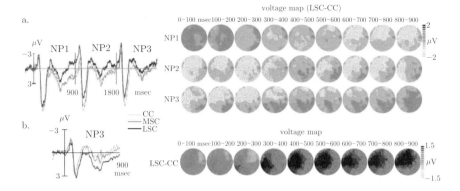

図 11.6 総加算平均波形と差波形の電位分布
Hagiwara *et al.* (2007) を改変.

では，NP1 と NP2 において**持続性前方陰性成分 (sustained anterior negativity)** が観察された（図 11.6a）．これは，長距離かき混ぜ文では補文の目的語である「弁護士を」が文頭に移動しており，文を理解する際には，「弁護士を」をワーキングメモリに保持しながら次々と入力される名詞句を分析するという文処理の負荷を反映しているとしている．

また，NP3 では，CC に比べて LSC では左半球前頭から側頭にかけて陽性成分 (P600) が観察された（図 11.6b）．日本語では動詞が文末に現れるので NP3 までは正しい意味役割の付与はできない．その代わりに格助詞の情報だけを頼りに複文の基本語順の構造を作り直し，文頭の「弁護士を」を構造上の元の位置に統合したものとし，NP3 で見られた P600 は構造の再構築と統合という文処理を反映しているとしている．

11.2.2 研究事例 2 　単語復唱課題時における脳の血流変化

(1) 論文の概要

研究事例 2 では，Sugiura *et al.* (2011) の研究から，NIRS を用いた脳機能イメージングにおける解析について見ていく．NIRS は頭皮上から近赤外光を投光し，大脳皮質で反射，拡散したのち，その一部が再度頭皮上で検出されることで，脳内の血液中のヘモグロビン濃度の変化を捉えることができる．これに

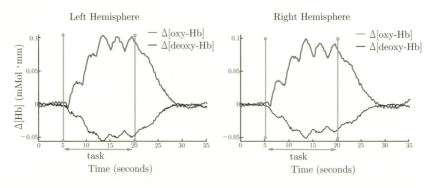

図 11.7 データ切り出し例

より,脳活動にともなう局所的な血流変化を可視化し,活動領域を特定する.Sugiura らは,6〜10 歳の小学生 484 名から,音声提示された母語(日本語)および外国語(英語)の単語復唱課題時における脳の血流変化を調べた.単語は高頻度語(例:日本語 [ひつよう],英語 [evening])と低頻度語(例:日本語 [あだばな],英語 [cajole])を使用している.解析にあたっては,利き手(右利き),測定時の体動,復唱の成功率(70%以上)など,実験条件の基準を満たした被験者のみを使用した(392 名).データの切り出しは,刺激提示前の 5 秒,15 秒の刺激提示,10 秒のリカバリ時間,そして刺激後に 5 秒置いている.解析時には刺激提示とリカバリの時間をあわせた 25 秒間と刺激前後の 5 秒間(合計 10 秒間)のベースラインとの比較によって,**酸素化ヘモグロビン ([oxy-Hb])** と**脱酸素化ヘモグロビン ([deoxy-Hb])** の変化量を検討した(図 11.7).

(2) 統計解析と結果

はじめに,刺激条件ごとにすべてのチャネル(左右半球の合計 44 チャネル)に対して t 検定を実施し,活動が見られたチャネルをもとに各半球に 6 つの関心領域を設け分散分析を実施した(図 11.8).多重比較の補正はすべてボンフェローニ法を使用している.それらの結果をもとに,まずは,SN 比 (signal/noise) が高く,大脳皮質の血流動態を最も高感度で示すとされている酸素化ヘモグロビンを測定指標とし,年齢要因の検討を行った.左右半球と単語頻度を被験者

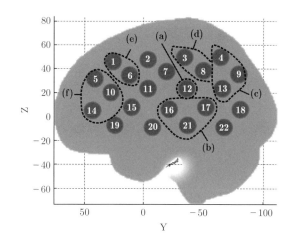

図 11.8 関心領域 (ROI)

内要因,年齢(8歳,9歳,10歳)を被験者間要因として,$2 \times 2 \times 3$の3要因混合計画の分散分析を各 ROI に対して実施した.研究事例1と同様,脳機能計測においては,信号の個人差によるデータの変動を必要最小限にすることを目的とし,刺激条件に関しては同一被験者がすべての条件を経験する被験者内要因である.3要因混合計画の分散分析では年齢による脳活動に有意差は見られなかったが,反復計測条件では低頻度語において,縁上回の活動が左半球より右半球で有意に高いことが示された.

年齢要因に関する解析では,回帰分析も行われている.回帰分析は相関分析と同様,2変量間の関係性を評価するものであるが,両分析は以下の点で異なる.相関分析では変数 X と変数 Y の両方向からの評価を行うことで,シンプルに2変数間の共変関係を検討し,X が増加するとき Y も増加する場合は正の相関が,逆に X が増加するとき Y が減少する場合は負の相関があるという.X と Y の変化に対応がない場合には無相関となる.一方,回帰分析は,2変数間の関係性に,影響を与える側(説明変数)と与えられる側(目的変数)という関係性を想定し,目的変数が説明変数によってどの程度説明できるかを定量的に分析するものである.原因と考えられる変数が1つの場合を単回帰分析,2つ以上の場合を重回帰分析と呼ぶ.Sugiura et al. (2011) では,年齢を説明変数とし

て酸素化ヘモグロビンを指標とした脳活動を検討したが，年齢との関係性は認められなかった．

次に，母語と外国語における復唱時の脳機能を検討するため，全被験者（392名）を用いて，反復のある3要因の分散分析をROIごとに行った（言語［日本語，英語］×頻度［高頻度，低頻度］×半球［右半球，左半球］）．ここでは，酸素化ヘモグロビンと脱酸素化ヘモグロビンの両信号について検討している．

得られた結果のうち代表的なものを図11.9に示す．音声処理にかかわる聴覚野では言語間（母語と外国語）や頻度条件間で脳活動に差がないのに対して，ウェルニッケ野周辺・角回・縁上回では，語彙知識の有無によらず母語（L1）処理時のほうが英語（L2）処理時より脳活動が有意に大きく，これらの脳領域が「言語音」の認知処理（音韻処理）の座であることを示唆している．また，音声-言語処理プロセスの初期段階にあたる聴覚野やウェルニッケ野近傍では，脳活動は左右半球で対称であったが，角回・縁上回・ブローカ野では言語刺激の種類によって皮質反応が異なり，高頻度語に対しては左半球の角回，低頻度語に対しては右半球の縁上回の活動が優位で，ブローカ野では右半球の活動が優位であった．一般に言語は左半球で処理されているといわれているが，言語の音韻処理には左右両半球が関与しており，新しい単語を学ぶときには右半球が重要な役割を担っている可能性が高いことが示された．また，言語の音声分析や

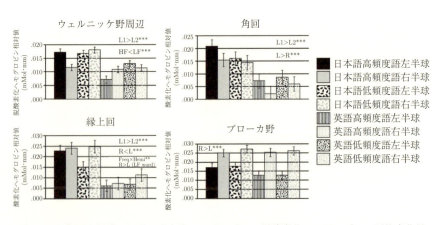

図 11.9　各関心領域における酸素化ヘモグロビン・脱酸素化ヘモグロビンの平均変化量

語彙習得が進むにともない，脳活動が右半球から左半球へ移行する可能性も示唆された．脳の解剖学的な違いなどが影響するため，NIRS では領域間の脳活動量の大小関係を直接比較することはできないが，関心領域ごとに統計解析によって実験条件間の脳活動を比較することで，有用な情報が得られる．

問題 11.1 大学生 30 名に文節ごとに提示した以下の文を読んでもらい，文処理における意味役割の処理に関する事象関連電位を検討した．

条件 1：正文「私は　昨日　パンを　食べた」
条件 2：非文 1「私は　昨日　水を　食べた」
条件 3：非文 2「私は　昨日　自由を　食べた」

潜時の切り出しは文末の動詞をオンセットとし，解析区間を動詞提示後 300～500 ミリ秒区間，解析対象電極を Cz 電極 1 点とした場合，どのような解析が可能か答えなさい（第 15 章要参照）．

問題 11.2 問題 11.1 と同じ課題を大学生と小学生，それぞれ 30 名ずつに行った．電極の ROI として Hagiwara *et al.* (2007) の MA，MP を使用した場合，どのような解析が可能か答えなさい（研究事例 1 ならびに研究事例 2 の原著論文を参照のこと）．

さらに学びたい人のために

[1] 村上郁也 編著：イラストレクチャー 認知神経科学，オーム社 (2010)，302 p
　　日本（世界？）で唯一，文科，理系両方の大学生を念頭に書かれた認知神経科学の教科書．第 6 章「言語」では，言語の神経基盤について本章よりもさらに詳しく解説している．
[2] Ｍ Ｆ ベアー，Ｂ Ｗ コノーズ，Ｍ Ａ パラディーソ 著，加藤宏司・後藤 薫・藤井 聡・山崎良彦 訳：神経科学—脳の探求，西村書店 (2007)，686 p
　　Neuroscience—Exploring the Brain の翻訳版．神経科学全般にわたり，わかりやすいカラーの図とともに解説がなされている．言語を含む高次脳機能に関する内容も充実している．
[3] Luck, S. J.: *An Introduction to the Event-related Potential Technique*. MIT press. (2014)，416 p
　　事象関連電位研究の入門書．事象関連電位の計測方法から統計を含む解析に至るまで，非常にわかりやすく説明されている．英語ではあるが書き方がシンプルで，事象関連電位研究で必要な語彙もあわせて獲得できる．
[4] 入戸野宏：心理生理学データの分散分析，生理心理学と精神生理学，**22**(3):275–290 (2004)
　　今回取り上げることのできなかった内容も含め，反復測定における分散分析を行う際の注意事項などが，統計解析の流れに沿った内容でまとめられている．参考文献をもとに原著論文を読むことでより理解を深めることもできる．
[5] 萩原裕子：言語発達，その神経基盤を中心に，児童心理学の進歩，**54**:251–274 (2015)

言語発達の神経基盤について，乳幼児から思春期に至るまでの過程を脳の発達という観点から概説している．言語発達の脳研究にまつわる諸問題，脳の発達と音声知覚，母語と外国語の語彙習得，脳活動に見られる性差，遅い母語獲得などを取り上げて，最新情報を初学者にもわかりやすく紹介している．

[6] Hagiwara, H Language acquisition and brain development: Cortical processing of a foreign language. In: Nakayama, M (ed), *Handbook of Japanese Psycholinguistics (HJLL9)*, 303–326. De Gruyter Mouton (2015), 648 p
日本人英語学習者の脳内処理について，文法獲得の感受性期，外国語の学習開始年齢や接触量と習熟度との関係，言語処理における左右半球の役割など，ホットなテーマを豊富なデータに基づいてわかりやすく解説している．

12 コーパス

　この章ではコーパスを使った言語研究の方法を解説する．コーパスとは言語の分析に用いられるテキストの集積であるが，その利用にあたっては個々のコーパスの設計などに注意すべきである．英語圏では 1960 年代以降研究が積み重ねられており，現在では多様なコーパスが利用可能になっている．日本語に関しては，国立国語研究所による「現代日本語書き言葉均衡コーパス」（2011 年完成）など，コーパスの開発と利用が近年急速に進みつつある．

　コーパスのごく基本的な使用例として，日本語表記の多様性がレジスターの違いとどのように関連しているかを，副詞「やはり」を例として見ていく．また，「卑下」という語を例に挙げて，検索結果の用例におけるこの語の意味の分析を試みる．

12.1　コーパスの歩き方

12.1.1　コーパスとは

　コーパス (corpus, *pl.* corpora) とは，言語の分析のために用いられるテキストの集積のことである．コーパスの最もわかりやすい利用方法は，与えられたコーパスをキーワードによって検索し，用例を抽出することであろう．その語の出現頻度やそれが生起する言語的な環境（前後に出現する語や文法形式との

共起関係など）や社会的な環境（書き手の社会的属性など）との関係からさらに検討し，他の語の検索結果とも比較しながら，当該の語の細かい語義や文法的な性質，特定の形式が生起しやすい環境などを明らかにすることになる．

コーパス言語学は急速に進歩しつつある分野であり，実際には利用方法も拡大してきている．文法・語彙・音韻など，おそらく言語学のすべての分野において利用可能であるし，実際に語用論，社会言語学，言語教育学，歴史言語学にも応用されている．またコーパスには，後述するように多種多様なものがある．本書では基本的な情報を中心に解説する．

公開されている既存のコーパスを手元のコンピュータに検索ソフトとともにインストールする，あるいはウェブ上の検索サイトにアクセスして検索ボックスにキーワードを入力し，「検索」ボタンを押せば，短時間でしかるべき検索結果が表示される．このような操作に予備知識はあまり必要ではない．しかし，コーパスを上手に利用するためには，知っておくべきことがある．

まず，コーパスを利用する際には，そのコーパスがどのようなテキストから構成されたものであるかを認識しておくことが，きわめて重要である．書籍からのデータが中心であるようなコーパスから口語的な表現を検索しようとしても，多くの用例を得ることはできない．さらに，コーパスの分析結果をもとに何らかの一般的な考察を行うにあたっては，コーパスを構成しているテキストの性質がもたらしている影響も考慮に入れる必要がある．

コーパスを構成するテキストの収集にあたって，コーパス作成者の何らかの意志が加わる．これを**コーパスの設計 (corpus design)** という．ここで，**代表性 (representativeness)** という概念が強調されることが多い．コーパスが当該言語の全体（ないしは特定の変種）を適切に代表していることが期待できるように，テキストの収集において一定の手続きを踏むのである．統計学における母集団の設定とそこからの標本抽出の問題である．

一般的には，コーパス作成者が想定する研究目的に合致するように母集団を設定し，そこから無作為抽出ないしは層化比例抽出によって選択することになる．母集団を適切に代表できるように綿密な設計のもとに構築された**均衡コーパス (balanced corpus)** が典型的なコーパスであるともいえる．

この考え方はわかりやすいが，すべてのコーパスがこのような考えで作成さ

れたわけではなく，常に適用できるとも限らない．無限の生産性をもつ言語の性質からして，代表性は一定の条件のもとでしか成り立たない．集めやすいテキストを優先してコーパスに含めるという考え方も，現実的な選択肢として無視はできない．

　自分が調べたいことを検索条件として適切に指定するためには，そのコーパスにおいて可能な検索条件，および具体的な指定の仕方について熟知しておくことが望ましい．単純に**文字列** (**string**) を検索するだけでなく，あるパターンに適合する文字列を簡潔に指定するために特別な意味をもった記号を使う，**正規表現** (**regular expression**) と呼ばれる表記法が検索ソフトに広く採用されており，これを知っていると検索の効率が上がることが多い．

　調べたいことを検索条件として適切に指定することができないと，検索結果に漏れがあることになってしまう．一方，検索結果に実際は調査目的に適合しない，ゴミのような用例が含まれてしまうことは避けられない．膨大な検索結果を目視で 1 つ 1 つ確認することもしばしば必要になる．

　最終的にコーパスの検索結果をどのように解釈するかは，人間である利用者が自らの責任で行うべきことである．そうでないと，コーパスに足をすくわれてしまう．たとえば，少数（極端には 1 件）だけ見付かった例について，その存在を重視するのか，例外的であることを強調するのか，それとも何らかの理由で考察からそもそも除外するのかは，さまざまな要因を考慮して総合的に判断することになる．

12.1.2　さまざまなコーパスとツール

　コーパスは英語圏で発達した．1964 年にアメリカのブラウン大学において開発された**ブラウンコーパス** (**Brown Corpus**) は 100 万語規模という現在から見れば小規模なものだったが，今でも古典的な価値をもっている．

　編集にコーパスを活用した *Collins COBUILD English Dictionary* (1987) の出現により，内省では気が付きにくい語義や用法の分析にコーパスが有用であることが広く認識されるようになった．その後コーパスはさらに大規模になっていき，1990 年代にはイギリス英語を中心に 1 億語規模の British National Corpus (BNC) が作られた．近年ではウェブのテキストデータを集めることにより，

Corpus of Contemporary American English (COCA, http://corpus.byu.edu/) などのように，数億語ないし 10 億語超といった，さらに大規模なコーパスも作られてきている．

ここで名前を挙げたコーパスは現代英語という一時期（実際の期間の幅はコーパスにより異なる）に限定した共時コーパスであるが，別の種類として，時代を追ってテキストを集めた通時コーパスもある．書き言葉コーパスと話し言葉コーパスなどの違いもある．科学技術や法律などの特定の専門分野に特化したコーパス，さらに第二言語学習者や幼児の言語など特定の言語変種を対象にしたコーパスも作られた．

音声や映像と連動したマルチモーダルコーパスといった種類のコーパスもある．大部分のコーパスは英語をはじめ特定の単一言語のテキストを集めたものだが，二言語の平行した（あるいは類似した）テキストを集めた平行コーパス (parallel corpus) もある．

例外もあるが，多くのコーパスは関心のある研究者が一定の手続きを経ることで容易に利用できるようになっている．適切な既存のコーパスが得られない場合には，利用者が自分でテキストを調達したうえで，調整してコーパスを作成することになる．この場合，著作権やプライバシーについて適正な処理をしなければ公開することはできず，内部的な利用に留めることになる．

初期のコーパスは，テキストデータそのものが中心であり，タイトル，著者名，行番号など言語外的な注記のみがついていた．後には，より深い言語分析を行えるようにするために，形態素解析を施してコーパスの 1 語ごとに品詞情報など（文法タグ）をつけたコーパスが現れる．**アノテーション (annotation)** が施された，タグ付きコーパスである．さらに進んで，係り受けといった統語解析情報や意味情報など，より抽象度の高い情報を付加する試みも進められた．形態素解析の技術はかなり進んできており，実用に耐えるレベルに至っている．一方，統語解析情報や意味情報の付与については，今後の発展に期待すべき部分も大きい．

コーパスの利用には大まかにいって，コーパスを入手して手元のコンピュータで検索する方法と，ウェブ上のサイト（検索インタフェース）にアクセスしてオンラインで検索する方法とがある．超大規模コーパスではコストや著作権

処理の関係で後者が一般的である．

コーパスから語などを検索し，結果を見やすく表示するためによく用いられるソフトウェアのうち，最も基本的な種類は**コンコーダンサー (concordancer)** と呼ばれるものである．対象のコーパスを指定して検索語といくつかの条件を入力すると，検索結果は行ごとに検索語が中央に配列され，前後の文脈もつけられている．**KWIC コンコーダンス (KWIC concordance**, KWIC は Keyword in Context の略．単に「コンコーダンス」とも) という形式で表示される．オンラインの検索サイトでも，結果は概ねこの形式で表示される．

多くのソフトウェアでは，この機能に加えて，さまざまな条件で**並べ替え (sorting)** したり，**共起関係 (co-occurence)** を統計的に示したり，特徴的な**連語関係 (collocation)** を抽出したりするための機能を備えている．英語用のコンコーダンサーとしては，wordsmith (http://www.lexically.net/wordsmith/) や antconc (http://www.antlab.sci.waseda.ac.jp/software.html) が知られている．

12.1.3　日本語のコーパス

上で述べたことは，一般的には日本語にもあてはまるはずである．しかし，英語には以前から多種多様なコーパスが存在しているのに対して，日本語の場合はそのような状況ではなかった．ブラウンコーパスや BNC に匹敵するような，公開された均衡コーパスがなかったのである．

それを補うために，CD-ROM の形で市販されている文学作品や新聞記事データ，あるいは青空文庫 (http://www.aorora.gr.jp/) で電子化された，著作権の切れたテキストなどを利用することが，入手の便宜の理由から一般的であった．日本語に対応したツールも選択の余地が少なかった．日本語用のコンコーダンサーは皆無ではなかったものの，広く使われるには至らなかった．なお，上述の antconc も日本語にも一応は対応している．

この事情が大きく変わったのは最近のことである．国立国語研究所は，明治後期〜大正期の総合雑誌『太陽』（平凡社）からとった「太陽コーパス」(2005 年公開) と，学会講演や模擬講演などを集めた「日本語話し言葉コーパス」（通信総合研究所，東京工業大学と共同開発，2006 年公開）を作成した．これらはそれぞれの用途にとっては利用価値があるものの，一般的な日本語研究の必要

を満たすものとは必ずしも言いがたいものだった.

　国立国語研究所はさらにコーパス研究のための基盤整備を進め, 2011 年に「**現代日本語書き言葉均衡コーパス**」(**BCCWJ**) を完成させた. これは, 新聞, 雑誌, 書籍などから発行形態や内容ごとに層別し, 無作為にサンプルを抽出した約 6500 万語と, 白書, 教科書, 国会会議録, ブログ, ネット掲示板, 法律などから集めた約 3500 万語の, 計約 1 億語から成るコーパスである (山崎, 2014). 形態素解析を施してあり, 文書構造や書誌情報に関しても情報を付与し, 公開するための適正な著作権処理も行われている. サブコーパスごとに言語的な性質も異なっているところがあるため, **レジスター (registar)** とも呼ぶ.

　これは, 部分的には現代日本語 (期間はサブコーパスにより幅の違いがある) を適正に代表することを意図したコーパスになっており, 日本語の研究において画期的な意味をもつ. 後述のようにデータは公開されており, インターネットを通して検索することも可能である. これにより, 現代日本語 (の少なくともある部分) について, 定量的な調査ができるようになった. データが公開されたことで, 第三者が研究結果を検証ないし再現しやすくなったことの意義も大きい. 今後, 日本語研究, 日本語教育, 言語政策, 辞書編纂だけでなく, 情報処理や心理学などの分野に大きく貢献することが期待されている.

　BCCWJ の利用方法には, ウェブ上の検索インタフェースとして, 誰でも自由にアクセスできる「少納言」と, あらかじめ申請して利用契約を結ぶことが必要な「中納言」の 2 通り, および利用契約に基づき利用料金を支払う DVD 利用の計 3 通りがある. 少納言は簡便に利用することができるが, 検索方法が限定されていて, 指定できるのは 10 文字以下の単純な文字列である.

　中納言では, 検索において形態素解析の情報を利用することができ, 前後の文脈についてもかなり詳細に指定できる. 語に相当する単位として, 長単位と短単位という 2 種類の単位が設定されている. また検索結果をダウンロードして, さらに手元で加工することもできる.

　DVD には検索のソフトウェアが付属していないため, 別途調達する必要があるが, 技術を備えた人にとっては, 思うままにデータを検索することが可能になる.

　「**ひまわり**」は, 国立国語研究所が「言語データベースとソフトウェア」

(http://www2.ninjal.ac.jp/lrc/) で配布している日本語用のコンコーダンサーである．「近代女性雑誌コーパス」「太陽コーパス」「日本語話し言葉コーパス」に対応しているほか，ひまわり用の「Wikipedia」パッケージ，「青空文庫」パッケージ，「国会会議録」パッケージなども公開されている．任意のテキストを分析用に取り込む機能も備えられた．

　国立国語研究所は引き続き歴史コーパスの構築を進め，逐次的に部分公開を始めている．また，ウェブのテキストを利用する超大規模コーパスの作成も計画されている．国立国語研究所におけるコーパス開発と前後して，それ以外の機関や研究者においても日本語コーパス作成に向けた動きが顕著に見られるようになってきた．日本語についても次第に多様なコーパスが利用可能になりつつあるといえる．

　なお，どのコーパスを利用するにあたっても，日本語の事情により特に注意すべきことがある．日本語の書記法は拘束力が弱く，同一の語に対する表記のゆれが他の言語に比して著しく大きいからである．コーパスの側で対処していればよいが，そうでなければ利用者が注意する必要がある．送り仮名のゆれや漢字表記するか仮名に開くかの違い，外来語の音引きの有無や「バ」と「ヴァ」のゆれなど，許容されている表記のゆれが存在する．ほかに，和語を意図的に片仮名表記するような，正書法からの逸脱も現実には見られる．

12.2　コーパスの使用例

12.2.1　「やはり」

　副詞「やはり」には「やっぱり」といった音韻的な変異形があり，「矢張り」のような表記上のバリエーションも見られ，次のような違いがあるとされる．

> 「やはり」は標準的な表現で，公式の発言中心に用いられる．「やっぱり」「やっぱし」「やっぱ」の順にくだけた表現となる．特に「やっぱし」「やっぱ」は若い人中心に用いられる．
> 　　　　　　　　　　　　　　　　　　　　　　　　　　　　（飛田・浅田，1994）

　これらの出現は，レジスター（サブコーパス）の違いと関係があると予想されるが，実際にはどうであろうか．
　BCCWJ では形態素解析が施されているため，中納言の検索ではこの種のバ

リエーションや動詞の活用形などを語彙素とし，一括で扱えるようになっている．そこで，語彙素「矢張り」で検索すると，総計 32887 件の用例を得ることができる．書字出現形として 17 通りに及ぶ．

ただし，「やっぱり」のうちの 1 例は実際には「やっぱりー」であり，「やっぱ」の用例とされている「化粧品会社の広告は，やっぱりこうでなくっちゃね」などは誤解析の結果である．形態素解析は概ねうまくいっているものの，あまり標準的でない語形については，特に少数の誤解析例が含まれてしまうことが避けられない．

ここでは，大まかな傾向を見るためには差し支えないものとして，便宜的に中納言の検索結果をそのまま使うことにする．「矢張り」の書字出現形のレジスターごとの出現頻度を数え，その数値をクロス表にまとめたものが表 12.1 である．レジスターごとの総語数は異なるので，傾向を比較するために 1 万語あたりの頻度も示した．この分布からどのようなことがいえるだろうか．

この副詞は話者（書き手）の予想や期待を前提として，それに合致している状況で使われる．そのような語が「法律」で出現が皆無であることは容易に理解できる．「白書」と「広報誌」での 1 万語あたり出現頻度が低く，「新聞」もさほど高くないことも，多くは無署名で書かれ，特定の書き手の立場を出さないような文章であるからであろう．

1 万語あたりの出現頻度が最も高いのは「国会会議録」であるが，もともと国会の会議での発言であり，話者が自分の個人的な考えを聞き手にぶつける対話の場面が多いことを反映している．ネット文書（「知恵袋」「ブログ」）でも比較的多く現れているが，これらも個人的な性格の強い文章であることから，それほど意外ではない．

「白書」では「やはり」に，「広報誌」と「新聞」では「やはり」と「やっぱり」に限定されていることは，書き方のガイドラインの存在を推測させる．「国会会議録」でも表記は文字化の際に統一されているのだろう．なお，「教科書」での「矢張」の出現は，この語の書き方に言及するメタ言語的な文脈における使用である．

「やはり」と「やっぱり」がどのレジスターでも大部分を占めているが，書籍

表 12.1 語彙素「矢張り」の書字出現形のレジスター別分布

書字出現形	出版・書籍	出版・雑誌	出版・新聞	図書館・書籍	特定目的・白書	特定目的・教科書	特定目的・広報誌	特定目的・ベストセラー	特定目的・知恵袋	特定目的・ブログ	特定目的・韻文	特定目的・法律	特定目的・国会会議録	計
やっぱ	131	52	1	96	0	0	0	13	359	851	0	0	0	1503
やっぱし	4	2	0	31	0	0	0	7	13	38	0	0	1	96
やっぱり	1616	511	27	2354	0	42	19	362	2179	3136	9	0	1041	11296
やっぱー	11	0	0	11	0	0	0	0	0	0	1	0	0	23
やはり	3488	565	72	4789	37	41	34	751	2849	2116	7	0	5032	19781
やぱ	0	0	0	0	0	0	0	0	0	35	0	0	0	35
やぱり	0	0	0	1	0	0	0	0	0	0	0	0	0	1
ヤッパ	0	0	0	2	0	0	0	0	1	0	0	0	0	2
ヤッパリ	0	0	0	0	0	0	0	0	0	2	0	0	0	3
矢っ張	2	0	0	2	0	0	0	0	7	25	0	0	0	36
矢っ張り	1	0	0	0	0	0	0	0	0	0	0	0	0	1
矢っ張リ	3	0	0	2	0	0	0	0	0	0	0	0	0	5
矢ッ張り	0	0	0	1	0	0	0	0	0	0	0	0	0	1
矢張	2	0	0	3	0	0	0	2	0	0	0	0	0	5
矢ッ張り	2	0	0	0	0	1	0	1	0	0	0	0	0	4
矢張	0	0	0	0	0	0	0	0	0	0	1	0	0	2
矢張り	22	0	0	44	0	0	0	7	6	13	1	0	0	93
計	5282	1130	100	7336	37	84	53	1143	5414	6216	18	0	6074	32887
語数(万語)	2849	443	138	3011	488	93	400	371	1028	1027	23	100	510	10481
1万語あたり頻度	1.85	2.55	0.72	2.44	0.08	0.9	0.13	3.08	5.27	6.05	0.78	0	11.91	3.14

類(「出版・書籍」「図書館・書籍」「ベストセラー」)とネット文書では,それ以外の出現形も散見される.「知恵袋」と「ブログ」は似ているようだが,ブログのほうがよりバリエーションの幅が広い.特に「やぱ」は,わずかな誤解析例があるが,すべて「ブログ」で現れているのが特徴的である.「雑誌」では「やっぱ」の使用が目立つものの,それ以外の形はあまり多くない.「やっぱし」は総じて頻度があまり高くない.「やぱり」の1例は方言形であるようだ.

「やはり」と「やっぱり」を比べると,全体としては飛田・浅田(1994)が「標準的な表現」としていた「やはり」のほうが多い.特に違いが際立っているのは「国会会議録」で,「やっぱり」のくだけた性質が国会という改まった場では避けられるのであろう.書籍類でも「やはり」のほうが多い.「雑誌」と「知恵袋」では,「やはり」と「やっぱり」の差が少ない.「知恵袋」では書き手が読み手を意識していること,「雑誌」でも筆者が読者に直接語りかけるように書かれていることが多く,くだけた形が出やすいのだろうか.「教科書」ではほぼ拮抗していて,むしろ「やっぱり」のほうがわずかに多いのは意外である.実例に戻ってみると,主に会話のなかや,言葉づかいに言及するメタ言語的文脈に現れているようであった.

「ブログ」では顕著に「やっぱり」のほうが多く,ネット文書として近い性質をもつ「知恵袋」とこの点で同じとならないことは予想外の結果といえる.「ブログ」は特定の書き手が自由に書く場であるため,口語性の強い形がさらに好まれるのであろう.

12.2.2 「卑下」

国語辞典の多くは「卑下」の語義を「みずからをいやしめてへりくだること」のように解説している.いやしめる対象は自分自身であるとされていて,筆者の語感もこれに合致する.しかし,それに反する使用例,つまり「卑下」が他者をいやしめ,さげすむような文脈で使われている例に出会うこともある.この語は実際にはどのように使われているのだろうか.

BCCWJから「卑下」を検索してみよう.中納言の短単位検索でキーとして「書字形出現形が卑下」を指定し検索すると109例が得られる.その結果を後文脈で並べ替えたものが図12.1である.なお中納言では,さらに多くの種類の

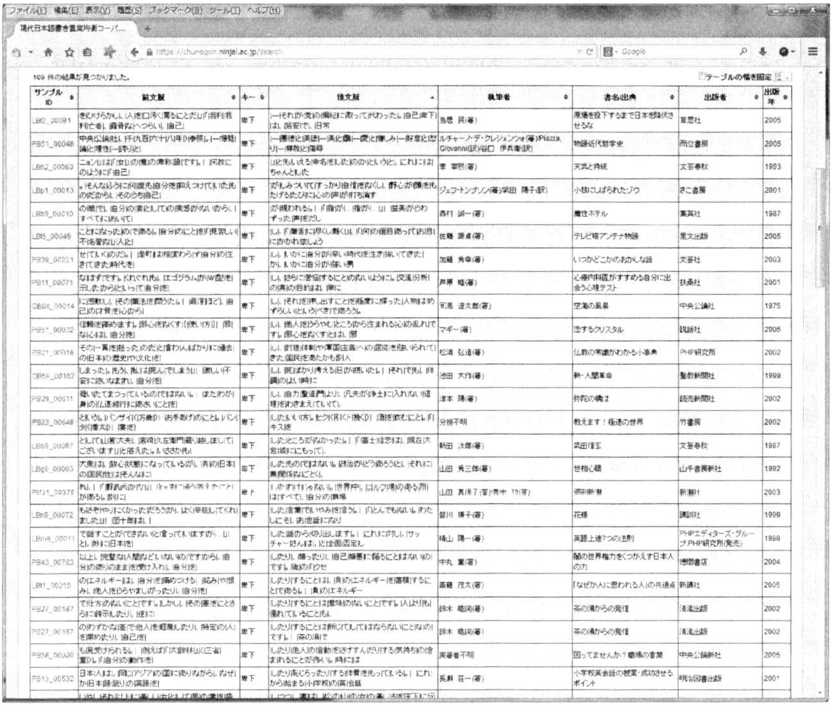

図 12.1 「中納言」で検索した「卑下」のコンコーダンス

形態論情報，コーパス情報，出典情報をコンコーダンス中にあわせて表示することが可能であるが，ここでは前文脈，キー，後文脈のほかには，執筆者，書名/出典，出版者，出版年のみを表示してある．

後文脈で並べ替えてあれば，「する」とその活用形がまとまって表示されることになり，動詞としての用例と名詞としての用例を容易に分けることができる．また前文脈で並べ替えすれば，先行する目的語などを観察しやすくなる．

得られた用例の多くは名詞「卑下」あるいはサ変動詞「卑下する」として用いられており，これらがここでの考察の中心になる．ただ，前もってそれ以外の例も見ておきたい．

合成語を構成している例があって，うち「卑下心」および「卑下慢」がそれぞれ1例ある．いずれも時代がかった文脈で使われており，特に後者は仏教用

語として固定した合成語らしい．結局,「卑下心」と「卑下慢」は,現代日本語を考察する際には対象から除外してよいであろう．「自己卑下（する）」が 11 例あるが,これはここでの考察のテーマに関係しているため,除外しない．「自国卑下」（1 例）も同様である．

孤立した例として「卑下なる」と「卑下た」がそれぞれ 1 例ある．「卑下なる」が現れた例文は明らかに現代語ではない．コーパス中の「卑下た」は「下卑た」の誤記と考えられる．結局,4 例を考察から除外することになった．

動詞としての用例を見ると,「卑下」に「する」の活用形が直接後続する例は 83 例（「自己卑下する」3 例を含む）と,全体の大部分を占めている．ほかに,「できる」が後続する 1 例,「なさる」が後続する 2 例がある．また,「ずいぶん,卑下なさるのね」という発言に対して「卑下？」とだけおうむ返しに問い返している用例（1 例）も,サ変動詞の語幹部分のみとして動詞に含めて考えておく．結局,動詞としての用例は 87 例である．

一方,「卑下」が名詞として使われているのは 18 例（「自己卑下」8 例,「自国卑下」1 例を含む）であり,「が,に,の,を」などの助詞が後続する．

名詞および動詞として使われた用例を,対象が自分かそうでないかに従って分類してみる．形式から明らかな場合もあるが,かなり長い文脈をたどってみないとわからない場合もあるので,細かい検討が必要である．判別しにくい例も見られ,人によって解釈が分かれる場合もあるだろう．

結果として,名詞として使われている用例（「自己卑下」を含む）ではすべて卑下の対象は自分にかかわるものであった．ただし,「自国卑下」となっている例では,「自国」という,自身を含む集団が対象となっている．

動詞の場合には,より多様な使い方が見られる．目的語が明示されていれば判断は比較的容易である．「自分を」の 23 例をはじめ,「自らを」「自分のことを」など,自分自身を示すヲ格名詞句をとっている例は 35 例あり,「を」をともなわないものの「なんで自分のことそんなに卑下するの？」もこれに含められる．「わが身の仏道修行に浅いことを」のようなより複雑な構造をもった目的語も含めて,自身の行為,属性などを対象としている例は 6 例である．「身内を」「故郷を」「日本語訛りの英語を」など自分を含む集団とその属性が対象になっていると判定できる例も 7 例あった．他者を対象としていると認められるもの

は 4 例，不明が 1 例である．

目的語が明示的に示されていない 33 例でも，「自己卑下する」の場合はもちろんとして，多くの例文で自分をいやしめている文脈で使われていることがわかる．一方，他者に対する使用例も 1 例見い出された．

「卑下」が明らかに他者を貶める文脈で使われている例は結局 6 例見い出された．うち 1 例を挙げよう．

　　［留置人が］「今は，看守と対等というところを超えて，卑下してかかってくる．」
　　　　　　　　　　　　　　　　　　（髙橋昌規『警察署長の憂鬱』，2001）

「卑下」は確かに多くの場合に自身を対象として用いられているものの，他者を対象に使われている例も存在することが実際に確認できた．

ところで，そもそも「卑下」の語義のなかに自身を対象にすることが含まれているならば，目的語「自分を」を添えること，また「自己卑下」という合成語を生じることは，かえって冗語的である．類義の「謙遜する」を見てみると，BCCWJ 中の語彙素検索では，「謙遜する」44 例のうち，目的語として「自分を」をとっている例は 1 例のみであり，ほかに「自分の書いたものを」が 1 例あるにすぎない．この点での振る舞いはかなり異なっているのである．

「卑下する」の対象として自分以外のものが現れることが新しい現象であるかは，即断はできない．ともあれ「自分を卑下する」が普通に使われることが，そのような使い方を発生させる契機なったと考えられるかもしれない．

問題 12.1　「現代日本語書き言葉均衡コーパス」のサイト (http://www.ninjal.ac.jp/corpus_center/bccwj/) にアクセスして，その概要への理解を深めなさい．そこから「少納言」の検索サイトにアクセスし，利用法と利用条件を読んだうえで任意の単語や語句を検索してみて，操作方法に慣れなさい．

問題 12.2　「少納言」で検索文字列として「高く買」を指定して検索しなさい．検索結果の用例を，文字どおりの意味とイディオムとに区分し，前文脈や後文脈などの条件との関連を考察してみなさい．なお，検索件数はそれほど多くないので，確定的な結論にならなくてよい．

さらに学びたい人のために

[1] 石川慎一郎：ベーシックコーパス言語学，ひつじ書房 (2012), 275 p
英語のコーパスについての経験が豊富で日本語のコーパスにも詳しい著者が，コーパス研究の全体像を解説し，語彙研究，語法研究，文法研究などへの応用を具体例を交えて解説する．

[2] 前川喜久雄 編：コーパス入門（講座日本語コーパス 1），朝倉書店 (2013), 182 p
BCCWJ の関係者らが執筆している概説書．「中納言」や「ひまわり」の使い方についても解説がある．講座は全 8 巻になる予定．

[3] T マケナリー，A ハーディー 著，石川慎一郎 訳：概説コーパス言語学——手法・理論・実践，ひつじ書房 (2014), 412 p
英語のコーパス研究の歴史を概観し，コーパスに関係するさまざまな理論的な立場について独自の視点から批判的に解説している．

[4] 李 在鎬・石川慎一郎・砂川有里子：日本語教育のためのコーパス調査入門，くろしお出版 (2012), 233 p
日本語教育の立場から BCCWJ の使い方を例示し，教材コーパスや学習者コーパスの構築と活用の仕方をわかりやすく解説している．

第 III 部

統計分析の手法に親しむ

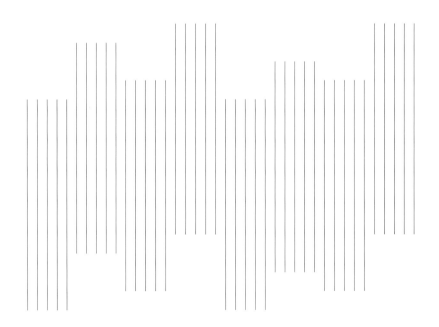

13

統計の考え方

　本章では，日常生活の至るところで見かける統計の基本的な考え方と統計的検定の流れについて，帰無仮説，有意水準，自由度，独立変数，従属変数をキーワードとして概説する．また，統計にまつわる用語を理解することで，本書をはじめ統計が使われている論文を読みとる力の向上を図る．最後に，統計で扱う変数の種類とその具体例について紹介する．

　人口の動向を把握する目的で日本に住んでいるすべての人と世帯を対象として5年ごとに行われる国勢調査（簡易調査）では**全数調査 (census)** を実施することもあるが，ほとんどの場合，そのようなデータ収集は不可能である．そこで，言語学をはじめとする多くの研究では，図 13.1 のように，**無作為抽出 (random sampling)** した標本データから得た分析結果をもとに**母集団 (population)** にまで一般化する**推測統計 (inferential statistics)** を採用している．推測統計は，**信頼区間 (confidence intervals)** 等を求める**統計的推定 (statistical estimation)** と，標本データを用いて誰もが納得できる客観的な一般化を導く**統計的検定 (statistical test)** に大別される．これに対して**記述統計 (descriptive statistics)** は，標本から集めた大量のデータ（平均値，標準偏差など）を見やすくわかりやすく表やグラフにし，そのデータがもつ特徴について記述する統

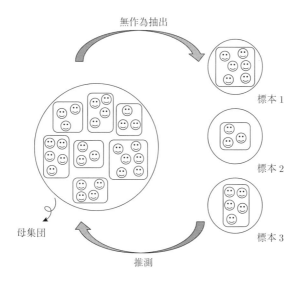

図 **13.1** 母集団と標本

計法である.

13.1 統計的検定の流れを理解する

A 大学の学生 35 名と B 大学の学生 40 名の 2 年生を対象に,英語能力を調べるためのテストを実施した.その結果,A 大学の学生の平均が 91 点,B 大学の学生の平均が 88 点で,A 大学のほうが B 大学より成績がよい結果となった.A 大学には帰国子女が多く在籍していることから,B 大学に比べ英語能力が高いことが予測されていた.テスト前の予測(仮説)と結果が一致したので,A 大学のほうの英語能力が高いと結論を下した.しかし,2 群間の成績の差(3 点)は単に偶然によるものかもしれないし,3 年生を対象に同じテストを行うと結果が変わる可能性もゼロではない.その 2 群の成績の差が仮説を支持できるほどの客観的(科学的)な差なのかどうかを検証する方法の 1 つに,**統計的検定** (**statistical test**) がある.統計的検定は図 13.2 のような流れで進められる.

13.1.1 帰無仮説を立てる

統計的検定では,まず目の前の差について自分の主張(差がある)とは反対の

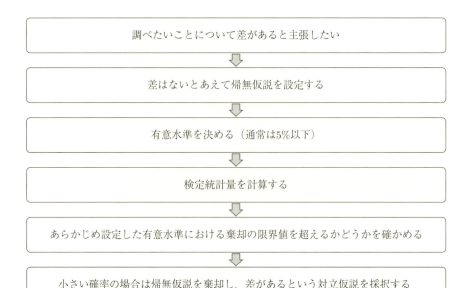

図 13.2 統計的検定の考え方

仮説を立てる．この最初に立てる仮説のことを**帰無仮説** (null hypothesis) と呼ぶ．たとえば，世の中をあっと驚かせるようなある新薬を開発した研究者が，その新薬の効能を確かめるために，2群の実験グループそれぞれに従来の薬と新しく開発した薬を投与したとしよう．このとき，新薬を開発した研究者は2群における薬の効能に明らかな差があることを証明したいわけで，その効能にほとんど差がない結果を予測（期待）することはまずないはずである．それにもかかわらず，統計的検定では，2群における薬の種類による病状の改善度合いには差がないという仮説（帰無仮説）を設定する．このように，まず，目の前の差（平均値の差，読み時間の差など）は偶然によるもの，たまたま起こったこと，あるいは嘘であるという仮説を立て，次に偶然（たまたま）とはいえないという反証を提示する．そうすることで，最初の仮説を覆し，最終的に「差がある」という結論に至る．これを**背理法** (proof by contradiction, reductio ad absurdum) と呼ぶ．また，この「差がある」という主張を，帰無仮説に対する**対立仮説** (alternative hypothesis) と呼ぶ．

13.1.2　有意水準を決める

どれくらいまで確率（p 値，**probability** の略記）が小さければ，統計的に有意差（意味のある差）があると主張できるかという基準を立てる．通常，1%か5%に設定される．統計的検定において**有意水準** (**significant level, α**) を 1%か5%に設定することは，100 回に 1 回，あるいは 100 回に 5 回は判断を誤る可能性（危険性）を残していることを意味する．このことから，有意水準を**危険率** (**critical rate**) と呼ぶこともある．また，統計学ではこの判断を誤る危険性を 2 種類のタイプに分けている．1 つは，実際には有意差（意味のある差）がないのにもかかわらず差があると誤った判断を下す危険性で，この種の誤りを**第 1 種の誤り** (**type I error, α**) と呼ぶ．もう 1 つは，本当は有意差（意味のある差）があるにもかかわらず差がないと誤った判断を下す危険性で，この種の誤りを**第 2 種の誤り** (**type II error, β**) と呼んで区別している．

13.1.3　検定統計量を計算する

Excel や SPSS，R などの統計ソフトを用いて，適切な検定法による**検定統計量** (**test statistics**) を計算する．たとえば，t 検定では t 値，分散分析では F 値という検定統計量を求める．本章では，統計量を求める計算法などの詳細については説明しないが，Excel や統計ソフトを使えば簡単に求めることができる．また，t 値は **t 分布** (**t-distribution**) に，F 値は **F 分布** (**F-distribution**) に従うことが知られている．この t 分布，F 分布はすべて，母集団が**正規分布** (**normal distribution**) であることを前提としている．正規分布とは，平均値を基準に富士山のような左右対称のきれいな山の形をしている分布のことを指す．100 人，200 人，無限大の人数のデータを集め，それをグラフにすれば，データの平均値を中心に左右対称のきれいな正規分布曲線が得られる．この正規分布曲線は，図 13.3 のように自由度によって変化するので，平均と標準偏差だけではなく自由度も求めなければならない．**自由度** (**degrees of freedom, df**) とは，ある変数において自由な値をとることのできるデータの数 (n) のことである．たとえば，3 つのクラスの数学テストの平均点が 90 点だった場合，クラス 1 の平均が 95 点，クラス 2 の平均が 85 点だということがわかっていれば，最後のクラス 3 の平均は自動的に決まる．クラス 3 の平均は 90 点である．しか

し，3つのクラスの平均点とクラス1の平均点だけがわかっていても，クラス2とクラス3の平均点を計算することはできない．したがって，この場合，自由な値をとることのできるデータの数は 3 – 1 (n–1) で，自由度は2となる．しかし，自由度は必ずしも n–1 になるわけではなく，たとえば，後述する独立した（対応のない）サンプルの t 検定を行う場合は，各群の合計から2を引いた (n–2) 値が自由度になる．

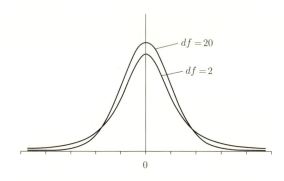

図 13.3 自由度により変化する t 分布曲線

正規分布に関連して，そのデータがどのような特徴をもっているかをわかりやすく説明するときに有効なパラメータとして**平均 (mean)** と**標準偏差 (SD, standard deviation)** が挙げられる．平均は合計を人数で割れば簡単に求められる．そして標準偏差は，個々のデータが平均からどれだけ離れて（バラついて）いるかを示す指標である．当然ながら，標準偏差の値が小さいほど平均からのバラつきが少なく，データを構成している参加者（被験者）の性質（能力）が同程度であることを示す．

13.1.4 統計量が有意水準より小さい確率か大きい確率かを確かめる

平均と標準偏差，自由度などで得られた値（t 値，F 値など）が，棄却域に入る値かどうかを確認する（図 13.4）．**棄却域 (critical region)** は，帰無仮説が棄却される領域のことを示す．これに対して，帰無仮説を棄却しない，つまり

採択する領域を**採択域 (acceptance region)** という．統計量の値が棄却域に入る値の場合は，最初に立てた帰無仮説を棄却し，差があるという対立仮説を採択する．逆に，採択域に入る値の場合は帰無仮説がそのまま採択され，有意差があるとはいえない（有意差なし）と結論を下す．

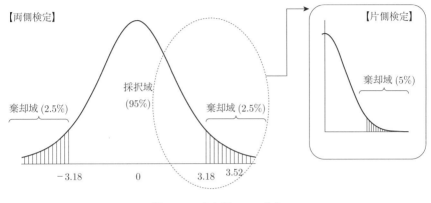

図 **13.4** 自由度 3 の t 分布

仮に，統計量を求めた結果，自由度 3 の t 値が 3.52 だったとしよう．表 13.1 の t 分布表で，有意水準が 5% で，自由度が 3 のときの限界値は 3.18 であることが確認できる．**限界値 (critical value)** は，選択した有意水準（5% または 1%）に対応する検定統計量の値のことを示す．実際に求めた t 値の 3.52 は，限界値の 3.18 より大きい値で，図 13.4 で見ると有意水準 5% の棄却域に入る．よって，帰無仮説は棄却される．同時に，対立仮説が採択され，5% 水準で〈有意差あり〉と最終判断を下す．

また，左右の棄却域の面積を足して確率を求める場合を**両側検定 (two-tailed test)** という．ほとんどの場合，両側検定が用いられるが，「新しく開発した携帯のほうが，従来品に比べ，その性能が優れていることを示したい」などのように，どちらかのみ（新しく開発した携帯の性能）に注目する場合は，**片側検定 (one-tailed test)** を用いることもある．言語研究に例えるなら，英語圏からの帰国子女が集まっている A クラスと日本で英語を学んだ学生が集まっている

表 13.1　t 分布表（限界値）

自由度(df)	有意水準（両側検定）	
	5%	1%
3	3.18	5.84
4	2.78	4.60
5	2.57	4.03
6	2.45	3.71

Bクラスを対象に，① どちらのクラスの英語力が優れているか（Aクラス $\neq$ Bクラス）に関心があるわけではなく，② AクラスがBクラスに比べどれほど英語力が優れているか（Aクラス ＞ Bクラス）のみに関心がある場合は片側検定が用いられる．しかし，言語研究においてどちらかのみに注目するような研究はまれなことで，そのほとんどの研究は両側検定によるものである．図 13.4 をよく見ると，採択域と棄却域を足すと全体の面積は 1(100%) となることがわかる．

13.1.5　最終的な判断を下す

統計量が有意水準より小さい確率か大きい確率かを確かめ，小さい確率の場合は帰無仮説を棄却し，差があるという対立仮説を採択する．論文には，「検定の結果，5%水準で有意であった ($p < .05$)」「検定の結果，1%水準で有意な差が認められた ($p < .01$)」などと報告する．逆に，統計量が有意水準より大きい確率の場合は，帰無仮説がそのまま採択される．論文には「検定の結果，有意な差は認められなかった ($p = .84, n.s.$)」などと報告すればよい（.84 と書いてあるところに，実際に得られた p 値を記入する）．「$n.s.$」は not significant の略記である．

13.2　変数（尺度）の種類

同じ英語テストでも，クラスや学年が変わると成績も変わることが予測（期待）される．このように，参加者や時期などにより変わるものを**変数** (variable) という．さらに，変数は因果関係の原因にあたる**独立変数** (independent variable) と，結果にあたる**従属変数** (dependent variable) に分けられる．たとえば，

「留学経験の有無によるテストスコアの差」といった場合，スコアの差をもたらす原因は留学経験の有無にあると考えられる．この場合，留学経験の有無が独立変数，テストの結果得られた具体的なスコアが従属変数となる．次に，変数をたくさん集めたものを**データ** (**data**) という．たとえば，「今日はうさぎ幼稚園に行って 31 名の園児の睡眠時間のデータをとってきてくれ」と頼まれたとしよう．このときの変数は睡眠時間で，7 時間，8 時間，10 時間などの 31 名の園児の実際の具体的な睡眠時間がデータである．

統計分析を行ううえで，この変数の性質をよく理解することがとても大切である．これは変数の性質により，使える分析手法が大きく変わるためである．変数は**質的変数** (**qualitative variable**) と**量的変数** (**quantitative variable**) の 2 つに大別される．文字どおり，質的変数は変数間の質的な違いに，量的変数は変数間の量的な違いに着目している．血液型や性別などは質的変数，テストの点数や温度などは量的変数の代表的な例である．さらに，質的・量的変数は，**比率尺度** (**ratio scale**)，**間隔尺度** (**interval scale**)，**順序尺度** (**ordinal scale**)，**名義尺度** (**nominal scale**) の 4 つの水準に分類される．また，名義と順序尺度を分析する際に使われる統計手法を**ノンパラメトリック** (**non-parametric**) 検定，比率と間隔尺度を分析する際に使われる統計手法を**パラメトリック** (**parametric**) 検定と呼んで区別している．その特徴を表 13.2 にまとめた．

図 13.5 のように，SPSS の「変数ビュー」のなかの「尺度」には，「スケール」「順序」「名義」の 3 つの尺度しか用意されてない．量的データの「比率尺度」と「間隔尺度」は「スケール」の名前で示されるので，SPSS を使うときには注意が必要である．

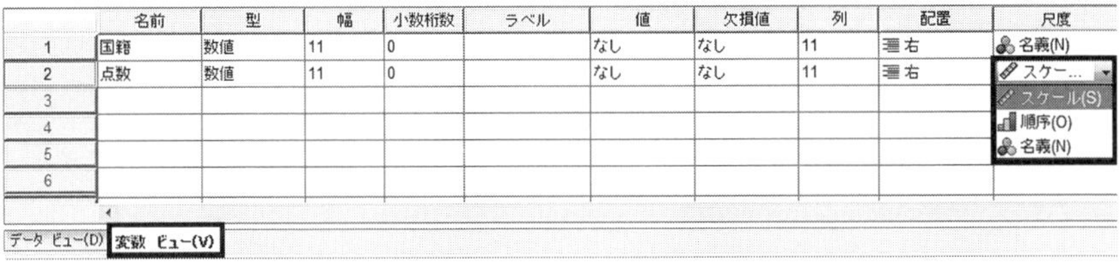

図 13.5　SPSS の変数ビューにおける尺度の種類

表 13.2　4つの尺度の特徴と具体例

変数	尺度名	特徴	具体例
量的変数	比率尺度	1cm, 2cm, 3cm, … は等間隔で, 0cm は長さがないことを意味する.	身長, 体重, 長さ, 給料, …
量的変数	間隔尺度	比率尺度と同様, 変数間の間隔は等しいが, 0℃は温度がない (0 ≠ 無) ことを意味するわけではない.	温度, 点数, …
質的変数	順序尺度	「1位の店」と「2位の店」と「3位の店」の間隔が等しいという保証はない. また, 0位は存在しない. (※) 順序尺度の場合, 変数を数学的に変換し, 量的変数として分析する研究も多く見られるので注意.	成績の順位やアンケートのリッカート・スケール (Likert scale), …
質的変数	名義尺度	血液型のA型とB型とO型の間隔が等しいとは考えにくい. また, 血液型に研究者側が任意につけた番号 (1, 2 など) に特別な意味はない.	好み (好き=1, 嫌い=2), 性別 (男性=1, 女性=2), 血液型, 県名, …

問題 13.1　次の文を読んで, それぞれの尺度に該当する表現 (数字) を選び, 空欄に記入しなさい. そのとき, その表現 (数字) がなぜその尺度になるかも説明しなさい.

体重が98kgもある田中君は, 今朝38°Cも高熱があったがテストのため, 誰よりも早く1番に試験会場に到着した.

比率尺度	表現	
	理由	
間隔尺度	表現	
	理由	
順序尺度	表現	
	理由	
名義尺度	表現	
	理由	

問題 13.2 コインを投げるとき，表と裏が出る確率は 1/2 である．コインが偏っているかどうかを検証したいときの帰無仮説は何か説明しなさい．

問題 13.3 有意水準を 5% に設定した場合，コインを投げて表が連続して何回出てくれば，「コインは偏っている」と結論を下すことができるか考えなさい．

問題 13.4 表 13.2 の 4 つの尺度の「具体例」以外の例を 3 つずつ挙げなさい．

14

2つの平均の比較（t検定）

　本章では，2つの平均の差が偶然によるものなのか否かを検証する t 検定について概説する．2つの平均が群間のものであれば「対応のない場合の t 検定」が，群内のものであれば「対応のある場合の t 検定」が用いられる．14.1 節では，日本語学習者の母語と日本語の類似性による日本語能力の差を例に，14.2 節では，学習期間による日本語能力の差を例に挙げて，Excel 2010 と SPSS によるデータの入力から結果報告までの一連の流れについて紹介する．

　2つの平均の差が偶然なのか，それとも統計的に意味のある差（有意差）なのかを検証する方法に **t 検定 (t-test)** がある．t 検定は，パラメトリック統計分析法の1つで，比率尺度と間隔尺度がその分析対象となるが，場合によっては順序尺度も間隔尺度と見なして t 検定を適用している．体重やテストの成績，反応時間などがその代表例に挙げられる．また，t 検定は2つの平均が被験者群間の平均なのか，被験者群内の平均なのかによって，**対応のない場合の t 検定**と**対応のある場合の t 検定**の2種類に分けられる．前者は異なる2群間のデータを比較することから被験者間分析，あるいは独立したサンプルの t 検定などと呼ぶ．この場合，各被験者がもつデータ（点数，体重など）の数は1つである．

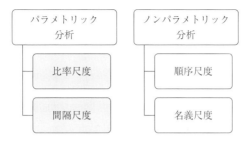

図 14.1　t 検定に用いられるデータの種類（比率尺度・間隔尺度）

それに対して，後者は調べたいことについて同じ被験者から2回データをとり，その差を検証するときなどに使われる分析法で，同一群内の変化を見ていることから被験者内分析と呼ぶ．どの分析法をとるべきか的確に判断することが大切である．

　前章でも説明したが，ここでもう一度統計的検定の手順について確認をしておこう．調べたいこと（研究目的）が決まったら，まず主張したいことと反対の帰無仮説を立てる．次に，検定統計量を計算して，選択した有意水準（通常は5％）に対応する値（限界値）より大きい場合は帰無仮説は棄却され，対立仮説が採択される．すなわち，各群間の平均値の差に有意差があるという結論に至る．逆に，小さい場合は帰無仮説が採択され，2群間の平均値には有意差があるとはいえないという結論を下す．

14.1　対応のない場合の t 検定

　A国とB国で日本語を専攻している大学2年生の「日本語能力試験」のテスト結果（成績）に差があるかどうかを検討したい．A国の言語は日本語と同じ基本語順（主語–目的語–動詞）をもち，主語と目的語の出現位置も比較的自由である．また，漢字も併用している．しかし，B国は漢字を使う言語ではあるが，日本語と違う語順をもっている．これらのことを総合的に考えて判断すると，A国の学生のほうがB国よりも日本語能力が高いことが予測（期待）される．

14.1.1 帰無仮説を立てる

2群の平均値の差は偶然(たまたま)によるもの,あるいは平均値に差がないというのが帰無仮説である.本当は,A国の日本語学習者の日本語能力がB国の日本語学習者の日本語能力に比べ高いことを主張したいわけだが,あえてA国とB国で日本語を専攻している大学2年生の日本語能力試験のテスト結果(成績)には差がないとする帰無仮説を立てる.

14.1.2 検定統計量を計算する

Excel 2010 による検証

(1) Excel に被験者の情報(学籍番号や被験者番号など)と点数を入力する.

表 14.1 被験者情報と日本語能力試験の点数(180点満点)

A 国の被験者	A 国(得点)	B 国の被験者	B 国(得点)
1	85	1	160
2	170	2	155
3	110	3	115
4	165	4	170
5	140	5	130
6	140	6	115
7	180	7	95
8	135	8	85
9	120	9	115
10	180	10	165
11	125	11	120
12	180	12	105
13	125	13	180
14	140	14	75
15	115	15	115
16	170	16	175
17	120	17	165
18	180	18	165
19	115	19	120
20	165	20	180
21	180	21	175
22	160	22	125
23	125	23	140
24	125	24	80
25	165	25	170
26	145	26	120

27	95	27	180
28	180	28	90
29	80	29	110
30	145	30	170
31	150	31	135
32	175	32	130
33	110		
34	170		
35	160		
36	105		

(2)「データ」のなかの「データ分析」を選ぶ.

図 14.2　データ分析

(3)「データ分析」が見あたらない場合は,「ファイル」→「オプション」→「アドイン」→「設定」に進み, アドインのなかの「分析ツール」にチェックを入れて OK をクリックする.

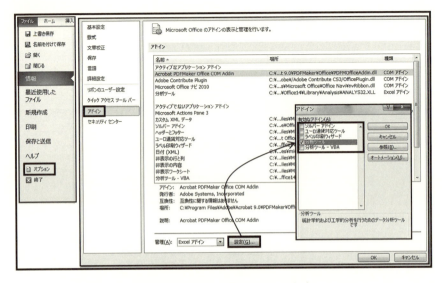

図 14.3 「データ分析」ツールの設定

(4) 「データ分析」のなかの「t 検定：等分散を仮定した2標本による検定」を選ぶ．

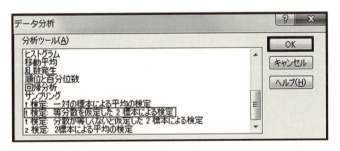

図 14.4 データ分析

(5) 「変数1の入力範囲」にA国（得点）のデータを，「変数2の入力範囲」にB国（得点）のデータを選択する．「ラベル」にチェックを入れると「A国（得点）」「B国（得点）」といった列のラベルも入力範囲にすることができる．α（有

意水準）は 0.05 (5%) のままにしておく．最後に結果の出力オプションを指定して OK をクリックする．

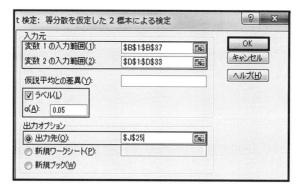

図 14.5 t 検定：等分散を仮定した 2 標本による検定

(6) 結果を確認する．

表 14.2 t 検定：等分散を仮定した 2 標本による検定の結果

	A 国（得点）	B 国（得点）
平均	142.5	135.3125
分散	879.285714	1077.31855
観測数	36	32
プールされた分散	972.301136	
仮説平均との差異	0	
自由度	66	
t	0.94874444	
P(T<=t)片側	0.17310586	
t 境界値 片側	1.66827051	
P(T<=t) 両側	0.34621171	
t 境界値 両側	1.99656442	

観測数は，参加者数を示す．そして，対応のない t 検定の自由度は，各グループの人数から 1 を引いて求められる．A 国が 36 名，B 国が 32 名なので，自由度は 66((36 − 1) + (32 − 1)) になる．P(T<=t) 両側の値が有意水準の 5%より大

きい値の 0.346 であることが確認できる．p（確率）の値が 5%以下の場合は帰無仮説が棄却されるが，今回の結果は約 35%だったため，帰無仮説は棄却できない．

SPSS による検証

(1) 分析に使うデータを「ファイル」→「開く」→「データ」の順にクリックして，SPSS に読み込む．

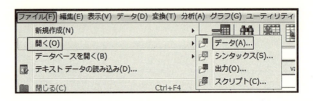

図 14.6　分析に使うデータを読み込む

(2)「Excel 2010 による検証」で使った入力形式のままでは分析ができないので，SPSS で分析できる入力形式に変更する（1=A 国，2=B 国）．

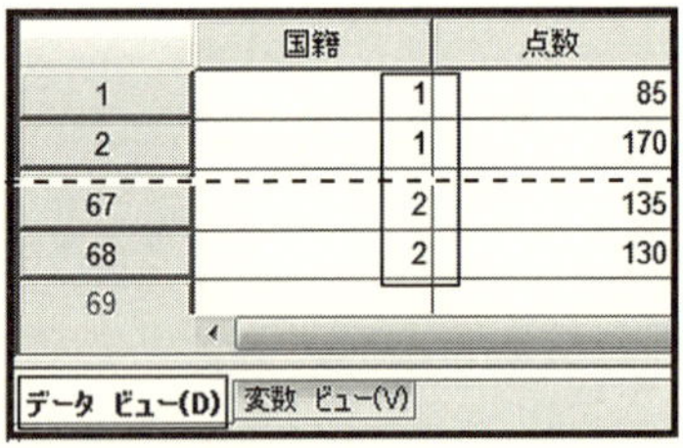

図 14.7　データ入力画面

(3)「変数ビュー」のところで国籍の値のセルをクリックして，値ラベルを指定する．

14.1 対応のない場合の t 検定 　227

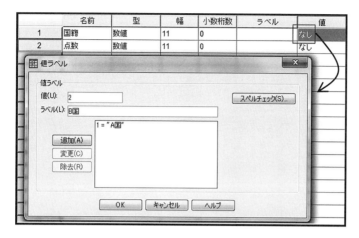

図 14.8 値ラベル（国籍）

(4) 同じ「変数ビュー」で尺度が「名義（国籍）」と「スケール（点数）」になっているかを確認する．

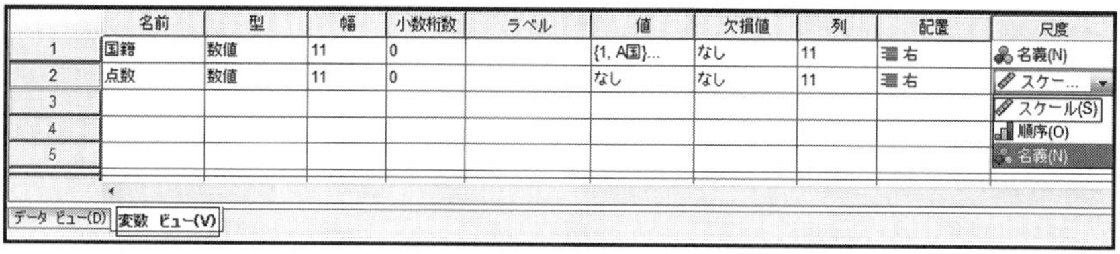

図 14.9 尺度の選択

(5) 「分析」→「平均の比較」のなかから，「独立したサンプルの t 検定」をクリックする．

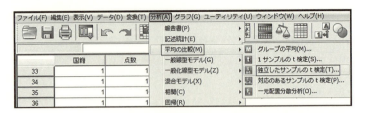

図 14.10 分析（独立サンプルの t 検定）

(6) 点数を「検定変数」に，国籍を「グループ化変数」に移動する．次に「グループ化変数」の「グループの定義」をクリックして，グループ1に1を，グループ2に2をそれぞれ入力する．1と2の値を入力するのは，あらかじめ国籍の値ラベルに1=A国, 2=B国を指定したためである．仮にA国を3, B国を4と指定した場合は，「グループ化変数」に3と4の値を入力すればいい．最後に「続行」をクリックする．

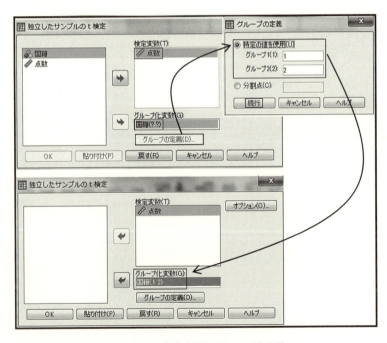

図 14.11 検定変数とグループ化変数

(7)「OK」をクリックして結果を確認する．

表 14.3　グループ統計量と独立サンプルの検定

【グループ統計表】

	国籍	N	平均値	標準偏差	平均値の標準誤差
点数	A国	36	142.50	29.653	4.942
	B国	32	135.31	32.823	5.802

【独立サンプルの検定】

		等分散性のためのLeveneの検定		2つの母平均の差の検定					差の95%信頼区間	
		F値	有意確率	t値	自由度	有意確率（両側）	平均値の差	差の標準誤差	下限	上限
点数	等分散を仮定する	.752	.389	.949	66	.346	7.188	7.576	−7.938	22.313
	等分散を仮定しない			.943	62.950	.349	7.188	7.622	−8.044	22.419

t 検定では 2 つのグループが同じような分散をもっていることを前提に分析が行われるので，まずは「**等分散性のための Levene の検定**」の結果を確認する必要がある．この検定の結果，F 値が有意であれば，2 つのグループの分散が等しいと仮定できなくなり，「等分散を仮定しない」のところの結果を報告しなければならない．今回は有意確率が.389 で有意ではないので，「等分散を仮定する」のところの結果を報告すればよい．

14.1.3　結果を報告する

A 国と B 国で日本語を専攻している大学 2 年生の日本語能力試験のテスト結果の差が統計的に有意な差なのかどうかを検討するために，t 検定による分析を行った．その結果，両国における日本語能力に有意な差はなかった ($t(66) = 0.95$, $p = .35$, $n.s.$)．この結果は，学習者の母語と日本語の語順の違い（あるいは類似性）が日本語学習に何らかの影響を与える積極的な要因であるかどうかについて，このデータからは判断できないことを示す．

表 14.4　A 国と B 国の大学 2 年生の日本語能力試験のテスト結果の比較

国籍	被験者数	日本語能力試験のテスト結果（180 点満点）	
		平均	標準偏差
A 国	36	142.5	29.65
B 国	32	135.3	32.82
t 検定の結果		$t(66) = .95, p = .35, n.s.$	

14.2　対応のある場合の t 検定

> 日本語を専攻している A クラスの学生の日本語能力の伸びを確認するため，学習開始から 6 ヶ月になるときと 12 ヶ月になるときに「確認テスト」を行った．6 ヶ月のときに比べ，12 ヶ月のときの日本語能力が伸びたといえるかどうかを検証したい．

14.2.1　帰無仮説を立てる

A クラスの学生の日本語力は半年後も 1 年後も変わらない．つまり，2 つの平均値の差は偶然（たまたま）によるもので，学習期間が日本語能力に影響を与えることはないとする帰無仮説を立てる．

14.2.2　検定統計量を計算する

Excel 2010 による検証

(1) Excel に分析したいデータを入力する．

表 14.5　分析するデータを入力する

被験者	6 ヶ月（得点）	12 ヶ月（得点）
1	140	175
2	95	175
3	140	90
4	100	130
5	145	160
6	135	180
7	120	145
8	115	170
9	105	170
10	85	105
11	110	100

12	150	90
13	135	90
14	125	175
15	110	140
16	100	155
17	110	155
18	165	85
19	115	115
20	140	125
21	160	150
22	80	115
23	125	170
24	125	110
25	95	130
26	100	165
27	110	130
28	145	135
29	180	130
30	115	175
31	140	90
32	80	90
33	160	175
34	90	140
35	90	155

(2)「データ」→「データ分析」を選ぶ.「データ分析」のなかで「t 検定：一対の標本による平均の検定」を選ぶ.

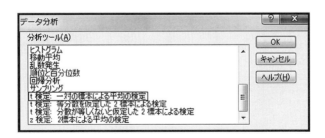

図 **14.12**　データ分析

(3) 「変数 1 の入力範囲」に 6 ヶ月（得点）のデータを，「変数 2 の入力範囲」に 12 ヶ月（得点）のデータを選択する．「ラベル」にチェックを入れると，「6 ヶ月（得点）」「12 ヶ月（得点）」といった列のラベルも入力範囲にすることができる．α（有意水準）は 0.05(5%) のままにしておく．最後に結果の出力オプションを指定して OK をクリックする．

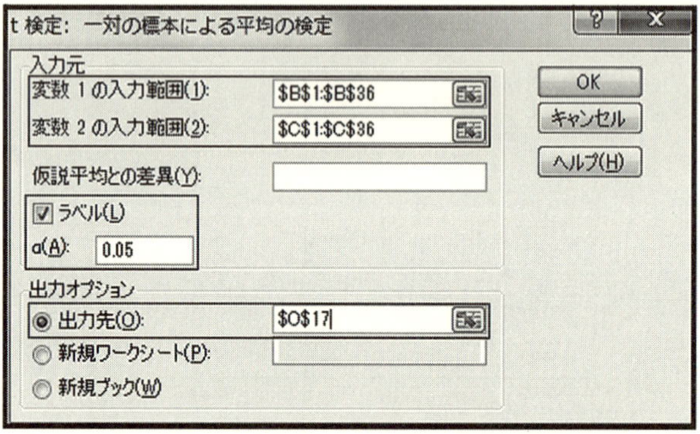

図 14.13　t 検定：一対の標本による平均の検定

(4) 結果を確認する．

表 14.6　結　果

t 検定：一対の標本による平均の検定ツール

	6 ヶ月（得点）	12 ヶ月（得点）
平均	121	136.85714
分散	660	972.18487
観測数	35	35
ピアソン相関	−0.059299	
仮説平均との差異	0	
自由度	34	
t	−2.257301	
P(T<=t) 片側	0.015263	
t 境界値 片側	1.6909243	
P(T<=t) 両側	0.030526	
t 境界値 両側	2.0322445	

対応のある場合の t 検定の自由度は，全参加者数から 1 を引いて求められる．A クラスの学生数は 35 名なので，自由度は 34 (35 – 1) になる．また，P(T<=t) 両側の値が有意水準の 5%より小さい値の 0.03 であることが確認できる．p（確率）の値が 5%以下であるため，帰無仮説は棄却される．

SPSS による検証

(1) SPSS を起動させ，分析するデータを読み込む．

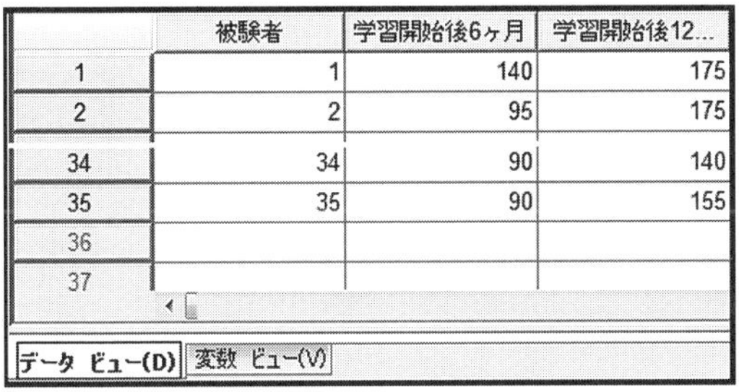

	被験者	学習開始後6ヶ月	学習開始後12...
1	1	140	175
2	2	95	175
34	34	90	140
35	35	90	155
36			
37			

図 **14.14**　分析に使うデータを読み込む

(2) 「変数ビュー」で，学習開始後 6 ヶ月と学習開始後 12 ヶ月のデータ（点数）の尺度が「スケール」になっているか確認する．

(3) 「分析」→「平均の比較」→「対応のあるサンプルの t 検定」を選ぶ．

(4) 「対応のある変数」のところに「学習開始後 6 ヶ月と学習開始後 12 ヶ月」を入れる．2 つの変数を同時に選ぶには，学習開始後 6 ヶ月をマウスでクリックし，キーボードの CTRL キーを押しながら学習開始後 12 ヶ月をクリックすればよい．

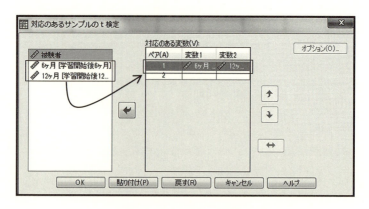

図 14.15 対応のある変数

(5) OK をクリックして結果を確認する.

表 14.7 対応サンプルの統計量と対応サンプルの検定

【対応サンプルの統計量】					
		平均値	N	標準偏差	平均値の標準誤差
ペア1	6ヶ月	121.00	35	25.690	4.342
	12ヶ月	136.86	35	31.180	5.270

【対応サンプルの検定】								
	対応サンプルの差							
			平均値の標準誤差	差の95%信頼区間				有意確率(両側)
	平均値	標準誤差		下限	上限	t値	自由度	
ペア1 6ヶ月・12ヶ月	-15.857	41.559	7.025	-30.133	-1.581	-2.257	34	.031

14.2.3 結果を報告する

Aクラスの学生の日本語能力の伸び具合を確認するため，学習開始から6ヶ月になるときと12ヶ月になるときの「確認テスト」の成績を用いて，対応のあるサンプルのt検定を行った．その結果，12ヶ月のときの成績が6ヶ月のとき

に比べ，有意に伸びていることが確認できた $(t(34) = -2.26, p < .05)$.

表 14.8 A クラスの学生のテスト結果の比較

学習期間	被験者数	日本語力テストの結果（180 点満点）	
		平均	標準偏差
6 ヶ月	35	121.0	25.69
12 ヶ月	35	136.9	31.18
成績の伸び具合		▲15.9*	
t 検定の結果		$t(34) = -2.26, p < .05$	

$(*p < .05)$

14.3 まとめ

本章では，平均値が 2 つある場合の分析法の t 検定について概説した．t 検定で扱うデータは点数や反応時間などの量的変数で，参加者のデータが 1 つだけの場合は「対応のない場合の t 検定」を，2 つの場合は「対応のある場合の t 検定」による統計分析が用いられる．

問題 14.1 C 大学と D 大学の英語力の差を確かめるため，2 年生を対象に英語テストを行った．全体の平均からすると C 大学のほうの点数が高いように見えるが，この平均値の違いは偶然によるものなのか，それとも意味のある差なのかを t 検定で確認しなさい（Excel で検証すること）．

C 大学の参加者	C 大学（得点）	D 大学の参加者	D 大学（得点）
1	95	1	80
2	90	2	85
3	85	3	80
4	90	4	85
5	90	5	80
6	85	6	90
平均	89.2	7	85
		平均	83.6

問題 14.2 短期留学プログラムで来日し，日本語を学んでいる留学生7名を対象に，学習開始から3ヶ月後の文法力がどのくらい伸びたかを調べるためのテストを実施した．その結果，学習開始時と3ヶ月後のテスト点数には11点の差があることがわかった．この差は偶然によるものなのか，また留学生7名は学習開始時より文法力が伸びたといえるかどうかを SPSS で検証しなさい．

留学生	学習開始時（得点）	3ヶ月後（得点）
1	80	100
2	85	95
3	50	80
4	45	100
5	70	70
6	85	70
7	85	60
平均	71	82

問題 14.3 検定統計量を計算した結果，自由度12のt値が2.35だった．有意水準を1%に設定した場合，有意な差があるといえるかどうかを以下のt分布表を参考に答えなさい．

自由度 (df)	有意水準（両側検定）	
	5%	1%
10	2.23	3.17
11	2.20	3.11
12	2.18	3.05
13	2.16	3.01

15

3つ以上の平均の比較（一元配置の分散分析）

　本章では，3つ以上の平均値を比較するための分散分析 (ANOVA) について概説する．特に，要因が1つだけの場合の1要因（一元配置）の分散分析における分析手続きと方法について説明する．15.1節では3つの国の日本語学習者の日本語力に差があるかないかを確かめるための被験者間の分散分析法について，15.2節では同じクラスの3回にわたるテスト結果に差があるかどうかを調べるための被験者内の分析分析について紹介する．

　前章では，平均値が2つある場合の差を比較するための t 検定について見てきた．3つ以上の平均値を比較する場合は，**分散分析 (ANOVA: analysis of variance)** と呼ばれる分析法が用いられる．分散分析も t 検定と同じくパラメトリック分析法の1つで，扱う変数は体重や温度，点数などの量的変数（間隔尺度，比率尺度）である．

　分散分析は，対応の有無により多様な名前で呼ばれている．対応がない場合（すべて違う被験者から得た3つ以上の平均値を比較するとき）は，**被験者間の分散分析，繰り返しのない分散分析**などと呼ぶ．対応がある場合（同じ被験者のデータを3回以上とってその平均値を比較するとき）は，**繰り返しのある分散分析，または被験者内の分散分析，反復測定による分散分析 (repeated measures**

ANOVA) と呼ぶ．

また，「対応の有無」に加え，**要因 (factor)** の数によってその呼び名が変わってくる．要因は，データに影響を与える原因になるものを指す言葉で，たとえば，英語の成績に影響を与えうる留学経験の有無や英語の学習時期などがこれに該当する．このような要因を**独立変数 (independent variable)** という．そして，要因の影響を受け変動するもの，たとえば，点数などを**従属変数 (dependent variable)** という．分散分析の対象になるのは，独立変数が質的変数，従属変数が量的変数の場合である．要因が1つだけの場合を**1要因の分散分析 (one-factor ANOVA)**，または**一元配置の分散分析 (one-way ANOVA)** と呼び，2つの場合を**2要因の分散分析**，または**二元配置の分散分析 (two-way ANOVA)** などと呼ぶこともある．混同することがないよう，表15.1を参考に一度頭の中で整理しておくとよい．一般に分散分析で分析可能なのは要因が3つの場合（三元配置）までで，4つ以上になるとその解釈がかなり複雑になるのでおすすめしない．本章ではまず，一元配置の分散分析について概説する．要因が2つの場合の分散分析については次の第16章で説明する．

表 15.1 「要因」と「対応の有無」による分散分析のさまざまな呼び方

要因数	対応の有無	分析の名前
1つ	あり	1要因（一元配置）の被験者内の分散分析 1要因（一元配置）の繰り返しのある分散分析 1要因（一元配置）の反復測定による分散分析・・・
	なし	1要因（一元配置）の被験者間の分散分析 1要因（一元配置）の繰り返しのない分散分析・・・

15.1 一元配置の繰り返しのない分散分析（被験者間の分散分析）

A国とB国，C国の「日本語能力試験」のテスト結果（成績）に差があるかどうかを検討したい．A国の言語は日本語と類似性が高いので，他の国に比べ成績が高いことが予測（期待）される．

まずは，要因について考えてみよう．今回は要因が1つで，水準が3つ（1要

因 3 水準) のデータで構成されている．日本語能力試験の点数に影響を与える「国籍（出身国）」が要因，つまり独立変数である．独立変数を構成している「A国，B国，C国」を水準 (level) と呼ぶ．

15.1.1 帰無仮説を立てる

「3ヵ国のテスト結果に差がある」と主張したいわけだが，「各国間のテスト結果（成績）に差がない」という帰無仮説を立てる．研究者が予測（期待）している結果（差がある）は対立仮説となる．

15.1.2 検定統計量を計算する

Excel 2010 による検証

(1) 分析したいデータを Excel に入力する．

表 15.2　A 国，B 国，C 国のテスト結果（180 点満点）

被験者	A 国（点数）	B 国（点数）	C 国（点数）
1	175	150	150
2	110	165	165
3	140	145	85
4	90	100	110
5	90	175	115
6	95	80	90
7	120	180	175
8	125	115	100
9	170	125	135
10	125	65	175
11	115	110	175
12	130	125	130
13	135	105	160
14	140	170	140
15	150	170	170
16	115	100	85
17	125	140	90
18	145	165	85
19	160	135	100
20	115	85	145
21	175	160	80
22	175	75	155

23	125	100	110
24	95	100	135
25	170	155	85
26	145	150	155
27	175	95	175
28	140	150	115
29	145	125	115
30	110	90	85
31	175		85
32	135		105
33	165		175
34			165

(2)「データ分析」のなかで「分散分析：一元配置」を選ぶ．

図 15.1　データ分析

(3)「入力範囲」に A 国, B 国, C 国のデータを選択する．「ラベル」にチェックを入れると「A 国（点数）」「B 国（点数）」「C 国（点数）」といった列のラベルも入力範囲にすることができる．α（有意水準）は 0.05 (5%) のままにしておく．最後に結果の出力オプションを指定して OK をクリックする．

15.1 一元配置の繰り返しのない分散分析（被験者間の分散分析） 241

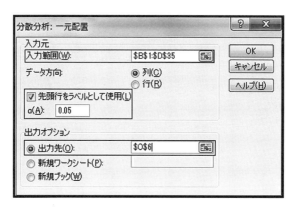

図 15.2　分散分析：一元配置

(4) 結果を確認する．

表 15.3　分散分析：一元配置の検定結果

【分散分析：一元配置】

グループ	標本数	合計	平均	分散
A 国（点数）	33	4500	136.364	714.489
B 国（点数）	30	3805	126.8334	1119.799
C 国（点数）	34	4320	127.059	1168.360

【分散分析表】

変動要因	変動	自由度	分散	観測された分散比	P 値	F 境界値
グループ間	1928.995	2	964.497	0.966	0.385	3.093
グループ内	93893.685	94	998.868			
合計	95822.680	96				

　標本数は，各国における参加者数を示す．また，分散分析表で確認できるように，自由度は2つある．1つは，グループ間の自由度で，もう1つはグループ内の自由度である．前者はグループの数から1を引くことで，後者は各グループの参加者数から1を引くことで求められる．今回の場合は，グループ間の自由度が 2 (3 − 1) で，グループ内の自由度は 94 ((33 − 1) + (30 − 1) + (34 − 1))

である. p 値は 0.39 で有意水準の 5%より大きい値なので,帰無仮説は棄却できない. 次に,F 境界値と観測された分散比のところを見ると,F 境界値より観測された分散比の値が小さいのでやはり帰無仮説は棄却できない. F 境界値の 3.09 は,有意水準 5%のときの自由度 1 と自由度 2 が,それぞれ 2 と 94 のときの限界値(境界値,臨界値)を示す.

表 15.4 分散分析における F の限界値(両側検定;有意水準 5%)

自由度($df1$)	F分布表(両側検定)	
自由度($df2$)	1	2
80	3.96	3.11
94	3.94	3.09
120	3.92	3.07

実際に観測された分散比(F 値)が 0.97 なので,限界値の 3.09 より小さく,帰無仮説の採択域に入る. したがって,帰無仮説は棄却できない.

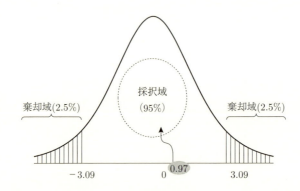

図 15.3 自由度が 2 と 94 の場合の帰無仮説の採択域と棄却域

SPSS による検証

(1) Excel 2010 による検証で使った入力形式のままでは分析ができないので,SPSS で分析できる入力形式に変更する(1=A 国,2=B 国,3=C 国).

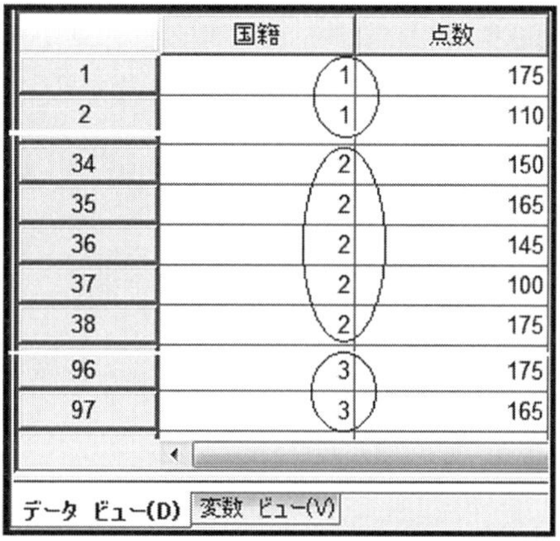

	国籍	点数
1	1	175
2	1	110
34	2	150
35	2	165
36	2	145
37	2	100
38	2	175
96	3	175
97	3	165

図 **15.4**　データ入力画面

(2)「変数ビュー」のところで国籍の値のセルをクリックして，値ラベルを指定する（1=A 国，2=B 国，3=C 国）.

(3)「変数ビュー」で尺度が「名義（国籍）」と「スケール（点数）」になっているかを確認する.

(4)「分析」→「平均の比較」のなかから「一元配置分散分析」をクリックする.

(5) 点数を「従属変数リスト」に，国籍を「因子」に移動する.「その後の検定」のなかの「Tukey」にチェックを入れ，「続行」をクリックする.

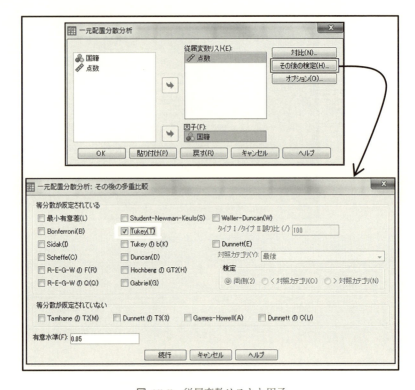

図 15.5 従属変数リストと因子

多重比較の1つの「Tukey（テューキー）」法は，各水準の母集団が正規分布に従うなどの条件が満たされている必要があり，すべての2群間の比較群における有意差検定を行ってくれる．比較数が多くなると差が出にくい検定法といわれている（原田・松田，2013, pp.171-185）．

(6)「オプション」のなかの「記述統計量」と「等分散性の検定」にチェックを入れて，「続行」→「OK」をクリックする．

15.1 一元配置の繰り返しのない分散分析（被験者間の分散分析） 245

図 15.6　一元配置分散分析：オプション

(7) 結果を確認する．

表 15.5　結果：記述統計

点数								
					平均値の 95%信頼区間			
	度数	平均値	標準偏差	標準誤差	下限	上限	最小値	最大値
A 国	33	136.36	26.730	4.653	126.89	145.84	90	175
B 国	30	126.83	33.463	6.110	114.34	139.33	65	180
C 国	34	127.06	34.181	5.862	115.13	138.99	80	175
合計	97	130.15	31.594	3.208	123.79	136.52	65	180

　各国の度数（参加者数）と平均値，標準偏差などの基本統計量の情報が確認できる．

表 15.6　結果：等分散性の検定

点数			
Levene統計量	自由席1	自由席2	有意確率
3.078	2	94	.051

有意差がない（有意確率が.05以上）場合は，等分散性があると考えられる．今回はぎりぎりの.051 なので，分散が等しいデータだと仮定できる．

表 15.7　結果：分散分析

点数					
	平方和	自由度	平均平方	F 値	有意確率
グループ間	1928.995	2	964.498	.966	.385
グループ内	93893.685	94	998.869		
合計	95822.680	96			

有意確率が.385 なので，3ヵ国における日本語能力には差がないという帰無仮説が採択される ($F(2, 94) = 0.97, p = .39, n.s.$).

表 15.8　結果：多重比較

点数 Tukey HSD						
(I)国籍	(J)国籍	平均値の差 (I−J)	標準誤差	有意確率	95%信頼区間	
					下限	上限
A国	B国	9.530	7.973	.459	−9.46	28.52
	C国	9.305	7.723	.453	−9.09	27.70
B国	A国	−9.530	7.973	.459	−28.52	9.46
	C国	−.225	7.917	1.000	−19.08	18.63
C国	A国	−9.305	7.723	.453	−27.70	9.09
	B国	.225	7.917	1.000	−18.63	19.08

分散分析の結果，有意差がなかったので多重比較を行う意味がなくなる．結果を報告するときは無視してもよい．

15.1.3 結果を報告する

A 国と B 国, C 国の日本語能力試験のテスト結果（点数）に差があるかどうかを検討するために，一元配置の分散分析による検定を行った．その結果，A 国の学生のほうが他の 2 つの国の学生に比べ平均値が高かったものの，3 ヵ国間の日本語能力には統計的に意味のある差がないことが明らかになった ($F(2, 94) = 0.97$, $p = .39$, $n.s.$)．この結果は，学習者の母語と日本語の言語的な類似性の有無が，日本語能力の向上に影響を与える積極的な要因かどうか断定できないことを示唆するものである．

表 15.9 A 国, B 国, C 国の日本語能力試験のテスト結果の比較

国名	被験者数	日本語能力試験のテスト結果（180 点満点）	
		平均	標準偏差
A 国	33	136.4	26.7
B 国	30	126.8	33.5
C 国	34	127.1	34.2
F 検定の結果		$F(2, 94) = 0.97$, $p = .39$, $n.s.$	

15.2 一元配置の繰り返しのある分散分析（被験者内の分散分析，反復測定による分散分析）

> 日本語を専攻している C クラスの学生の日本語能力の伸びを確認するため，半年ごとに 3 回テストを行った．1 回目のテストに比べ，2 回目，3 回目のときの日本語能力が有意に伸びたといえるかどうかを検証したい．

15.2.1 帰無仮説を立てる

C クラスの学生の日本語能力は，6 ヶ月のときも，12 ヶ月，18 ヶ月のときも変わらない．つまり，3 回のテスト結果の平均値の差は偶然（たまたま）によるもので統計的に意味のある差ではないとする帰無仮説を立てる．

15.2.2 検定統計量を計算する

Excel 2010 による検証

(1) 分析したいデータを Excel に入力する.

表 **15.10** 6 ヶ月,12 ヶ月,18 ヶ月のテスト結果(180 点満点)

被験者	6 ヶ月(点数)	12 ヶ月(点数)	18 ヶ月(点数)
1	90	75	120
2	125	80	160
3	70	125	100
4	105	85	180
5	80	150	140
6	175	140	95
7	95	115	130
8	120	90	110
9	55	85	170
10	140	120	180
11	80	145	120
12	70	105	150
13	85	75	165
14	120	155	125
15	100	90	100
16	155	135	130
17	175	125	125
18	100	110	100
19	95	155	145
20	55	120	95
21	175	80	135
22	80	135	130
23	60	80	100
24	60	85	135
25	45	175	130
26	95	125	165
27	110	155	100
28	60	140	125
29	60	90	180
30	115	85	150
31	70	80	130
32	125	85	115
33	65	145	115
34	130	90	110
35	150	130	135
36	180	80	110

37	155	130	180
38	75	90	175
39	175	155	110
40	180	130	120
41	145	75	125
42	160	160	125
43	160	85	110
44	80	95	150
45	120	80	165
46	180	150	120
47	105	160	115
48	45	80	150
49	140	135	180
50	60	95	165
51	105	110	155
52	165	120	150
53	95	95	145
54	105	130	100
55	65	85	105

(2)「データ分析」のなかの「分散分析：繰り返しのない二元配置」を選ぶ（Excelの分析ツールには，① 「分散分析：一元配置」と ② 「分散分析：繰り返しのある二元配置」，③ 「分散分析：繰り返しのない二元配置」の3つが用意されている．「分散分析：一元配置」は繰り返しのない場合にしか対応していない．今回のデータは繰り返しのあるデータなので「分散分析：一元配置」では分析できないことに注意）．

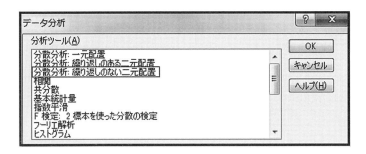

図 15.7　データ分析

(3) 「入力範囲」に 6～18 ヶ月（点数）までのデータを選択する．「ラベル」にチェックを入れると，「6 ヶ月（点数）」「12 ヶ月（点数）」「18 ヶ月（点数）」といった列のラベルも入力範囲にすることができる．α（有意水準）は 0.05 (5%) のままにしておく．最後に結果の出力オプションを指定して OK をクリックする．

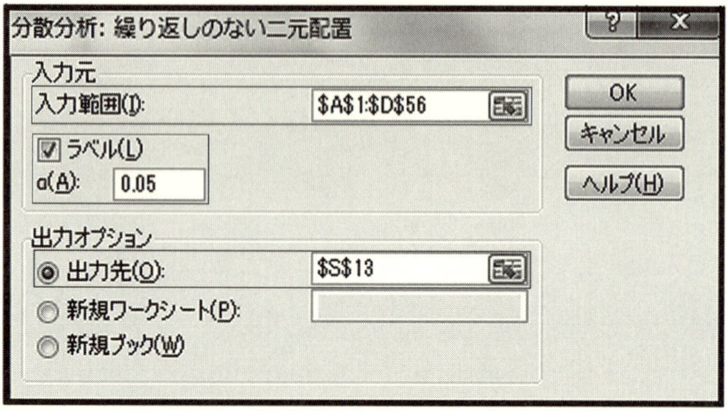

図 15.8 分散分析：繰り返しのある一元配置（Excel では，繰り返しのない二元配置）

(4) 結果を確認する．

表 15.11 結　果

【分散分析：繰り返しのある一元配置】

概要	標本数	合計	平均	分散
1	3	285	95	525
2	3	365	121.6666667	1608.333333
⋮				
53	3	335	111.6666667	833.3333333
54	3	335	111.6666667	258.3333333
55	3	255	85	400
6 ヶ月（点数）	55	5985	108.8181818	1709.225589
12 ヶ月（点数）	55	6200	112.7272727	849.8316498
18 ヶ月（点数）	55	7350	133.6363636	668.9393939

15.2 一元配置の繰り返しのある分散分析(被験者内の分散分析,反復測定による分散分析)

【分散分析表】

変動要因	変動	自由度	分散	観測された分散比	P 値	F 境界値
行	54866.061	54	1016.038	0.919	0.6296	1.456
列	19587.576	2	9793.788	8.855	0.0003	3.080
誤差	119445.758	108	1105.979			
合計	193899.394	164				

報告の際には,列の自由度(繰り返し回数 -1)と誤差の自由度(((参加者数 -1)×(繰り返し回数 -1))の 2 つの自由度を記述する.今回,列の自由度は $2\,(3-1)$,誤差の自由度は $108\,((55-1)\times(3-1))$ となる.p 値は有意水準の 5% より小さい 0.0003 なので,3 つのテストの結果に差がないという帰無仮説は棄却され,その対立仮説(有意差がある)が採択される.

(5) 多重比較 (multiple comparison) を行う.

分散分析の結果,有意差が確認できたので,次にどの水準間(6 ヶ月,12 ヶ月,18 ヶ月)で有意差があったかを確かめるため,t 検定による多重比較を行う.多重比較は,**下位検定**または**事後検定 (post hoc test)** と呼ばれる場合もある.「データ」→「データ分析」のなかの「t 検定:一対の標本による平均の検定」を選ぶ.

図 15.9　データ分析:多重比較

(6) 多重比較の結果を確認する.

表 15.12　多重比較の結果

【t検定：一対の標本による平均の検定ツール】								
	6ヶ月	12ヶ月		6ヶ月	18ヶ月		12ヶ月	18ヶ月
平均	108.8	112.7	平均	108.8	133.6	平均	112.7	133.6
分散	1709.2	849.8	分散	1709.2	668.9	分散	849.8	668.9
観測数	55	55	観測数	55	55	観測数	55	55
ピアソン相関	0.2		ピアソン相関	−0.1		ピアソン相関	−0.2	
仮説平均との差異	0		仮説平均との差異	0		仮説平均との差異	0	
自由度	54		自由度	54		自由度	54	
t	−0.620		t	−3.597		t	−3.623	
P(T<=t)片側	0.3		P(T<=t)片側	0.0		P(T<=t)片側	0.0	
t境界値片側	1.7		t境界値片側	1.7		t境界値片側	1.7	
P(T<=t)両側	0.538		P(T<=t)両側	0.001		P(T<=t)両側	0.001	
t境界値両側	2.0		t境界値両側	2.0		t境界値両側	2.0	

　同じデータを用いた t 検定の繰り返しは，第一種の誤りの確率が高くなり，有意差が出やすくなる傾向にあることが知られている．それを回避するための統計的手法にボンフェローニ法 (Bonferroni test) がある．多重比較の1つであるボンフェローニ法では，検定回数の増加により有意水準が甘くなるのを回避する方法として，検定の回数で割った値を有意水準としている．今回は3回 t 検定を繰り返しているので，有意水準の5%を t 検定の回数の3で割った値より小さければ有意差があると主張できる (0.05/3=0.0166…)．ただし，比較群が多い場合は有意差が出にくいことから，通常比較群が5つ以上ある場合は，おすすめしない（多重比較法については，森・吉田 (1990) を参照）．今回は，0.0166以下の値であれば，有意差があると認められる．多重比較の結果，「6ヶ月と18ヶ月」の間および「12ヶ月と18ヶ月」の間の平均値に有意差が確認できた．

SPSS による検証
(1) SPSS を起動させ，分析するデータを読み込む．SPSS の変数名はアルファベット，漢字，平仮名，片仮名などで始まるように作成することをおすすめする．数字で始まる場合は，分析には影響しないが今回のように「@」マークが

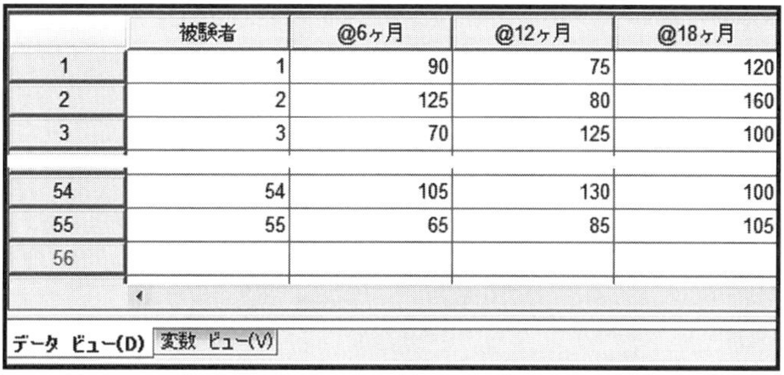

15.2 一元配置の繰り返しのある分散分析（被験者内の分散分析，反復測定による分散分析）　253

	被験者	@6ヶ月	@12ヶ月	@18ヶ月
1	1	90	75	120
2	2	125	80	160
3	3	70	125	100
54	54	105	130	100
55	55	65	85	105
56				

図 15.10　分析に使うデータを読み込む

生成される．
(2)「変数ビュー」で尺度が「名義（被験者）」と「スケール（6 ヶ月，12 ヶ月，18 ヶ月）」になっているかを確認する．
(3)「分析」→「一般線型モデル」のなかから「反復測定」をクリックする．
(4)「反復測定の因子の定義」で「被験者内因子名」と「水準数」を入力する．今回は半年ごとに 3 回繰り返して測定しているので，水準数は 3 となる．入力が完了すると「定義」のところがアクティブになるので，クリックして進む．

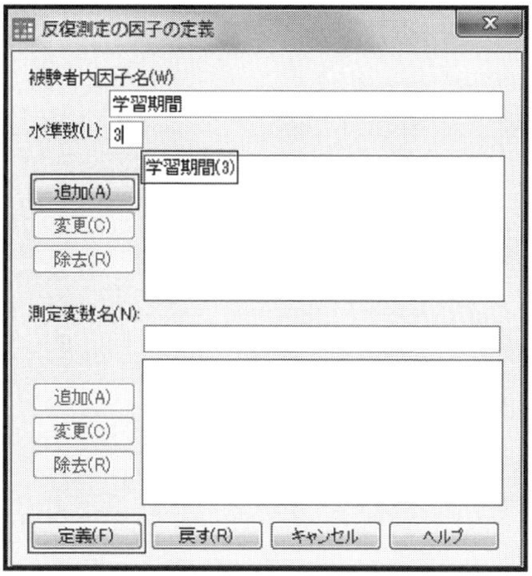

図 15.11　反復測定の因子の定義

(5) 「反復測定」のところで，「被験者内変数」に6ヶ月，12ヶ月，18ヶ月を移動する．「オプション」のなかの「学習期間」を「平均値の表示」に移動し，「主効果の比較」にチェックを入れる．続けて「信頼区間の調整」のところで「Bonferroni」，「表示」のところで「記述統計」を選び「続行」をクリックする．

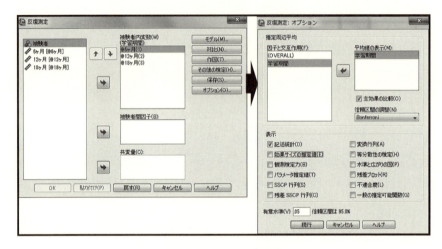

図 **15.12** 被験者内変数

(6) 結果を確認する．

表 **15.13** 結果：記述統計量

	平均値	標準偏差	N
6ヶ月	108.82	41.343	55
12ヶ月	112.73	29.152	55
18ヶ月	133.64	25.864	55

各学習期間の平均値と標準偏差，参加者数(N)を確認できる．

15.2 一元配置の繰り返しのある分散分析（被験者内の分散分析，反復測定による分散分析）

表 15.14　Mauchly の球面性検定 [b]

測定変数名：MEASURE_1

被験者内効果	MauchlyのW	近似カイ2乗	自由度	有意確率	イプシロン[a]		
					Greenhouse-Geisser	Huynh-Feldt	下限
学習期間	.958	2.292	2	.318	.318	.994	.500

　被験者内の検定における等分散性は，モークリーの球面性検定 (Mauchly's test of sphericity) で確認する．今回のように有意確率が.05 よりも大きい場合 (.318) は，「球面性の仮説が成り立っている」と仮定できる．0.05 よりも小さい場合は，球面性の仮説が成り立たなくなるので，グリーンハウス・ガイザー (Greenhouse-Geisser) やホイン・フェルト (Huynh-Feldt) の結果を報告する．

表 15.15　結果：被験者内効果の検定

測定変数名：MEASURE_1

ソース		タイプⅢ平方和	自由度	平均平方	F値	有意確率
学習期間	球面性の仮定	19587.576	2	9793.788	8.855	.000
	Greenhouse-Geisser	19587.576	1.919	10208.332	8.855	.000
	Huynh-Felcit	19587.576	1.988	9853.322	8.855	.000
	下限	19587.576	1.000	19587.576	8.855	.004
誤差(学習期間)	球面性の仮定	119445.758	108	1105.979		
	Greenhouse-Geisser	119445.758	103.614	1152.792		
	Huynh-Felcit	119445.758	107.347	1112.702		
	下限	119445.758	54.000	2211.958		

　反復測定による分散分析の結果，学習期間に有意差が認められたので多重比較による検定の結果を確認する．仮に，有意差が確認できなかった場合は，ここで検定は終了する．
　多重比較の結果，「6ヶ月と18ヶ月」の間および「12ヶ月と18ヶ月」の間の成績に有意差があることが確認できた．「平均値の差」のところに，有意差が認

表 15.16　結果：ペアごとの比較

測定変数名：MEASURE_1		平均値の差 (I−J)	標準誤差	有意確率[a]	95%平均差信頼区間[a]	
(I)学習期間	(J)学習期間				下限	上限
1	2	−3.909	6.304	1.000	−19.486	11.667
	3	−24.818*	6.900	.002	−41.867	−7.770
2	1	3.909	6.304	1.000	−11.667	19.486
	3	−20.909*	5.771	.002	−35.168	−6.651
3	1	24.818*	6.900	.002	7.770	41.867
	2	20.909*	5.771	.002	6.651	35.168

推定周辺平均に基づいた
a. 多重比較の調整：Bonferroni.
*. 平均の差は .05 水準で有意です．

められる比較群には「*」がついている．

15.2.3　結果を報告する

　Cクラスの学生の学習期間によるテスト結果（点数）に差があるかを検討するために，一元配置の分散分析による検定を行った．その結果，この18ヶ月間の日本語力は，着実に伸びていることが確認できた（$F(2, 108) = 8.86, p < .001$）．次に，どの学習期間の間に差があるかを確かめるため，多重比較を行った．その結果，6ヶ月と12ヶ月の平均値には有意差が確認できなかったが，6ヶ月と18ヶ月，12ヶ月と18ヶ月の平均間では有意差が確認できた．表15.17の多重比較の結果で，1は6ヶ月，2は12ヶ月，3は18ヶ月をそれぞれ示す．

表 15.17　Cクラスの学生の半年ごとの日本語テストの結果

期間	日本語テストの結果（180点満点）	
	平均	標準偏差
6ヶ月	108.8	41.3
12ヶ月	112.7	29.2
18ヶ月	133.6	25.9
分散分析の結果	$F(2, 108) = 8.86, p < .001$	
多重比較の結果	$1-2\ n.s.\ ;\ 1-3\ s.\ ;\ 2-3\ s.$	

15.3 まとめ

本章では，要因が1つの一元配置の分散分析の対応のない場合と対応のある場合について紹介した．分析の手続きを表 15.18 にまとめる．

表 15.18 一元配置の分散分析の検定手続き

一元配置の分散分析	対応の有無	等分散性の検定	有意差判定	手続き
	なし	Levene 統計量	あり	多重比較
			なし	分析終了
	あり	Mauchly の球面性検定	あり	多重比較
			なし	分析終了

問題 15.1 A国，B国，C国からの留学生，合計17名に漢字テストを実施した．その結果，A国の留学生の平均点が最も高かった．各国の留学生の漢字テストの平均に有意差があるかどうかを検証しなさい（Excel を使って確認すること）．

留学生	A 国（点数）	B 国（点数）	C 国（点数）
1	85	90	85
2	90	90	80
3	80	50	80
4	100	80	75
5	95	80	80
6	100		85
平均	91.7	78.0	80.8

問題 15.2 M県の小学校に新しい漢字学習法を導入してちょうど3年が経った．次の表は，毎年1回実施した漢字テストの結果である．この結果から新しく導入した学習法に効果があったといえるかどうか検討しなさい（SPSS を使って確認すること）．

第15章 3つ以上の平均の比較（一元配置の分散分析）

留学生	1年目（点数）	2年目（点数）	3年目（点数）
1	60	65	80
2	60	65	65
3	50	55	60
4	75	90	85
5	70	75	85
6	60	65	70
7	65	55	70
平均	62.9	67.1	73.6

16

3つ以上の平均の比較（二元配置の分散分析）

　本章では，要因が2つの場合の平均値の差を検証するための二元配置の分散分析について概説する[1]．16.1節では，異なる国2つの大学における3つの学年で日本語学習者の日本語能力に差があるかどうかを検証する二元配置の繰り返しのない分散分析法についてを紹介し，16.2節ではT大学で実施している短期英語学習プログラムのA案とB案のうち，どちらの案がより有効であるかを確かめるための二元配置の繰り返しのある分散分析法について紹介する．

16.1　二元配置の繰り返しのない分散分析（被験者間の分散分析）

　A国のA大学とB国のB大学の各学年（1年生，2年生，3年生）の「日本語能力試験」のテスト結果（点数）に差があるかどうかを検討したい．A国のA大学では3年生まで，B国のB大学では2年生まで日本語講座を開講している．また，B国のB大学では2年生のときに第二外国語の単位認定試験を設けている．このような教育システムの違いが日本語の成績にどのような影響を与えているかも検証したい．

---

[1] 本章では要因が2つの場合における平均値の差の検定法について概説するが，二元配置の分散分析はExcelの分析ツールでは制約が多い（たとえば，各実験群の被験者数がすべて同じでなければならない）ので，ここではSPSSによる分析法を紹介する．

2要因によるテスト結果を比較するときは，**二元配置の分散分析 (two-way ANOVA)** が有効である．また，各参加者がもっているデータ（点数）が1つしかない場合は，繰り返しのない**被験者間計画 (between-subjects design)** による分散分析が使われる．今回のようなタイプの分散分析を「2×3の分散分析」などと表記している論文も多く見られる．2×3の「2」は要因1の水準が2つ（A国，B国）であることを，「3」は要因2の水準が3つ（1年生，2年生，3年生）であることを示す．

16.1.1 帰無仮説を立てる

A大学とB大学に日本語能力の差はなく，各学年（1年生，2年生，3年生）のテスト結果（点数）にも差はないという帰無仮説を立てる．

表 16.1 国籍と学年による日本語能力試験の結果（180点満点）

\multicolumn{3}{c}{A国A大学}			B国B大学		
被験者	学年	点数	被験者	学年	点数
1	1	110	43	1	105
2	1	125	44	1	130
3	1	130	45	1	100
4	1	110	46	1	130
5	1	120	47	1	120
6	1	105	48	1	100
7	1	95	49	1	110
8	1	90	50	1	115
9	1	135	51	1	90
10	1	100	52	1	120
11	1	145	53	1	130
12	1	120	54	1	95
13	1	105	55	1	100
14	1	95	56	2	110
15	1	75	57	2	145
16	2	120	58	2	145
17	2	125	59	2	175
18	2	140	60	2	165
19	2	120	61	2	120
20	2	140	62	2	135
21	2	110	63	2	155
22	2	100	64	2	110
23	2	115	65	2	175
24	2	145	66	2	175

16.1 二元配置の繰り返しのない分散分析（被験者間の分散分析）

25	2	115	67	3	100
26	2	155	68	3	120
27	2	120	69	3	110
28	2	110	70	3	145
29	3	140	71	3	150
30	3	155	72	3	120
31	3	180	73	3	135
32	3	145	74	3	150
33	3	160	75	3	100
34	3	175	76	3	150
35	3	160	77	3	155
36	3	180	78	3	100
37	3	160	79	3	85
38	3	120			
39	3	150			
40	3	135			
41	3	125			
42	3	140			

16.1.2 検定統計量を計算する

(1) SPSS を起動させ，分析するデータを読み込む．

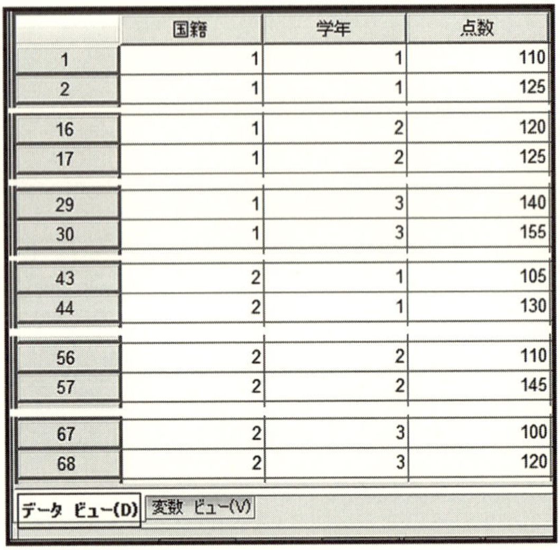

	国籍	学年	点数
1	1	1	110
2	1	1	125
16	1	2	120
17	1	2	125
29	1	3	140
30	1	3	155
43	2	1	105
44	2	1	130
56	2	2	110
57	2	2	145
67	2	3	100
68	2	3	120

図 16.1 分析に使うデータを読み込む

(2)「変数ビュー」のところで国籍と学年の値のセルをクリックして，値ラベルを指定する（1=A国，2=B国，1=1年生，2=2年生，3=3年生）．
(3)「変数ビュー」で尺度が「名義（国籍と学年）」と「スケール（点数）」になっているかを確認する．
(4)「分析」→「一般線型モデル」のなかから「1変量」をクリックする．

(5) 点数を「従属変数」に，国籍と学年を「固定因子」に移動する．「作図」をクリックし，横軸に「学年」を，線の定義変数のところに「国籍」を移動して「追加」，「続行」の順にクリックする．「オプション」のなかの「記述統計」と「等分散性の検定」にチェックを入れて「続行」をクリックする．

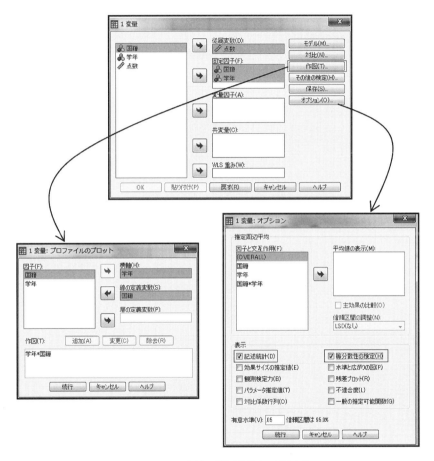

図 **16.2** 1 変量：従属変数と固定因子

(6) 結果を確認する.

表 16.2 結果：記述統計量

従属変数：点数				
国籍	学年	平均値	標準偏差	N
A 国	1 年生	110.67	18.696	15
	2 年生	124.23	16.053	13
	3 年生	151.79	18.974	14
	総和	128.57	24.823	42
B 国	1 年生	111.15	14.017	13
	2 年生	146.36	25.208	11
	3 年生	124.62	24.192	13
	総和	126.35	25.376	37
総和	1 年生	110.89	16.390	28
	2 年生	134.37	23.187	24
	3 年生	138.70	25.328	27
	総和	127.53	24.947	79

各要因の水準ごとの平均値と標準偏差，被験者数 (N) を確認できる．

表 16.3 結果：Levene の誤差分散の等質性検定 [a]

従属変数：点数			
F値	自由度1	自由度2	有意確率
1.858	5	73	.112
従属変数の誤差分散がグループ間で等しいという帰無仮説を検定します．			
a.計画：切片＋国籍＋学年＋国籍*学年			

有意差がない（有意確率が.05 以上）場合は，等分散性があると考えられる．今回は $p = .112$ なので，分散が等しいと仮定できる．

表 16.4 結果：被験者間効果の検定

従属変数：点数

ソース	タイプⅢ平方和	自由度	平均平方	F値	有意確率
修正モデル	20142.358[a]	5	4028.472	10.354	.000
切片	1285585.167	1	1285585.167	3304.344	.000
国籍	45.033	1	45.033	.116	.735
学年	12201.223	2	6100.612	15.680	.000
国籍 * 学年	7780.032	2	3890.016	9.999	.000
誤差	28401.313	73	389.059		
総和	1333425.000	79			
修正総和	48543.671	78			

a. R2乗=.415（調整済み R2乗=.375）

2要因（国籍と学年）の**主効果**と**交互作用**（国籍*学年）の結果を確認する．主効果とは，それぞれの要因（国籍と学年）の単独の効果を示す．まず，国籍の主効果は有意ではない結果となった（$p = .735$）．しかし，学年の主効果と国籍と学年の交互作用は有意であった（それぞれ，$p < .001$）．

(7) 「国籍*学年」の交互作用が有意であったため，シンタックスエディタを用いて多重比較を行う．「分析」→「一般線型モデル」→「1変量」を選んで「貼り付け」のところをクリックする．

図 16.3 1変量：多重比較

(8) 「シンタックスエディタ」に多重比較を行うためのコマンドを入力して三角

(▶) をクリックする.

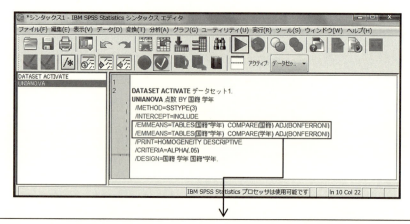

図 16.4　シンタックスエディタ

コマンドの詳細については,『SPSS のススメ〈1〉2要因の分散分析をすべてカバー 増補改訂版』(竹原卓真, 2013, 北大路書房) を参照してほしい. また, インターネットが使える環境にある場合は, ANOVA4 on the Web [分散分析:Multi-purpose ANOVA Utility] (URL:http://www.hju.ac.jp/ kiriki/anova4/) を活用すれば, SPSS のシンタックスエディタを使わなくても単純主効果の分析ができる.

(9) 単純主効果検定の結果を確認する.

「推定値」では, 国籍別の各学年の平均値と標準偏差が確認できる.

表 16.5 結果：推定値

従属変数：点数

国籍	学年	平均値	標準誤差	95%信頼区間	
				下限	上限
A国	1年生	110.667	5.093	100.517	120.817
	2年生	124.231	5.471	113.328	135.134
	3年生	151.786	5.272	141.279	162.292
B国	1年生	111.154	5.471	100.251	122.057
	2年生	146.364	5.947	134.511	158.216
	3年生	124.615	5.471	113.712	135.518

表 16.6 結果：ペアごとの比較

従属変数：点数

学年	(I)国籍	(J)国籍	平均値の差(I−J)	標準誤差	有意確定[a]	95%平均差信頼区間[a]	
						下限	上限
1年生	A国	B国	−.487	7.474	.948	−15.383	14.409
	B国	A国	.487	7.474	.948	−14.409	15.383
2年生	A国	B国	−22.133*	8.081	.008	−38.238	−6.028
	B国	A国	22.133*	8.081	.008	6.028	38.238
3年生	A国	B国	27.170*	7.597	.001	12.029	42.312
	B国	A国	−27.170*	7.597	.001	−42.312	−12.029

推定周辺平均に基づいた

a. 多重比較の調整：Bonferroni.

*. 平均の差は.05水準で有意です．

Bonferroni法による多重比較の結果を確認できる．「平均値の差」のところで有意差が認められる比較群には「*」がつく．

表 16.7 結果：1 変量検定

従属変数：点数						
学年		平方和	自由度	平均平方	F値	有意確率
1年生	対比	1.653	1	1.653	.004	.948
	誤差	28401.313	73	389.059		
2年生	対比	2918.772	1	2918.772	7.502	.008
	誤差	28401.313	73	389.059		
3年生	対比	4976.196	1	4976.196	12.790	.001
	誤差	28401.313	73	389.059		

F値は国籍の多変量効果を検定します．この検定は推定周辺平均間で線型に独立したペアごとの比較に基づいています．

学年における国籍の単純主効果検定の結果を確認できる．今回は 1 年生の群間比較では日本語能力に差がなかったが，2 年生と 3 年生の群間比較では有意差が認められた．

表 16.8 結果：ペアごとの比較

従属変数：点数							
国籍	(I)学年	(J)学年	平均値の差(I−J)	標準誤差	有意確率[a]	95%平均差信頼区間[a]	
						下限	上限
A国	1年生	2年生	−13.564	7.474	.221	−31.879	4.751
		3年生	−41.119*	7.330	.000	−59.080	−23.158
	2年生	1年生	13.564	7.474	.221	−4.751	31.879
		3年生	−27.555*	7.597	.002	−46.171	−8.939
	3年生	1年生	41.119*	7.330	.000	23.158	59.080
		2年生	27.555*	7.597	.002	8.939	46.171
B国	1年生	2年生	−35.210*	8.081	.000	−55.011	−15.409
		3年生	−13.462	7.737	.258	−32.419	5.496
	2年生	1年生	35.210*	8.081	.000	15.409	55.011
		3年生	21.748*	8.081	.026	1.947	41.549
	3年生	1年生	13.462	7.737	.258	−5.496	32.419
		2年生	−21.748*	8.081	.026	−41.549	−1.947

推定周辺平均に基づいた
  a. 多重比較の調整：Bonferroni．
  *．平均の差は .05 水準で有意です．

Bonferroni 法による多重比較の結果を確認できる．A 国では 1 年生と 3 年生，2 年生と 3 年生に，B 国では 1 年生と 2 年生，2 年生と 3 年生に有意差があることが確認できる．

表 16.9　結果：1 変量検定

従属変数：点数						
国籍		平方和	自由度	平均平方	F値	有意確率
A国	対比	12598.288	2	6299.144	16.191	.000
	誤差	28401.313	73	389.059		
B国	対比	7447.118	2	3723.559	9.571	.000
	誤差	28401.313	73	389.059		
F値は学年の多変量効果を検定します．この検定は推定周辺平均間で線型に独立したペアごとの比較に基づいています．						

国籍における学年の単純主効果検定の結果が確認できる．今回は A 国も B 国も学年間に日本語能力の差が認められた．

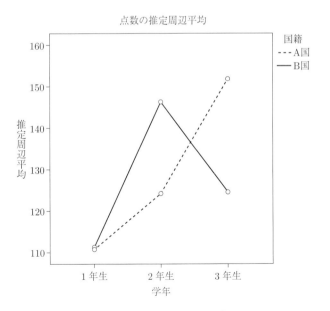

図 16.5　結果：プロファイルプロット

図 16.5 は，各水準の平均点をプロットしたグラフである．被験者間効果の検定で確認した国籍と学年に交互作用があるかどうかは，各水準の平均点をグラフ化するとわかりやすい．交互作用がない場合のグラフの線は平行になるが，交互作用がある場合は，グラフが交差しているか交差するようになっているのが特徴である．

16.1.3 結果を報告する

A 国と B 国の 1 年生と 2 年生，3 年生の日本語能力を比較するため，2×3 の分散分析を行った．その結果，国籍の主効果は有意でなかった ($F(1,73) = .12, p = .74, n.s$)．この結果から，両国の日本語レベルはほぼ同程度であるといえる．次に，学年の主効果は有意だった ($F(2,73) = 15.68, p < .001$)．さらに，両変数間の交互作用も有意だった ($F(2,73) = 10.00, p < .001$)．交互作用が有意であったため，国籍と学年の単純主効果を確認するための検定を行った．その結果，国籍の単純主効果では，1 年生以外のすべての比較で有意という結果となった．この結果から，日本語学習を始めたばかりの 1 年生のときは，両国における日本語能力にほぼ差がないが，2 年生になると B 国の学生のほうが A 国の学生より平均値が有意に高くなることがわかった．これは，B 大学では 2 年生のときに第二外国語の単位認定試験を設けていることが一因と見られる．しかし，3 年生になると今度は A 国の学生の日本語力が B 国より高くなっていることがわかった．これは，A 国では 3 年生まで日本語の授業を開講するなど日本語教育を積極的に推奨しているが，B 国では 2 年生までしか日本語の授業を開講してないことに起因するものと見られる．

表 16.10 国籍（出身国）と学年における日本語能力試験の結果

国籍 学年	A国		B国		F 値		
	平均	標準偏差	平均	標準偏差	国籍	学年	交互作用
1年生	110.7	18.7	111.2	14	.12	15.7****	10.0****
2年生	124.2	16.1	146.4	25.2			
3年生	151.8	19	124.6	24.2			

**** $p < .001$

16.2 二元配置の繰り返しのある分散分析（被験者内の分散分析）

> T大学で実施している短期英語合宿プログラムA案とB案の有効性を検討するため，英文学の学生を対象にA案とB案の実施前後に英語テストを行った．A案がB案より有効である場合，B案に比べ英語成績の伸びの程度が有意に高いことが予測（期待）される．

短期英語合宿プログラム案（A案とB案）と試験（事前試験と事後試験）の2要因による2×2の分散分析を行う．今回は英文学の学生がプログラム実施前後の英語テストに参加しているので，被験者内の分散分析で検証を行う．

16.2.1 帰無仮説を立てる

T大学で推奨している短期英語合宿プログラムの2つの案のどちらを採用しても英語力に差はなく，プログラム実施前後の英語の成績にも差は認められない．また，これらの交互作用も予測（期待）できない．

16.2.2 検定統計量を計算する

(1) SPSSを起動させ，分析するデータを読み込む．

	A案事前試験	A案事後試験	B案事前試験	B案事後試験
1	75	80	80	85
2	80	85	90	90
3	85	100	80	85
4	85	95	60	75
5	70	90	65	80
6	65	85	60	65
7	70	70	70	75
8	75	90	75	70
9	60	95	70	90
10	75	85	80	100
11	80	85	90	90
12	85	85	90	85
13				

図 16.6 分析するデータを読み込む

(2)「分析」→「一般線型モデル」のなかから「反復測定」をクリックする.
(3)「反復測定の因子の定義」で「被験者内因子名」と「水準数」を入力する.
プログラム案と試験を被験者内因子名に入力する.それぞれの水準数は2つあるので2を入力し,「定義」をクリックして進む.

図 16.7 反復測定の因子の定義

(4)「被験者内変数 (W)(プログラム案, 試験)」には,プログラム案と試験の順に番号が振られている.たとえば,「_?_(2.1)」の2はプログラム案 A と B のうち B のほうを示す.A 案には1の番号が振られている.次に書いてある1は事前試験と事後試験のうち前者の事前試験を示す.そこで,「_?_(2.1)」は「B 案事前試験」になる.

16.2 二元配置の繰り返しのある分散分析（被験者内の分散分析） 273

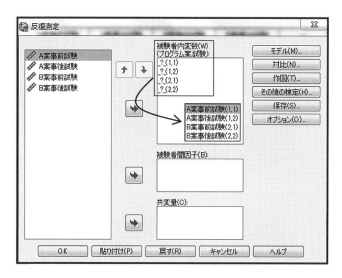

図 16.8 反復測定の被験者内変数

(5)「作図」をクリックし，横軸に「試験」を，線の定義変数のところに「プログラム案」を移動して，「追加」→「続行」をクリックする．

図 16.9 反復測定：プロファイルのプロット

(6)「オプション」のなかの「表示」のところの「記述統計」を選び,「続行」をクリックする.

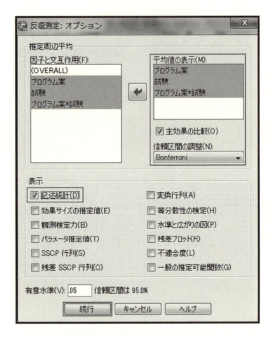

図 16.10　反復測定：オプション

(7) 結果を確認する.

表 16.11　記述統計量

	平均値	標準偏差	N
A案事前試験	75.42	8.107	12
A案事後試験	87.08	7.821	12
B案事前試験	75.83	11.044	12
B案事後試験	82.50	9.886	12

　論文作成に必要な基礎統計量（平均値と標準偏差, 参加者数 (N)）を確認することができる.

16.2 二元配置の繰り返しのある分散分析（被験者内の分散分析）

表 16.12 被験者内効果の検定

測定実数名：MEASURE_1

ソース		タイプⅢ平方和	自由度	平均平方	F値	有意確率
プログラム案	球面性の仮定	52.083	1	52.083	.510	.490
	Greenhouse-Geisser	52.083	1.000	52.083	.510	.490
	Huynh-Feldt	52.083	1.000	52.083	.510	.490
	下限	52.083	1.000	52.083	.510	.490
誤差(プログラム案)	球面性の仮定	1122.917	11	102.083		
	Greenhouse-Geisser	1122.917	11.000	102.083		
	Huynh-Feldt	1122.917	11.000	102.083		
	下限	1122.917	11.000	102.083		
試験	球面性の仮定	1008.333	1	1008.333	14.467	.003
	Greenhouse-Geisser	1008.333	1.000	1008.333	14.467	.003
	Huynh-Feldt	1008.333	1.000	1008.333	14.467	.003
	下限	1008.333	1.000	1008.333	14.467	.003
誤差(試験)	球面性の仮定	766.667	11	69.697		
	Greenhouse-Geisser	766.667	11.000	69.697		
	Huynh-Feldt	766.667	11.000	69.697		
	下限	766.667	11.000	69.697		
プログラム案×試験	球面性の仮定	75.000	1	75.000	3.667	.082
	Greenhouse-Geisser	75.000	1.000	75.000	3.667	.082
	Huynh-Feldt	75.000	1.000	75.000	3.667	.082
	下限	75.000	1.000	75.000	3.667	.082
誤差(プログラム案×試験)	球面性の仮定	225.000	11	20.455		
	Greenhouse-Geisser	225.000	11.000	20.455		
	Huynh-Feldt	225.000	11.000	20.455		
	下限	225.000	11.000	20.455		

　プログラム案の主効果は認められなかったが，試験の主効果は確認できた．また，プログラム案と試験の交互作用は認められない結果となった．

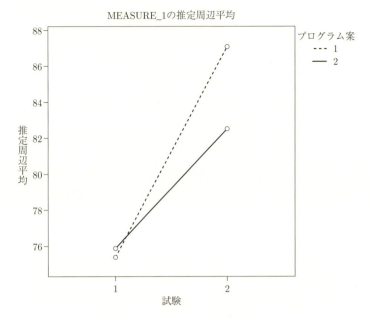

図 16.11 プログラム案×試験の結果

16.2.3 結果を報告する

T 大学で実施している短期英語合宿プログラム A 案と B 案の有効性を検討するため，英文学の学生を対象として A 案と B 案の実施前後に英語テストを行った．その結果，プログラム案の主効果は確認できなかった $(F(1,11) = .51, p = .49, n.s.)$．しかし，試験の主効果は認められた $(F(1,11) = .14.47, p < .005)$．また，2 つの要因の交互作用は確認できなかった $(F(1,11) = 3.67, p < .082)$，$n.s.$）．この結果は，事前試験に比べ事後試験で英語力は上昇したが，A 案と B 案のどちらが効果が高いかは断定できないことを示唆する．

表 16.13 プログラム案と試験成績の二要因分析の結果

	事前試験		事後試験		F 値		
	平均	標準偏差	平均	標準偏差	プログラム案	試験	プログラム×試験
A 案	75.4	8.11	87.1	7.82	0.51	14.47***	3.67
B 案	75.8	11.04	82.5	9.89			

*** $p < .005$

16.3 まとめ

本章では,要因が 2 つの場合の二元配置の分散分析について概説した.紙面の都合上,混合分散分析(繰り返しのある要因と繰り返しのない要因の混合)を扱うことはできなかったが,専門書などで確認しておくことをすすめる.最後に,分散分析の手続きを表 16.14 にまとめる.

表 16.14 二元配置の分散分析の検定手続き

対応の有無	SPSS での分析法	等分散性の検定	交互作用判定	手続き 1	有意差判定	手続き 2
なし	1 変量分析	Levene の検定	あり	単純主効果	あり	多重比較
					なし	分析終了
あり	反復測定	Mauchly の球面性検定	なし	主効果	あり	多重比較
					なし	分析終了

問題 16.1 C 国(非漢字圏)と F 国(漢字圏)からの留学生 14 名に,漢字テストを 3 回実施した.その結果,漢字成績が伸びていることが確認できた.この 3 回にわたる漢字テストの結果から,留学生の漢字力の伸びが意味のあるものと主張できるかどうかを検証し,次の質問に答えなさい.

	C 国			F 国		
	1回目	2回目	3回目	1回目	2回目	3回目
1	60	65	80	50	55	50
2	70	65	65	65	70	90
3	50	55	60	55	80	95
4	80	90	85	70	65	95
5	75	75	80	90	90	100
6	60	65	70	55	65	65
7	65	55	60	45	55	65
平均	66	67	71	61	69	80

(1) 要因の数と要因名について答えなさい．
(2) 出身国の主効果は有意かどうか答えなさい．
(3) 統計の結果からどのようなことがいえるか検討しなさい．

問題 16.2 留学経験の有無と普段の学習時間のうち，どちらの要因が英語の文法能力に影響を与えるかを調べるため，1年生を対象に実施している短期語学研修プログラムに参加したことのある8名と，参加したことのない7名の1日の学習時間を調べた．この学習時間と英語テストの調査結果は，短期語学研修が終了した半年後のもので，研修前の両グループの英語能力に差がないことはすでに確認した（学習時間の1は1時間以内を，2は1時間以上〜2時間未満，3は2時間以上を意味する）．

留学経験	学籍番号	学習時間	点数
あり	101	1	60
	102	3	80
	103	2	75
	104	3	90
	105	1	80
	106	2	85
	107	1	75
	108	1	70
なし	201	3	80
	202	2	75
	203	1	65
	204	3	90
	205	2	75
	206	1	60
	207	3	90

(1) 要因と水準数はそれぞれいくつあるか答えなさい．
(2) 最も適切だと思われる検定法は何か答えなさい．
(3) 検定の結果，どのようなことがいえるか検討しなさい．

17

カイ2乗 (χ^2) 検定

　本章では，アンケート調査やコーパスデータにおける頻度，回数などの違いを調べる際に用いられるカイ2乗検定について概説する．この分析法は，実際の値と期待値とのズレに統計的に意味のある差があるかどうかを調べる検定法である．17.1節では，カテゴリー変数が1つの場合の一様性の検定について，17.2節では，カテゴリー変数が2つの場合の独立性の検定について紹介する．

　カイ2乗検定 (Chi-square test) は，t 検定や分散分析のような平均値の差を調べる検定法ではなく，条件間の比率の違いを調べるための検定法である．したがって，名義尺度のデータをその分析対象とする．名義尺度には，性別や出身県の名前，好きな携帯電話の製造会社名などがその例として挙げられる．たとえば，「あなたの出身県を教えてください」という設問に対して，宮城県に「1」を秋田県に「2」，沖縄県に「3」の番号を付与した場合，「1」と「2」と「3」の間には大小関係もなく，また「1」に特別な意味を与えているわけでもない．
　カイ2乗検定では，実際の**観測度数** (observed frequency) と**期待度数** (expected frequency) とのズレの大小を指標として検定が行われる．**度数** (frequency) は，「留学の経験がある学生が42名で，経験のない学生が38名だっ

た」のような記述における，42 と 38 のような数えられた値のことをいう．カイ2乗検定は，この度数（頻度，回数など）の違いを調べる分析方法の1つである．また，カテゴリー変数の数により，**適合度（一様性）の検定 (test of goodness of fit)** と**独立性の検定 (test of independence)** の2種類に分けられる．カテゴリー変数が1つの場合は前者を，カテゴリー変数が2つの場合は後者の検定法を用いるが，一般にカイ2乗検定というと，この独立性の検定を指す場合がほとんどである．

17.1 適合度（一様性）の検定

C 研究科に在籍している留学生数（48名）の出身国を調べてみた．C 研究科に在籍している留学生の国籍別人数に偏りがあるといえるかどうか検証したい．

表 17.1 C 研究科の国籍別留学生数（人数）

国籍	A 国	B 国	C 国	D 国
観測度数	12	20	5	11

前述したとおり，カイ2乗検定では目の前のデータ（観測値，観測度数）と帰無仮説における比率（期待値，期待度数）とのズレの大きさを指標としているため，まずは観測度数をもとに**期待度数**（帰無仮説における比率）を求める必要がある．留学生の国籍別人数に偏りがあるとはいえないという帰無仮説のもとでは，各国の期待度数は観測度数の平均値 $((12+20+5+11)/4)$，すなわち 12 になる（表 17.2）．

表 17.2 観測度数と期待度数（人数）

国籍	A 国	B 国	C 国	D 国
観測度数	12	20	5	11
期待度数	12	12	12	12

17.1.1 帰無仮説を立てる

「国籍別留学生の度数は等しい，つまり，偏りがない」という帰無仮説を立てる．表 17.2 で期待度数がすべて 12（25%の比率）なのは，この帰無仮説によるものである．

17.1.2 検定統計量を計算する

式による検証

(1) 以下の式を用いて，観測度数と期待度数のズレを求める（χ^2 値を求める）．

$$\chi^2 = \frac{(観測度数-期待度数)^2}{期待度数} + \frac{(観測度数-期待度数)^2}{期待度数} + \frac{(観測度数-期待度数)^2}{期待度数} + \cdots$$

$$\chi^2 = \frac{(12-12)^2}{12} + \frac{(20-12)^2}{12} + \frac{(5-12)^2}{12} + \frac{(11-12)^2}{12} = 9.5$$

(2) χ^2 値の有意確率（p 値）を求める．

適合度の検定における**自由度**（***df*: degree of freedom**）は，行の数から 1 を引いて求めるので，表 17.1 の自由度は 3 (4 − 1) である．次に，χ^2 分布表で自由度 3 の場合の χ^2 の棄却域（限界値）を確かめる．

表 17.3 χ^2 分布表（の臨界値）

自由度	有意水準	
	.05(5%)	.01(1%)
1	3.841	6.635
2	5.991	9.210
3	7.815	11.345
4	9.488	13.277

表 17.3 から，有意水準 5%で自由度 3 の棄却域は 7.815 であることが確認できる．(1) で求めた χ^2 値は 9.5 だったので，帰無仮説は棄却域に入る（図 17.1）．

17.1 適合度（一様性）の検定　　283

カイ2乗分布曲線

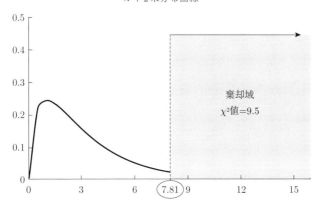

図 17.1　自由度が3の場合の χ^2 分布曲線

(3) 帰無仮説を採択するか，対立仮説を採択するかを決める．

実際の χ^2 値が棄却域に入るかどうかを検討し，偏りがないという帰無仮説を採択するか棄却するかを決定する．

SPSS による検証

(1) データビューのところに「国籍」と「人数」を入力する．あるいは，あらかじめ作成した Excel ファイルを読み込む（「ファイル」→「開く」→「データ」）．

図 17.2　分析したいデータを読み込む

(2)「ケースの重み付け」を行う．データビューのところで図 17.2 のようにデータを入力し，「データ」→「ケースの重み付け (W)」→人数を「度数変数 (F)」に移動→「OK」の順に分析を進める．

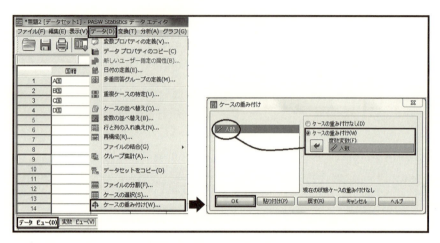

図 **17.3** ケースの重み付け

(3) 「分析」→「ノンパラメトリック検定」→「過去のダイアログ」→「カイ 2 乗」を選ぶ．

17.1 適合度（一様性）の検定　285

(4) 「人数」を「検定変数リスト」に移動し，OK をクリックする．

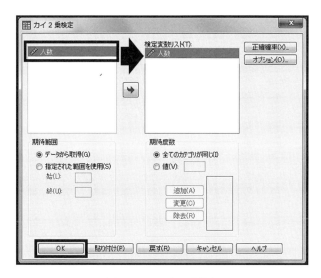

図 17.4　カイ 2 乗検定

(5) 結果を確認する．

表 17.4　カイ 2 乗検定の結果

検定統計量	
	人数
カイ 2 乗	9500[a]
自由度	3
漸近有意確率	.023
a. 0 セル（0%）の期待度数は 5 以下です．必要なセルの度数の最小値は12.0です．	

　検定統計量から結果を確認することができる．カイ 2 乗検定の結果，有意差が見られなかった場合は，そこで検定手続きは完結する．今回は有意差が確認

できたので，各変数間の有意差検定のための多重比較を行う．

多重比較について説明する前に，在籍している留学生全員（48名）のデータを用いる分析法ついても紹介しておく．便宜上，ここでは各留学生の学籍番号を用いるが，名前でも構わない．学籍番号や名前などは各留学生を識別するためのもので，どんな数字や文字を用いるかは分析結果に影響を与えない．

表 17.5 留学生の国籍

学籍番号	国籍	学籍番号	国籍	学籍番号	国籍
201	2	217	4	233	1
202	1	218	4	234	3
203	1	219	2	235	4
204	1	220	4	236	3
205	3	221	2	237	2
206	1	222	2	238	2
207	4	223	4	239	1
208	1	224	2	240	2
209	1	225	2	241	2
210	2	226	2	242	1
211	1	227	3	243	4
212	1	228	2	244	2
213	4	229	2	245	4
214	2	230	2	246	4
215	3	231	4	247	2
216	2	232	2	248	1

(6) データビューのところに「学籍番号」と「国籍」を入力する（1=A国，2=B国，3=C国，4=D国）．あるいは，あらかじめ作成したExcelファイルを読み込む（「ファイル」→「開く」→「データ」）．

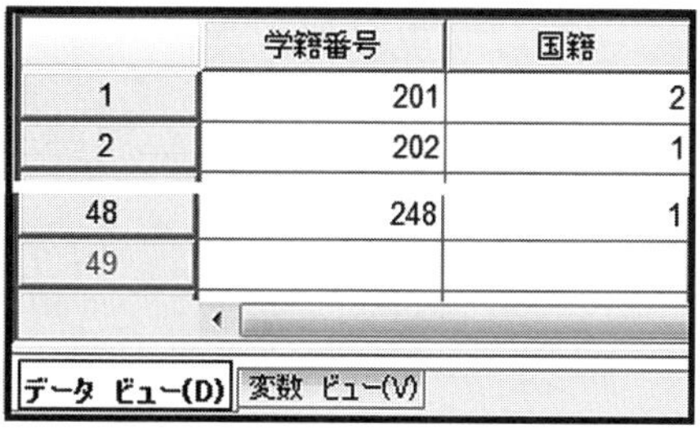

17.1 適合度（一様性）の検定　287

	学籍番号	国籍
1	201	2
2	202	1
48	248	1
49		

図 17.5　分析したいデータを読み込む

(7) 変数ビューのところで国籍の尺度を「名義」に変更する．
(8) 「国籍」の「値」に国名を指定する．
(9) 「分析」→「ノンパラメトリック検定」→「過去のダイアログ」→「カイ2乗」を選ぶ．
(10) 「国籍」を「検定変数リスト」に移動し，OK をクリックする．

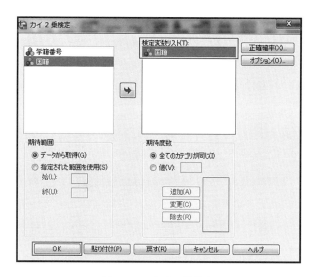

図 17.6　カイ2乗検定

(11) 多重比較を行う．

有意差が確認できた場合，変数間の差を確かめるのに有効なのが多重比較である．ここでは js-STAR 2012 という Web サイト (http://www.kisnet.or.jp/nappa/software/star/index.htm) で分析する方法を紹介する（図 17.7）．js-STAR 2012 に接続し，左側の「度数の分析」→「1 × j 表（カイ二乗検定）」を選ぶ．「データ」の「横（列）」で「4」を選び，「度数」に実測値を入力する．最後に「計算」をクリックして結果を確認する．

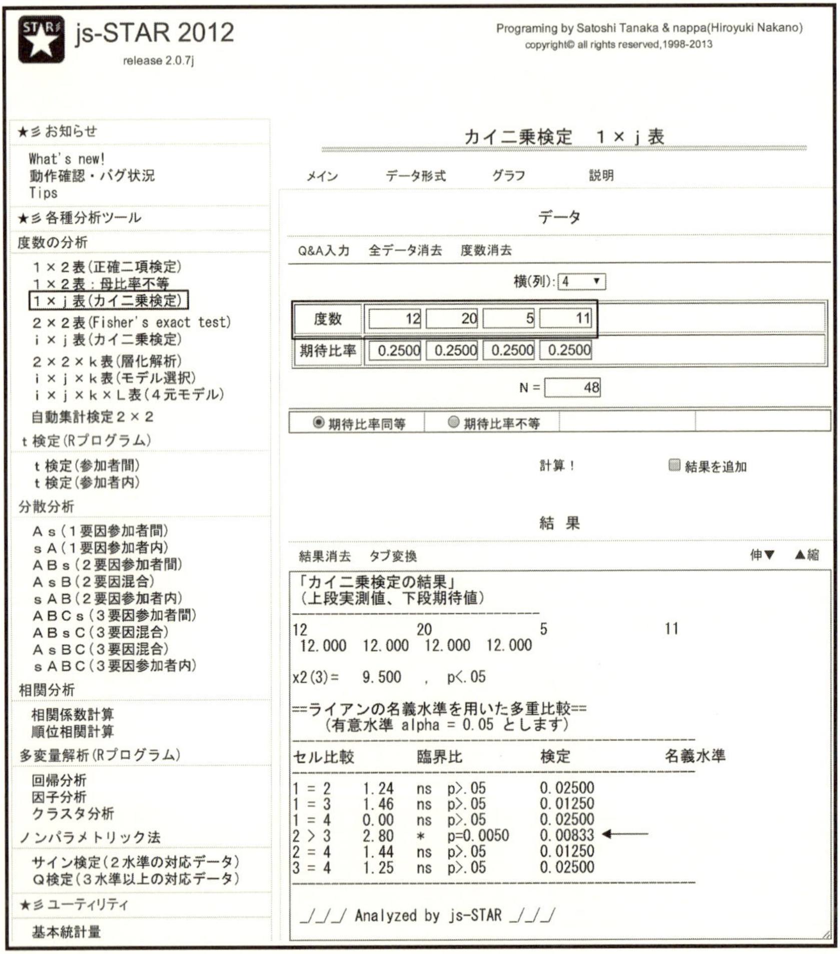

図 **17.7** js-STAR 2012 の分析画面

第 15 章では，ボンフェローニ法による第 1 種の誤りの危険性の上昇を回避する調整方法について説明したが，js-STAR 2012 ではライアン (Ryan) 法による多重比較の結果を出してくれる．多重比較の詳細については，森・吉田 (1990) を参照してほしい．

17.1.3 結果を報告する

C 研究科に在籍している留学生の国籍に差があるかを検証するため，出身国別に留学生数を調べた．その結果，$\chi^2(3) = 9.50, p < .05$ で国籍別留学生の人数に有意差が見られた．次に，どの出身国間に有意差があったかを検討するため，ライアン法による多重比較を行った．多重比較の結果，B 国と C 国間に 5%水準で有意差が確認できた．他の出身国間の比較では有意差は確認できなかった．

17.2 独立性の検定 (test of independence)

S 日本語学校に在籍している A 国の留学生と B 国の留学生の留学期間を調べてみた．その結果，表 17.6 のようになった．S 日本語学校で日本語を学んでいる A 国と B 国の留学生の留学期間に偏りがあるといえるか検証したい．

表 17.6　国籍による留学生の留学期間（人数）

国籍	半年以下	半年以上	合計
A 国	8	37	45
B 国	34	11	45
合計	42	48	90

カテゴリー変数が 2 つ以上の名義尺度のデータの場合は，独立性の検定を行う．表 17.6 では国籍と留学期間の 2 つの変数が独立しているかどうかを確かめる．つまり，2 つの変数が独立しているということは，お互いに関連がないことを意味し，独立していないということは 2 つの変数の間には何らかの関連があることを意味する．

17.2.1 帰無仮説を立てる

国籍による留学生の留学期間に関連はない．つまり，独立しているという帰

無仮説を立てる.

17.2.2 検定統計量を計算する
式による検証

(1) 観測度数と期待度数のズレを求める（χ^2 値を求める）.

期待度数は，両国の留学生の留学期間が同じ割合であるときの人数を逆算することで求めることができる．まず，A 国と B 国の留学生数の合計が 90 名で，各国の留学生の人数の合計が 45 名なので，その割合は，ともに 45/90 (50%=1:1) になる．すなわち，留学期間が半年以下と半年以上の比率も 50%で同じなので，半年以下の期待度数は A 国も B 国も「45/90*42」で「21」，半年以上の期待度数もともに「45/90*48」で「24」になる．

表 17.7 国籍による留学生の留学期間（( ) 内は期待度数）

国籍	半年以下	半年以上	合計
A 国	8(21)	37(24)	45
B 国	34(21)	11(24)	45
合計	42	48	90

$$\chi^2 = \frac{(観測度数-期待度数)^2}{期待度数+(観測度数-期待度数)^2} \frac{期待度数+(観測度数-期待度数)^2}{期待度数} + \cdots$$

$$\chi^2 = \frac{(8-21)^2}{21} + \frac{(37-24)^2}{24} + \frac{(34-21)^2}{21} + \frac{(11-24)^2}{24} = 30.18$$

(2) χ^2 値の有意確率（p 値）を求める

独立性の検定における自由度の求め方は，（行の数 −1）×（列の数 −1）なので，表 17.7 の自由度は 1 (($2-1$)×($2-1$)) である．次に，χ^2 分布表で自由度 1 の場合の χ^2 の棄却域（限界値）を確認する．自由度が 1 で，有意確率が 5%の棄却域は，3.841 である．

(3) 帰無仮説を採択するか，対立仮説を採択するかを決める．

実際の χ^2 値が棄却域に入るかどうかを検討し，偏りがないという帰無仮説を採択するか棄却するかを決定する．(1) で求めた χ^2 値は 30.18 で，有意水準が 5%の棄却域は 3.841 なので，この値は帰無仮説の棄却域に入る．

表 17.8 χ^2 分布表（の臨界値）

自由度	有意水準	
	.05(5%)	.01 (1%)
①	3.841	6.635
2	5.991	9.210
3	7.815	11.345
4	9.488	13.277
⋮	⋮	⋮

SPSS による検証

(1) データビューに分析したいデータを読み込む（国籍：1=A 国，2=B 国；留学期間：1=半年以下，2=半年以上）．

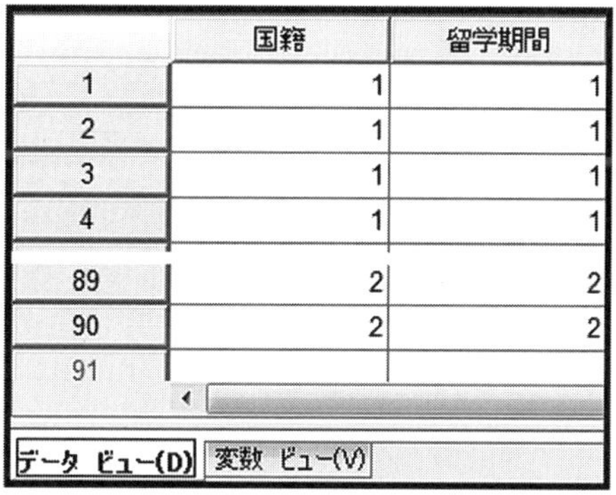

図 17.8 分析したいデータを読み込む

(2) 変数ビューの「国籍」と「留学期間」に値ラベルを追加する（1=A 国，2=B 国，1=半年以下，2=半年以上）．

(3) 変数ビューで「国籍」と「留学期間」の尺度が「名義尺度」になっているか確認する．「名義」以外の尺度になっている場合は変更する．

(4) 「分析」→「記述統計」→「クロス集計表」を選ぶ．

(5) 「クロス集計表」の画面で「国籍」を「行」に，「留学期間」を「列」のボックスに移動する（「国籍」を「列」に，「留学期間」を「行」にしても結果は同じである）．「統計量」をクリックして，「カイ 2 乗」にチェックを入れ，「続行」をクリックする．

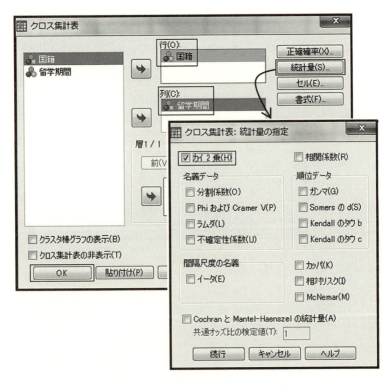

図 17.9　クロス集計表：統計量の指定

(6) 「セル」をクリックし,「観測」「期待」「調整済みの標準化」にチェックを入れて「続行」→「OK」をクリックする.

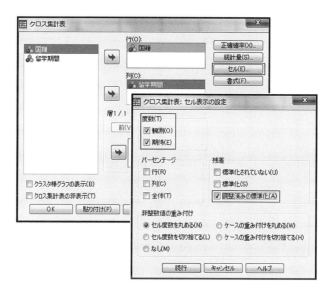

図 **17.10** クロス集計表：セル表示の設定

結果を確認する前に, 適合度の検定のときと同様, 以下のような手順での分析もよく使われるので紹介しておく.

	国籍	留学期間	期間（月）
1	A国	半年以下	8
2	A国	半年以上	37
3	B国	半年以下	34
4	B国	半年以上	11
5			

データ ビュー(D)　変数 ビュー(V)

図 **17.11** 分析するデータを入力する

データビューのところで図 17.11 のようにデータを入力し,「データ」→「ケー

スの重み付け」→期間（月）を「度数変数」に移動→「OK」の順に進む．あとは【SPSSによる検証】の手順(4)から分析を進めばよい．今回のように人数が多い場合に有効である．

(7) 結果を確認する．

表 17.9　国籍と留学期間のクロス表

			留学期間		合計
			半年以下	半年以上	
国籍	A国	度数	8	37	45
		期待度数	21.0	24.0	45.0
		調整済み残差	−5.5	5.5	
	B国	度数	34	11	45
		期待度数	21.0	24.0	45.0
		調整済み残差	5.5	−5.5	
合計		度数	42	48	90
		期待度数	42.0	48.0	90.0

「調整済み残差」の値が ±1.96 以上であれば 5%水準で，±2.56 以上であれば 1%水準で，そのセルは統計的に有意に多い，あるいは少ないと考えられる．

表 17.10　カイ 2 乗検定の結果

	値	自由度	漸近有意確定（両側）	正確有意確定（両側）	正確有意確定（片側）
Pearsonのカイ 2 乗	30.179[a]	1	.000		
連続修正[b]	27.902	1	.000		
尤度比	32.192	1	.000		
Fisherの直接法				.000	.000
線型と線型による連関	29.843	1	.000		
有効なケースの数	90				

a. 0セル(.0%)は期待度数が 5 未満です．最小期待度数は 21.00 です．
b. 2×2 表に対してのみ計算

（期待度数が 5 未満のデータはないことを意味する）

χ^2 値と有意確率は「Pearson のカイ 2 乗」の部分で確認できる．その下の「連続修正」はイェーツの補正 (**Yates'continuity correction**) による χ^2 値を示している．これは，有意差の判定をより厳しくするためのものであるが，データが大きい場合は，検定の結果が変わることはほとんどない．また，観測値と期待値の値に 5 未満のデータがある場合は，**フィッシャーの直接確率検定 (Fisher's exact test)** の結果を報告することが推奨されている．

17.2.3 結果を報告する

S 日本語学校で日本語を学んでいる A 国と B 国の留学生の留学期間に偏りがあるかどうかを検証するため，独立性の検定を行った．その結果，χ^2 値は 30.18 で，これは棄却域に入る．したがって，国籍別留学生の留学期間は等しい，つまり，偏りがないという帰無仮説は棄却される．独立性検定の結果，国籍別留学生の留学期間には有意差があることが明らかになった ($\chi^2(1) = 27.9, p < .001$)．

17.3 まとめ

χ^2 検定は，観測度数（観測値）と期待度数（期待値）のズレに有意差があるかどうかを検討する統計法で，従属変数が名義尺度のデータをその分析対象とする．本章では，カテゴリー変数が 1 つの場合の適合度（一様性）の検定と，2 つの場合の独立性の検定法について説明した．

問題 17.1 日本人 113 名に，4 つのなかで一番好きな寿司のネタを選んでもらった．好きな寿司のネタを選んだ人数に偏りがあるといえるかどうか検証しなさい．

	いくら	大トロ	甘えび	いわし	合計
観測値	28	48	24	13	113
期待値					
合計					

問題 17.2 3 年 1 組と 2 組の生徒が学食の味に満足しているかどうかを調べた．1 組と 2 組の学食の満足度に偏りがあるといえるかどうか検証しなさい．（ ）の部分の期待度数も求めなさい．

	満足	不満足	合計
1 組	14( )	21( )	35
2 組	16( )	12( )	28
合計	30	33	63

さらに学びたい人のために

[1] 竹原卓真：SPSS のススメ〈1〉2 要因の分散分析をすべてカバー，北大路書房 (2007)，302 p
　本のタイトルどおり，2 要因の分散分析についてすべて網羅している．Excel のデータを SPSS にインポートする方法なども説明しているので，SPSS を初めて使う人には有用なテキストである．特に，第 16 章で紹介したシンタックスエディタについて細かく説明している．

[2] 森 敏昭・吉田寿夫 編著：心理学のためのデータ解析テクニカルブック，北大路書房 (1990)，349 p
　多重比較の方法についてわかりやすく丁寧に説明している．SPSS で用意している多重比較のうちどれを使えばいいか迷ったときの参考書として活用できる 1 冊である．

[3] 原田 章・松田幸弘：統計解析の心構えと実践—SPSS による統計解析，北大路書房 (2013)，295 p
　SPSS による統計解析の基本手順から欠損値の扱い方まで，初めて統計に接する初心者でもわかりやすく平易な用語で丁寧に説明している．多重比較の選び方についても説明している．

練習問題解答への手引き

第 1 章

問題 1.1 （本問題は，Feldman, L. B.: Beyond orthography and phonology: differences between inflections and derivations, *Journal of Memory and Language*, **33**: 442-470 (1994) に着想を得たものである）

(1) player の -er は派生接辞，played の -ed は屈折接辞である．第 1 章で紹介した考え方では，派生形の player はひとまとまりの単語として母語話者の語彙知識のなかで取り扱われる一方，屈折形の played は統語部門で作られる play の変種にすぎない．つまり player と play は，（関連はしているが）ともに独立した単語扱いである一方，played は play と異なる単語としては扱われない．よって，play に対するプライミング効果も player より played のほうが大きいと予測できる．

(2) 調べたいことは「派生と屈折の違いが影響を与えるかどうか」なので，それ以外の要因は排除されることが望ましい．そうでなければ条件間に違いがあるとわかっても，「それ以外の要因」が原因だという可能性が排除できないからである．その点では (iii) が最も適当である．(i) は，relation と related で文字数が異なることが潜在的な問題になりうる．つまり，前者のほうが長いという要因がプライミング効果の現れ方に影響を与える可能性がある．また，relate と related における t の発音は [t] であるが，relation における t の発音は [ʃ]（sh 相当）である．つまり，t の発音については related のほうが relation よりも relate に近い．本実験は音の違いの影響を調べたいわけではないので，この違いがあるのは不適切である．(ii) については，means と meant で ea の発音が異なる（means と mean の ea の発音は同じだが meant は違う）ほか，means は名詞では「方法」という意味であり，動詞 mean とは派生関係がない．さらに，means は動詞 mean の三人称現在形であるか名詞の means であるか，曖昧である．さらに，mean 自体，動詞の mean か形容詞の mean（「いじわるな」）か，曖昧である．非常に多くの問題があり，(ii) は本実験で用いるにはまったく不適切である．(iii) は上記の問題がない（refusal と refused で文字数が同じ，s の発音も同じ，品詞や意味の曖昧性がない）ので相対的に見て適切である（注：ただ，refused の 2 番目の e は無音だが，refusal の a は曖昧母音の音価が存在するという違いがあることが潜在的な問題としてないわけではない．ただし，後に続く l が共鳴音 (sonorant) であるため，

曖昧母音が脱落または同化しがちであり，無視できる範囲内である可能性が考えられる)．

(3) 1 要因 3 水準

(4) 従属変数は反応時間という量的変数であり，独立変数はプライムの種類という質的変数である．質的変数（プライムの種類）は 3 水準あるため，分散分析を行う．被験者は（項目は違えど）3 条件すべてをこなすため，被験者内に繰り返しのある分析 (F1) が可能である．また，各項目も（被験者は違えど）3 条件すべてをもつため，項目内に繰り返しのある分析 (F2) が可能である．プライムの種類の主効果が見られたら，水準間に有意差が見られるかどうか，あらかじめ計画されたペアごとの多重検定（ボンフェローニ法など）を行うことが考えられる（F1/F2 ともに）．

第 2 章

問題 2.1 新しい切手の箱
[NP [AP 新しい] [N' [NP 切手の] [N 箱]]]
　　新しいのは，切手の箱
[NP [NP [AP 新しい] [N' [N 切手の]]] [N' [N 箱]]]
　　新しいのは，切手

問題 2.2 *Who did stories about __ terrify John?
[CP Who [C' did [TP [NP stories about __] [T' terrify John]]]]

問題 2.3 (a) 付加詞による効果がなく，「良くなった」と答えた被験者数と「悪くなった」と答えた被験者数は同じ．

(b) 34 + 7 = 41 なので，十分に標本数は多いと考える．41 回試みた場合の 7 回起こる確率を計算する．二項検定をすると，この分布の偏りは統計的に有意であると認められるので，付加詞の効果があると考えられる．

問題 2.4 脚注 2 を参照のこと．

第 3 章

問題 3.1 違いが与えられた単語のみの文のペアを作り，比較してみる．

(a) 　　(A) この紐は長い．　 (B) この紐は短い．

たとえば，紐の長さが 20 メートルである場合，(A) は正しいと感じるのに対して，(B) は正しくないと感じられる．このように，同じ条件のときに，その単語を交換することにより，「真」と「偽」に分かれることから，これら 2 つの単語は同義語でないことがわかる．また，「長い」と「短い」が上位語／下位語の関係でないことは，この 2 つの文が両方「真」となる条件を作ることができないことからわかる．では，これら 2 つの単語は，反義語のうち二項対立的反義語だろうか，段階的反義語だろうか．上記の文を否定した文を作って

調べてみよう．
　　　(A') この紐は長くない．　　(B') この紐は短くない．
　(A') と (B') を比較した場合，たとえば紐が 70 センチであるとき，前者は正しいと感じ，後者は正しくないと感じるかもしれない．このように，2 つの文 A と B があるとき，それらを否定した文（上記の A' と B'）を作り，A と B' の真理条件や B と A' の真理条件を比べて違いが出る場合は，二項対立ではないといえる．したがって，「長い」と「短い」は段階的反義語であるといえる．

　　(b)　　(A) 太郎が試合に勝った．　　(B) 太郎が試合に負けた．
　この 2 つの文は，たとえば太郎が試合に勝ったとき，(A) は正しいと感じるのに対して (B) は正しくないと感じられる．このように，同じ条件のときにその単語を交換することにより「真」と「偽」に分かれることから，これらは同義語でないことがわかる．また，「勝つ」と「負ける」が上位語／下位語の関係でないことは，この 2 つの文が両方「真」となる条件を作ることができないことからわかる．では，これら 2 つの単語は，反義語のうち二項対立的反義語だろうか，段階的反義語だろうか．上記の文を否定した文を作って調べてみよう．
　　　(A') 太郎が試合に勝たなかった．　　(B') 太郎が試合に負けなかった．
　(A') と (B') を比較した場合，たとえば，太郎が試合で引き分けたときに，(A') は正しいと感じるのに対し，(B') は正しくないと感じる．このように，2 つの文 A と B があるとき，それらを否定した文（上記の A' と B'）を作り，A と B' の真理条件や，B と A' の真理条件を比べたときに違いが出る場合は，2 つの単語が二項対立ではないといえる．

　　(c)　　(A) 太郎が歩いている．　　(B) 太郎が動いている．
　この 2 つの文を考えるとき，たとえば太郎が走っているときには，(A) は正しくないと感じるのに対し，(B) は正しいと感じる．しかし，太郎が歩いているときには，両方の文が正しいと感じる．このように，「歩く」と「動く」を使って，両方の文が正しいと感じる文のペアと片方だけが正しいと感じる文のペアが作れることから，「歩く」と「動く」は上位語／下位語の関係となっていることがわかる．

問題 3.2　(1) 例：調査の結果，(i) の文の場合は，意味が合っていると思った人が 2 人，合っていないと思った人が 8 人，(ii) の文の場合は，意味が合っていると思った人が 6 人，合っていないと思った人が 4 人いたとする．表で示すと次のようになる．

	意味が合っている	意味が合っていない
(i)	2	8
(ii)	6	4

(2) まず，主語が数量詞で動詞が否定形の文を作る．
　　(i) 1 頭の馬がカニを運んでいない．
論理的に考えると，この文は 2 つの意味をもつ可能性がある．

(a) 馬が3頭いるとき，2頭はカニを運んでいるが，1頭は運んでいない．
(one horse >> negation：1頭の馬が否定より広いスコープをとっている)
(b) 1頭の馬がすべてのカニを運んでいる，というわけではない．
(negation >> one horse：否定が1頭の馬より広いスコープをとっている)

上記 (1) で使った絵の場合，文が (a) の意味のみをもつとき，状況と意味が合っていないのに対し，(b) の意味のみの場合は状況と意味が合っている．(2) と同じように聞きとり調査をすることにより，話者の直感について調査することができる．

(3) この調査の結果は，たとえばフィッシャーの正確確率検定を使って割合の比較をすると，違いに統計的に有意差があるかどうか判断できる．

第4章

問題 4.1 (a) 何頭かの牛は哺乳類だ．

この文の真理値は，「真」となる．なぜなら，何頭か牛を選び，どれもが哺乳類であるかどうかを調べると，どの牛をとっても哺乳類である．そのため，この文の真理値は「真」となるので，質の公理には反していない．この文がどの公理に反しているか考えるためには，次のような文と比べてみる必要がある．

(i) どの牛も哺乳類だ．

この2つの文の違いは，片方は「何頭かの牛」であるのに対し，もう一方は「どの牛も」となっていることである．この2つの表現を比べたとき，「どの牛も」を使った文を正しくする状況のほうが，「何頭かの牛」を正しくする状況より限られているといえる．これは，以下のような文を比べたときにわかる．

(ii) （世界中の）何頭かの牛は白い．
(iii) （世界中の）どの牛も白い．

(ii) を正しくする状況というのは，世界中の牛のなかの何頭かが白ければよく，全頭が白い必要はない．これに対し，(iii) の場合，世界中の牛の全頭が白い必要があり，1頭でも白くない牛がいる場合は，真理値が「偽」となる．このとき大切なのは，世界中の牛の全頭が哺乳類である場合，「何頭かの牛は哺乳類だ」という文の真理値は「真」となることである．文を2つ比べて，1つの文の真理値を「真」とする状況がもう1つの文の真理値を「真」とする状況を含む場合，グライスの協調の原理の「質」の公理は，より少ない状況で正しくなる文を使うことを求める．上記の (a) の文の場合，これよりもさらに少ない状況で正しくなる文が存在し，後者の文の真理値も「真」であることから，質の公理を反している，といえる．

(b) 牛だけが哺乳類だ．

この文は，世界に存在する生き物（またはすべての個体）のそれぞれを「X が哺乳類だ」の X の部分に入れたとき，文の真理値を「真」とする生き物が「牛」だけである場合に，「正」となる．逆にいえば，もし「X が哺乳類だ」の X の部分に入れたとき，文の真理値を

「真」とする生き物のなかに「牛」以外のものがいる場合，真理値は「偽」となる．たとえば，「人間」をXの部分に入れた場合（「人間が哺乳類だ」）も真理値が「真」となるため，上記の文の真理値は「偽」であるので，「質」の公理に反している．

(c) 生き物は全部哺乳類だ．
　この文は，世界に存在する生き物（または，すべての個体）のそれぞれを「Xが哺乳類だ」のXの部分に入れたとき，文の真理値が「真」になる場合に，正しいと判断される．生き物には，哺乳類の動物だけではなく魚や昆虫なども含まれる．これらをXの部分に入れた場合，文の真理値は「偽」となる（例：「カブトムシは哺乳類だ」）．このため，この文の真理値は「偽」となり，「質」の公理に反しているといえる．

問題 4.2 (a)［真理値は1になるが，スケーラー・インプリカチャーのために違和感を感じる文］の例：
- 多くのバラが植物だ．（vs.「どのバラも植物だ．」）
- 多くの子どもが20歳以下だ．（vs.「どの子どもも20歳以下だ．」）
- 多くの人に心臓がある．（vs.「どの人にも心臓がある．」）
- 多くの正方形に4つの角がある．（vs.「すべての正方形に4つの角がある．」）
- 多くの3歳児は3歳である．（vs.「すべての3歳児は3歳である．」）
- 多くの象は鼻が長い．（vs.「どの象も鼻が長い．」）

(b)［真理値が1になり，スケーラー・インプリカチャーも正しいと感じる文］の例：
- 多くのバラにトゲがある．（vs.「どのバラにもトゲがある．」）
- 多くの子どもが10歳以下だ．（vs.「どの子どもも10歳以下だ．」）
- 多くの人が右利きだ．（vs.「どの人も右利きだ．」）
- 多くの年は日数が365日だ．（vs.「どの年も日数が365日だ．」）
- 多くの車はガソリンを使って走る．（vs.「どの車もガソリンを使って走る．」）
- 多くの日本人が関東地方に住んでいる．（vs.「どの日本人も関東地方に住んでいる．」）

第6章

問題 6.1　一様性のカイ2乗検定の結果から，第1要素であるCVN-あるいはCVCV-の構造を有する和語，漢語，外来語に第2要素として/hukari/を加えることで産出された複合語のうち，第1要素がCVCV-構造をもつ漢語である/butu/（仏）と外来語/mini/（ミニ）の2例以外において，第2要素の始めの無声阻害音の有声化（連濁）が好まれている．同様の傾向は，第2要素が/hasuri/の場合においても観察され，第1要素が/butu/を除いて，/hasuri/の始めの/h/の有声化が好まれるのがわかる．すなわち，36の複合語のうち，33語において，第2要素の始めの無声阻害音の有声化が好まれた．
　第2要素が連濁の生起に何らかの影響を与えているかどうかを見るために，/hukari/が用いられている18語と/hasuri/が用いられている18語を，それぞれ独立性のカイ2乗検定で比較してみると，第1要素として和語の/doN/（どん）が用いられている場合のみ，/hukari/

と /hasuri/ の間に有意な違いが見られた．/doN/ と /hasuri/ から成る複合語に比べ，/doN/ と /hukari/ から成る複合語において連濁生起の頻度が高いことがわかった．しかし，全般的に，第 2 要素の始めの無声阻害音の有声化が好まれるという事実に変わりはない．

問題 6.2 語種および音節構造の独立変数について，主効果が有意であるという結果が得られたことは，すでに報告済みである．そこで，語類に基づいた各組の違いの単純対比を見ると，次のようなことがわかる．第 1 に，CVN-構造から成る和語と漢語が第 1 要素の場合，それらは第 2 要素の阻害音有声化に似た影響を与えるが，他の語型では異なる．第 2 に，CVN- と CVCV-構造から成る外来語と CVCV-構造から成る和語が第 1 要素の場合，それらは第 2 要素の阻害音有声化に似た影響を与えるが，他の語型では異なる．第 3 に，CVCV-構造から成る漢語は 2 要素の有声化誘因力が最も弱い．

さらに，(26) の結果を有声化誘因力の違いの観点から説明すると，次のようなことがいえる．和語が第 1 要素として用いられた場合，漢語や外来語に比べ，第 2 要素始めの阻害音に対し，より強い有声化誘因力を示す．加えて，CVN-構造から成る語が第 1 要素として用いられた場合，CVCV-構造から成る語に比べ，第 2 要素始めの阻害音に対し，より強い有声化誘因力を示す．そして，CVN-構造から成る和語と漢語は，他の語型に比べて，より強い有声化誘因力を示す．

第 7 章

問題 7.1 第 13 章「統計の考え方」を参考に，分散分析を実施する前提としてデータがどのような条件を満たしている必要があるか考えてみよう．データはどのようなタイプ（尺度）に分類されただろうか．そして，ここで分析対象となる「産出割合」はどのタイプにあてはまるだろうか？

問題 7.2 問題 7.1 と同様に，データがどのような特徴をもっているか，考えてみよう．問題 7.1 で検討した「産出割合」と問題 7.2 で検討する「凝視率」には，どのような相違があるだろうか．たとえば，検討する区間を刺激呈示後 400～600 ミリ秒の間であるとしよう．もしその直前の 100～300 ミリ秒の間でほとんどの被験者が有生物を見ていたら，検討する区間の凝視率は分散分析を実施する前提を満たしているといえるだろうか？ 第 13 章「統計の考え方」を参考に，考えてみよう．

第 8 章

問題 8.1 この練習問題では，漢字または平仮名提示された語が視覚提示されてから発音に達するまでの命名潜時を分析し，日本語の漢字がどのような単位で音韻処理されるかを検証したデータを取り上げている．

3 (拍数：1～3 拍) ×3 (条件：条件 1～3 まで) の反復のある二元配置の分散分析の結果，拍数と条件の両主効果が有意であり，両変数の交互作用も有意であった．また，条件ごとに

反復のある一元配置の分散分析を行った結果，漢字1字の提示（たとえば，「蚊」「旅」「姿」）では，有意な主効果がなかったものの，同じ漢字表記語の平仮名提示（たとえば，「か」「たび」「すがた」）では有意な主効果があり，さらに，平仮名提示の無意味綴（たとえば，「く」「ちの」「さそに」）でも主効果が有意であった．

　これらの結果を総合すると，まず漢字を1字提示した条件では，1拍の/ka/「蚊」，2拍の/tabi/「旅」，3拍の/sugata/「姿」のどの拍数であっても，同じ命名潜時（視覚提示された語を見てから，発音が始まるまでの時間）であり，漢字1字とその発音の関係は漢字形態素レベルで直接結び付いていると考えられる．つまり，「姿」という漢字を視覚的に提示されると，その発音である/sugata/が直接に浮かんできて発音に達する．言語心理学の語彙処理のメカニズムで説明すれば，「姿」の書字的表象が活性化され，そこから/sugata/という音韻的表象が漢字を単位として活性化され，発音に達するというプロセスになる．このことは，同じ漢字を平仮名提示した場合には主効果が有意になり，拍数が増えるごとに命名潜時が長くなることからも裏付けられる．さらにまた，平仮名の無意味綴の1～3拍の場合には，命名潜時が1拍で478ミリ秒，2拍で523ミリ秒，3拍では633ミリ秒と順次長くなっており，平仮名1つと1拍との対応関係による音韻処理が行われていることがわかる．

　以上のことから，漢字は，それ自体が1つの単位として，書字から音韻へと処理が進むことが実証された．

　詳細は，玉岡賀津雄：命名課題において漢字1字の書字と音韻の単位は一致するか，『認知科学』12(2), 47-73 (2005) を参照のこと．

問題 8.2　スリランカで話されているシンハラ語の語順は，きわめて自由である．そこで，可能なすべての語順の文を視覚提示して，正しいシンハラ語であるかどうかの判断時間（文正誤判断課題）を測定し，文の処理メカニズムを検証した．そのために，主語 (S) と目的語 (O) の2項を要求する他動詞 (V) の文から作られるすべての6種類の語順について，文正誤判断までに要した時間を分析した．反復のある一元配置の分散分析の結果，主効果が有意であった．どの語順の処理時間が速いかを判断するために，単純対比ですべての語順について比較した結果，SOV < SVO = OVS < OSV = VSO = VOS という順で，処理速度が有意に異なっていた．

　シンハラ語では，動詞が最後にくる SOV が正順語順であるといわれている．実際に，SOV は処理時間が 1663 ミリ秒で，6つの語順のなかで最も速く，正順語順であることが人間の文処理の観点からも実証された．さらに，スリランカでは英語もよく使われているので，SVO も第二の正順語順であるという主張がある．これも，SVO が 1717 ミリ秒という迅速な処理であったことから証明されたかに見える．しかし，OVS の処理も 1735 ミリ秒と速く，SVO と 18 ミリ秒しか差がなく，この差は有意ではなかった．つまり，偶然に生じた差であった．SVO と OVS が同じ処理速度であったことは，スリランカ人がシンハラ語と英語のバイリンガルであることでは説明がつかない．

　あくまで1つの可能性ではあるが，移動を含んだ以下のような構造を考えることができる．まず，シンハラ語には，主語と動詞の素性 (features) の一致 (agreement) がない．そ

こで，SOV の正順語順をシンプルな統語構造として [$_{TP}$ S [$_{VP}$ O V]] と想定する．次に，S と O は，いずれも統語上において同じ高さで動詞の右側にも移動できると仮定する．SVO は，O が V の右側に移動した [$_{TP}$ S [$_{VP}$ t_1V O_1]]，OVS は S が動詞の右側に移動した [$_{TP}$ t_1 [$_{VP}$ O V] S_1] と考えられる．いずれも，右側への移動だけであるため，処理時間も同じであったと説明できる．一方，OSV については，O が長距離移動（2 つのレベルの移動）した結果 [$_{TP'}$ O_1 [$_{TP}$ S [$_{VP}$ t_1 V]]] となり，VOS については，V が長距離移動した結果 [$_{TP'}$ V_1 [$_{TP}$ S [$_{VP}$ O t_1]]] となったと考える．さらに，VOS については，S と O の両方が動詞の右側に移動した [$_{TP}$ t_1 [$_{VP}$ t_2 V O_2] S_1] と想定できる．

以上の統語構造を想定することで，すべての語順を説明することが可能である．まず，SOV が正順語順である．OSV と VSO は長距離移動，VOS は S と O の 2 つが右側へ移動した二重移動となり，これらの語順がすべて同じ処理速度になったと考えられる．さらに，これら 3 つの語順は，右側への短距離移動のみである SVO および OVS よりも複雑な移動をともなうので，処理速度が遅延したと考えられる．

詳細は，Tamaoka, K., Kanduboda, P. B. A., Sakai, H.: Effects of word order alternation on the sentence processing of Sinhalese written and spoken forms. *Open Journal of Modern Linguistics,* **1**(2), 24-32 (2011) を参照のこと．

第 9 章

問題 9.1 Hasegawa (2006) によると，UG のパラメータのはたらきによって，前置詞残留と swiping に関して，言語の種類は以下の 3 種類に限定される．

① 前置詞残留と swiping のいずれも許容しない言語
② 前置詞残留のみを許容し，swiping を許容しない言語
③ 前置詞残留と swiping の両方を許容する言語

つまり，以下のような言語は，パラメータによって獲得可能な言語からは排除されており，存在しないことになる．

④ 前置詞残留を許容せず，swiping のみを許容する言語

これは，前置詞残留と swiping の両方が，同一のパラメータの特定の値を必要とし，swiping についてはさらに他のパラメータの特定の値が必要とされることから生じていると考えられる．したがって，前置詞残留の獲得に必要な知識は swiping の獲得に必要な知識の一部という関係が成り立っているため，英語を母語とする幼児は swiping を前置詞残留よりも先に獲得することはない，という予測が導かれる．

問題 9.2 (iii) から，前置詞残留と swiping の両方が発話されるようになってからの，前置詞残留を含む発話の相対的頻度は，$12 \div (12 + 8) = 0.6$ となる．

(ii) にあるように，Aran は，swiping を含む発話を行うようになる以前に，前置詞残留を含む発話を 14 回行っている．0.6 という相対的頻度をもった前置詞残留が，偶然，swiping よりも先に 14 回発話される確率は，0.6 の 14 乗によって得られ，0.00078 となる．有意水準を 1%とした場合，この値は 1%よりも（はるかに）小さいため，「Aran は，偶然，前置

詞残留を swiping よりも先に 14 回発話した」という帰無仮説は棄却され，Aran は前置詞残留を swiping よりも先に獲得しているといえる．

第 10 章

問題 10.1 本問題は White *et al.* (1991) の実験内容を簡略化してある．
　(a) t 検定
　(b) 一元配置分散分析
　(c) 反復測定の一元配置分散分析

問題 10.2
　(a) 負の相関 (r= −.63)
　(b) ともに相関なし
　(c) Bialystok, E.: On the reliability of robustness. *Studies in Second Language Acquisition*, **24**: 481-488 (2002) を参照のこと．
　(d) 同上参照のこと．

第 11 章

問題 11.1 この問題の独立変数は文の種類のみなので，まずは 1 要因となる（電極は 1 点のため，要因として考慮する必要がない）．要因を構成する条件は，正文，非文 1，非文 2 の 3 条件で水準は 3 となり，分散分析を行う．また，事例研究で紹介した先行研究同様，被験者一人一人が各水準のデータに関与していることから，被験者内要因であることがわかる．これにより，まずは 1 要因 3 水準の被験者内分散分析を実施する．要因の主効果が出た場合には多重比較を行うが，その際には，球面性の仮定が得られているかどうかを確認することを忘れないように注意すること．

問題 11.2 この問題の独立変数は「文の種類」に加え，年齢（大人・子ども），電極位置 (ROI) が含まれる．まずは，被験者内要因と被験者間要因を明確にしよう（研究事例 2 を参照）．ここでは，文の種類，ROI は被験者内要因，年齢は被験者間要因となる．各要因の水準は，文の種類が 3，ROI が 2，年齢が 2 となる．被験者内要因のみでは，文の種類 (3)×ROI(2) の 2 要因の分散分析となるが（研究事例 1 を参照），ここに年齢の要因が加わるため，文の種類 (3)×ROI(2)× 年齢 (2) の 3 要因混合計画の分散分析となる．
　問題 11.1 とは異なり本問題では，主効果に加え，交互作用の評価が必要となる．ここでは，年齢による文の種類ならびに各 ROI における脳波の振幅に違いがあるかどうかを評価することができる．

第 12 章

問題 12.1 （解説なし）

問題 12.2 「高く買う」には，「高価に購入する」という文字どおりの意味 (1) での使い方と，「大いに価値を認める」というイディオム的な使い方 (2) とがある．検索文字列として「高く買」を指定したのは，「高く買う」のさまざまな活用形を含めるためである．70 件の検索結果には前後それぞれ 40 字までの文脈が添えられているが，どちらの使い方であるかは概ね判別可能である．前者では，取引に関係する他の語句が共起していることが多い．

目的語となっている語句は，多くの場合，前文脈に現れる．(1) では，売買の対象物を指す名詞であることが普通であるが，古代ローマを舞台にした歴史書で「腕のよい剣闘士を高く買いとって」と人が売買の対象になっている．(2) では，人ないしその能力や行動を表す語句が目的語になっている場合がほとんどであるが，「資源の価値を，余りに高く買かぶり」という例も見られる．

後文脈に注目すると，「高く買いとる」(7 例)，「高く買い上げる」(2 例)，「高く買い入れる」(2 例) は文字どおりの意味に限られており，「高く買わされる」(5 例)，「高く買ってしまう」(4 例) も同様である．一方，「高く買っている」(11 例) はいずれもイディオムである（「買ってる」「買ってはいる」「買ってもいる」を含む）．「高く買ってくれる」は文字どおりが 8 例，イディオムが 6 例と，両方の使い方が見られる．

第 13 章

問題 13.1 体重が 98kg もある田中君は，今朝 38°C も高熱があったが，テストのため誰よりも早く，1 番に試験会場に到着した．

比率尺度	表現	98kg
	理由	体重は等間隔で，0kg は体重がないことを意味する．
間隔尺度	表現	38°C
	理由	温度計の目盛の間隔は等しいが，0°C は温度がないことを意味しない．
順序尺度	表現	1 番
	理由	1 番，2 番，3 番のような順位の間隔が等しいという保証はなく，また 0 位は存在しない．
名義尺度	表現	田中君
	理由	名前や性別の間隔が等しいとは考えにくく，男性に 0 という任意の番号をつけたとして，0 が無を意味するわけではない．

問題 13.2 このコインは偏りがない.

問題 13.3 5回 $((1/2)^5 = 1/32 = 0.03125 ≒ 3\%)$

問題 13.4
比率尺度：速度，血圧，経過時間
間隔尺度：時刻，知能指数，体温
順序尺度：好きな果物のランキング，売り上げの順位，満足度の順位
名義尺度：職種，喫煙経験の有無，結婚歴の有無

第 14 章

問題 14.1 t検定：等分散を仮定した2標本による検定

	C 大学（点数）	D 大学（点数）
平均	89.16666667	83.57142857
分散	14.16666667	14.28571429
観測数	6	7
プールされた分散	14.23160173	
仮説平均との差異	0	
自由度	11	
t	2.665904883	
P(TR<=t) 片側	0.010976991	
t 境界値 片側	1.795884819	
P(T<=t) 両側	0.021953981	
t 境界値 両側	2.20098516	

C 大学と D 大学 2 年生の英語能力の差は偶然によるものではない ($t(11) = 2.67, p < .05$).

問題 14.2

【対応サンプルの統計量】

		平均値	N	標準偏差	平均値の標準誤差
ペア 1	学習開始時	71.43	7	17.252	6.521
	3ヶ月後	82.14	7	16.293	6.158

【対応サンプルの検定】

		対応サンプルの差						
		平均値	標準偏差	誤差	差の95%信頼区間		t値	自由度	有意確率（両側）
					下限	上限			
ペア1	学習開始時〜3ヶ月後	−10.714	27.299	10.318	−35.962	14.533	−1.038	6	.339

学習開始時と3ヶ月後の得点の差（11点）は偶然によるもので，学習開始時より文法力が伸びたとはいえない ($t(6) = -1.04, p = .34, n.s.$)．

問題 14.3 有意水準が1%で，自由度が12のときの限界値は3.05である．検定結果のt値は2.35で棄却域に入るため，有意差があるといえない．

第15章

問題 15.1 分散分析：一元配置

グループ	標本数	合計	平均	分散
A国	6	550	91.666667	66.666667
B国	5	390	78	270
C国	6	485	80.833333	14.166667

【分散分析表】

変動要因	変動	自由度	分散	観測された分散比	P値	F境界値
グループ間	592.30392	2	296.15196	2.7935727	0.0953012	3.7388918
グループ内	1484.1667	14	106.0119			
合計	2076.4706	16				

$F(2, 14) = 3.74, p = .10, n.s.$ で，留学生17名の漢字能力には差がない結果となった．

問題 15.2

【新しく導入した漢字学習法の効果】

導入期間	漢字テストの結果（100 点満点）	
	平均	標準偏差
1 年目	62.9	3.06
2 年目	67.1	4.61
3 年目	73.6	3.73
分散分析の結果	$F(2,12) = 8.85, p < .005$	
多重比較の結果	$1-2 n.s.; 1-3 s.; 2-3 n.s.$	

3 年目の成績が 1 年目に比べ有意に伸びたので，新しく導入した漢字学習法に一定の効果があったといえる．

第 16 章

問題 16.1 (1) 2×3 の分散分析で，要因数は 2，水準数は 2 と 3（要因 1：国，要因 2：テスト回数，要因 1 の水準：C 国と F 国，要因 2 の水準：1 回目と 2 回目，3 回目）．

(2)

【被験者間効果の検定】

ソース	タイプ III 平方和	自由度	平均平方	F 値	有意確率
切片	196800.595	1	196800.595	462.844	.000
国籍	5.357	1	5.357	.013	.912
誤差	5102.381	12	425.198		

出身国の主効果は有意ではなかった（$F(1,12) = .01, p = .91, n.s.$）．

(3)

【被験者内効果の検定】

ソース		タイプ III 平方和	自由度	平均平方	F 値	有意確率
テスト回数	球面性の仮定	758.333	2	379.167	8.237	.002
	Greenhouse-Geisser	758.333	1.641	462.229	8.237	.004
	Huynh-Feldt	758.333	2.000	379.167	8.237	.002
	下限	758.333	1.000	758.333	8.237	.014
テスト回数 × 国籍	球面性の仮定	153.571	2	76.786	1.668	.210
	Greenhouse-Geisser	153.571	1.641	93.607	1.668	.216
	Huynh-Feldt	153.571	2.000	76.786	1.668	.210
	下限	153.571	1.000	153.571	1.668	.221
誤差(テスト回数)	球面性の仮定	1104.762	24	46.032		
	Greenhouse-Geisser	1104.762	19.687	56.116		
	Huynh-Feldt	1104.762	24.000	46.032		
	下限	1104.762	12.000	92.063		

【ペアごとの比較】

国籍	(I) テスト回数	(J) テスト回数	平均値の差 (I−J)	標準誤差	有意確率[a]	95% 平均差信頼区間[a]	
						下限	上限
C 国 (非漢字圏)	1	2	−1.429	3.141	1.000	−10.158	7.301
		3	−5.714	4.393	.653	−17.926	6.497
	2	1	1.429	3.141	1.000	−7.301	10.158
		3	−4.286	3.208	.619	−13.201	4.630
	3	1	5.714	4.393	.653	−6.497	17.926
		2	4.286	3.208	.619	−4.630	13.201
F 国 (漢字圏)	1	2	−7.143	3.141	.126	−15.872	1.587
		3	−15.000*	4.393	.015	−27.212	−2.788
	2	1	7.143	3.141	.126	−1.587	15.872
		3	−7.857	3.208	.092	−16.773	1.058
	3	1	15.000*	4.393	.015	2.788	27.212
		2	7.857	3.208	.092	−1.058	16.773

推定周辺平均に基づいた

a. 多重比較の調整:Bonferroni.

*. 平均の差は .05 水準で有意です.

日本語の漢字力に影響を与える要因は,母語が漢字圏かどうかではなく,学習期間であることがわかった.また,1 回目と 3 回目の伸びの程度に注目したとき,漢字圏の F 国からの留学生が非漢字圏の C 国の留学生に比べ,有意に漢字力が上がっていることもわかった.

問題 16.2 (1) 2×3 の分散分析(要因 1:留学経験の有無,要因 2:学習時間,要因 1 の水準:留学経験のありとなし,要因 2 の水準:1 時間未満,1 時間以上 2 時間未満,2 時間以上)
(2) 二元配置の繰り返しのない分散分析
(3)

【記述統計量】

留学経験	学習時間	平均値	標準偏差	N
留学経験あり	1 時間未満	71.25	8.539	4
	1 時間以上 2 時間未満	80.00	7.071	2
	2 時間以上	85.00	7.071	2
	総和	76.87	9.234	8
留学経験なし	1 時間未満	62.50	3.536	2
	1 時間以上 2 時間未満	75.00	.000	2
	2 時間以上	86.67	5.774	3
	総和	76.43	11.443	7
総和	1 時間未満	68.33	8.165	6
	1 時間以上 2 時間未満	77.50	5.000	4
	2 時間以上	86.00	5.477	5
	総和	76.67	9.940	15

【被験者間効果の検定】

ソース	タイプ III 平方和	自由度	平均平方	F 値	有意確率
修正モデル	985.417[a]	5	197.083	4.458	.025
切片	82058.132	1	82058.132	1855.974	.000
留学経験	56.519	1	56.519	1.278	.287
学習時間	915.763	2	457.881	10.356	.005
留学経験 * 学習時間	69.536	2	34.768	.786	.484
誤差	397.917	9	44.213		
総和	89550.000	15			
修正総和	1383.333	14			

a. R2 乗 = .712(調整済み R2 乗 = .553)

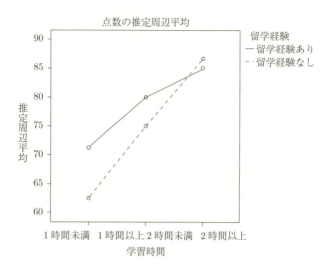

点数の推定周辺平均

【留学経験 * 学習時間】

留学経験	(I) 学習時間	(J) 学習時間	平均値の差 (I-J)	標準誤差	有意確率[a]	95% 平均差信頼区間[a]	
						下限	上限
留学経験あり	1時間未満	1時間以上2時間未満	−8.750	5.758	.489	−25.641	8.141
		2時間以上	−13.750	5.758	.122	−30.641	3.141
	1時間以上2時間未満	1時間未満	8.750	5.758	.489	−8.141	25.641
		2時間以上	−5.000	6.649	1.000	−24.505	14.505
	2時間以上	1時間未満	13.750	5.758	.122	−3.141	30.641
		1時間以上2時間未満	5.000	6.649	1.000	−14.505	24.505
留学経験なし	1時間未満	1時間以上2時間未満	−12.500	6.649	.278	−32.005	7.005
		2時間以上	-24.167*	6.070	.010	−41.972	−6.362
	1時間以上2時間未満	1時間未満	12.500	6.649	.278	−7.005	32.005
		2時間以上	−11.667	6.070	.260	−29.472	6.138
	2時間以上	1時間未満	24.167*	6.070	.010	6.362	41.972
		1時間以上2時間未満	11.667	6.070	.260	−6.138	29.472

推定周辺平均に基づいた

a. 多重比較の調整：Bonferroni.

*. 平均の差は .05 水準で有意です.

以上から，少なくとも英語の文法能力に影響を与える要因は，留学経験の有無ではなく，学習時間であることが明らかになった ($F(2,9) = 10.36, p < .005$). また，留学経験のある学生グループでは，学習時間の違いによる文法能力の差は認められなかったが，留学経験のない学生グループでは，1時間未満と2時間以上の学習時間で文法能力に差があることがわかった．

第 17 章

問題 17.1

	いくら	大トロ	甘えび	いわし	合計
観測値	28	48	24	13	113
期待値	28.25	28.25	28.25	28.25	113
合計	56.25	76.25	52.25	41.25	226

$\chi^2(3) = 22.68, p < .01$ で好きな寿司のネタを選んだ人数には偏りがあるといえる．

問題 17.2

【クラスと満足度 のクロス表】

		満足度		合計
		不満足	満足	
クラス 1組	度数	21	14	35
	期待度数	18.3	16.7	35.0
	調整済み残差	1.4	-1.4	
2組	度数	12	16	28
	期待度数	14.7	13.3	28.0
	調整済み残差	-1.4	1.4	
合計	度数	33	30	63
	期待度数	33.0	30.0	63.0

【カイ2乗検定】

	値	自由度	漸近有意確率（両側）	正確有意確率（両側）	正確有意確率（片側）
Pearson のカイ2乗	1.833	1	.176		
連続修正 b	1.210	1	.271		
尤度比	1.840	1	.175		
Fisher の直接法				.210	.136
有効なケースの数	63				

	満足	不満足	合計
1組	14(16.667)	21(18.333)	35
2組	16(13.333)	12(14.667)	28
合計	30	33	63

1組と2組の学食の満足度には偏りがない（$\chi^2(1) = 1.83, n.s.$).

参考文献

第 1 章

Morris, H., Marantz, A.: Distributed Morphology and the Pieces of Inflection. In: Hale, K., Keyser, S. J. (eds), *The View from Building 20*. 111–176. MIT Press (1993), 284 p

Hockett, C.F.: The origin of speech. *Scientific American*, **203**: 89–97 (1960)

影山太郎：文法と語形成，ひつじ書房 (1993)，395 p

Gibson, E.: The dependency locality theory: a distance-based theory of linguistic complexity. In: Marantz, A.P., Miyashita, Y., O'Neil, W. (eds) *Image, Language, Brain*. 95–126. MIT Press (2000), 280 p

Matsumoto, Y.: *Complex Predicates in Japanese: A Syntactic and Semantic Study of the Notion 'Word'*. CSLI, Stanford University (1996), 359 p

Nakatani, K.: *Predicate Concatenation: A Study of the V-te V Predicate in Japanese*. Kurosio (2013), 265 p

Nakatani, K., Gibson, E.: Distinguishing theories of syntactic storage costs: evidence from Japanese. *Linguistics*, **46**: 63–87 (2008)

Nakatani, K.: Processing complexity of complex predicates: a case study in Japanese. *Linguistic Inquiry*, **37**: 625–647 (2006)

Pinker, S.: *Words and Rules*. Perennial (1999), 359 p

Shibatani, M.: Causativization. In: Shibatani, M. (ed) *Syntax and Semantics 5: Japanese Generative Grammar*. 289–294. Academic Press (1976), 591 p

Sugioka, Y., Ito, T., Hagiwara, H.: Computation vs. memory in Japanese causative formation: evidence from agrammatic aphasics. *Cognitive Studies*, **8**: 37–62 (2001)

第 2 章

Chomsky, N.: On wh-movement. In: Culicover, P., Wasow, T., Akmajian, A. (eds), *Formal Syntax*. 71–132. Academic Press (1977), 512 p

Fukuda, S., Polinsky, M.: Licensing of floating nominal modifiers and unaccusativity in Japanese. In: Santana-LaBarge, R.E. (ed), *Proceedings of the 31st West Coast Conference on Formal Linguistics*, 189–198. Cascadilla Proceedings Project (2014)

Goodall, G.: Syntactic satiation and the inversion effect in English and Spanish wh-questions. *Syntax*, **14**: 29–47 (2011)

三原健一:構造から見る日本語文法,開拓社 (2008), 173 p

三原健一:数量詞連結構文と'結果'の含意,『言語』,**27**(6): 86–95, **27**(7): 94–102, **27**(8): 104–113 (1998)

Miyagawa, S.: *Structure and Case Marking in Japanese*. Academic Press (1989), 275 p

Nakanishi, K.: Syntax and semantics of floating numeral quantifiers. In: Miyagawa, S., Saito, M. (eds), *Oxford Handbook of Japanese Linguistics*, 287–319. Oxford University Press (2008), 565 p

Snyder, W.: An experimental investigation of syntactic satiation effects. *Linguistic Inquiry*, **31**: 575–582 (2000)

Triola, M.F.: *Elementary Statistics, 12th edition*. Pearson (2012), 840 p

第 3 章

Alxatib, S., Pelletier F.J.: The psychology of vagueness: borderline cases and contradictions. *Mind and Language*, **26**: 287–326 (2011)

Crain, S., Thornton, R. (1998) *Investigations in Universal Grammar*. MIT Press (1998), 351 p

Goro, T.: *Language-Specific Constraints on Scope Interpretation in First Language Acquisition*. Ph.D. Dissertation. University of Maryland, College Park, MD (2007), 372 p

Grice, P.: *Studies in the Way of Words*. Harvard University Press (1989), 402 p

Hoji, H.: *Logical Form Constraints and Configurational Structures in Japanese*. Ph.D. Dissertation. University of Washington, Seattle (1985), 401 p

Jaeger, T.F.: Categorical data analysis: away from ANOVAs (transformation or not) and towards logit mixed models. *J Memory Language*, **59**: 434–446 (2008)

Kamp, H.: Two theories about adjectives. In: Keenan, E.L. (ed), *Formal Semantics of Natural Language*, 123–155. Cambridge University Press (1975), 488 p

Kuno, S.: *The Structure of the Japanese Language*. MIT Press (1973), 422 p

Ripley, D.: Contradictions at the borders. In: Nouwen, R., van Rooij, R., Sauerland, U., Schmitz, H. (eds), *Vagueness in Communication*, 169–188. Springer (2011), 206 p

Sauerland, U.: Vagueness in language: the case against fuzzy logic revisited. In: Cintula, P., Fermüller, C., Godo, L., Hàjek, P. (eds), *Understanding Vagueness - Logical, Philosophical and Linguistic Perspectives*, 185–198. College Publications (2011), 432 p

Sauerland, U., Yatsushiro, K.: Remind-me presuppositions and speech-act decomposition: Japanese *kke* and German *wieder* (To appear in Linguistic Inquiry). (2014)

Van Tiel, B.: *Quantity Matters: Implicatures, Typicality, and Truth*. Ph.D. Dissertation. Radboud Universiteit Nijmegen (2014)

第 4 章

Barner, D., Neon, B., Alan, B.: Accessing the unsaid: The role of scalar alternatives in children's pragmatic inference. *Cognition*, **118**: 87–96 (2011)

Grice, H.P.: Meaning. *Philosophical Review*, **66**: 377–388 (1957)

Grice, H.P.: *Studies in the Way of Words*. Harvard University Press (1989), 402 p

Van Der Henst, J-B., Carles, L., Sperber, D.: Truthfulness and relevance in telling the time. *Mind & Language*, **17**: 457–466 (2002)

Horn, L.: Greek Grice: A brief survey of proto-conversational rules in the history of logic. *Proceedings of Ninth regional meeting of the Chicago Linguistic Society*, 205–214 (1973)

Huang, Y. T., Snedeker, J.: 'Logic & Conversation' revisited: evidence for a division between semantic and pragmatic content in real time language comprehension. *Language and Cognitive Processes*, **26**: 1161–1172 (2011)

Geurts, B., Pouscoulous, N.: Embedded implicatures?!? *Semantics and Pragmatics*, **2**: 1–34 (2009)

Krifka, M.: Approximate interpretation of number words: a case for strategic communication. In: Bouma, G., Krämer, I., Zwarts, J. (eds), *Cognitive foundations of interpretation*. 111–126, Koninklijke Nederlandse Akademie van Wetenschapen (2007), 203 p

Noveck, I.A.: When children are more logical than adults: experiental investigations of scalar implicature. *Cognition*, **78**: 175–188 (2001)

Sauerland, U.: Scalar implicatures in complex sentences. *Linguistics and Philosophy*, **27**: 367–391 (2004)

Sauerland, U., Yatsushiro, K. (eds): *Semantics and Pragmatics: From Experiment to Theory*. Palgrave MacMillan (2009), 341 p

Sauerland, U., Gotzner, N.: Familial Sinistrals avoid exact numbers. *PloS ONE*, **8**: e59103 (2013)

Sperber, D., Noveck, I.: Introduction. In: Noveck, I., Sperber, D. (eds), *Experimental Pragmatics*, 1–22. Palgrave MacMillan (2004), 356 p

Van der Henst, J.B., Carles, L., Sperber, D.: Truthfulness and relevance in telling the time. *Mind & Lauguage*, **17**: 457–466 (2002)

第 5 章

Gimson, A.C., Cruttenden, A.: *Gimson's Pronunciation of English (5th edition)*. Edward Arnold (1994), 320 p

International Phonetic Association: *Handbook of the International Phonetic As-*

sociation: A Guide to the Use of the International Phonetic Alphabet. Cambridge University Press (1999), 214 p

第 6 章

Backley, P.: *An Introduction to Element Theory.* Edinburgh University Press (2011), 224 p

Backley, P., Nasukawa, K.: Representing labials and velars: a single 'dark' element. *Phonological Studies*, **12**: 3–10 (2009)

Clements, G.N., Hume, E.V.: The internal organization of speech sounds. In: Goldsmith, J.A. (ed), *Handbook of Phonological Theory*: 245–306. Blackwell (1995), 1000 p

Gimson, A.C., Cruttenden, A.: *Gimson's Pronunciation of English (5th edition).* Edward Arnold (1994), 320 p

Harris, J.: *English Sound Structure.* Blackwell (1994), 331 p

Harris, J.: Vowel reduction as information loss. In: Carr, P., Durand, J., Ewen, C.J. (eds), *Headhood, Elements, Specification and Contrastivity: Phonological Papers in Honour of John Anderson*, 119–132. John Benjamins (2005), 433 p

Harris, J., Lindsey, G.: The elements of phonological representation. In: Durand, J., Katamba, F. (eds), *Frontiers of Phonology: Atoms, Structures, Derivations*, 34–79. Longman (1995), 443 p

Harris, J., Lindsey, G.: Vowel patterns in mind and sound. In: Burton-Roberts, N., Carr, P., Docherty, G. (eds), *Phonological Knowledge: Conceptual and Empirical Issues*, 185–205. Oxford University Press (2000), 362 p

Nasukawa, K.: Word-final consonants: arguments against a coda analysis. *Proceedings of the 58th conference of Tohoku English Literary Society*: 47–53 (2004)

Nasukawa, K.: *A Unified Approach to Nasality and Voicing.* Mouton de Gruyter (2005), 205 p

Nasukawa, K.: No consonant-final stems in Japanese verb morphology. *Lingua*, **120**: 2336–2352 (2010)

Nasukawa, K.: How prosody controls the directionality of voicing assimilation. In: Cyran, E., Kardela, H., Szymanek, B. (eds), *Sound, Structure and Sense: Studies in Memory of Edmund Gussmann*, 447–464. Wydawnictwo KUL (KUL Universtity Press) (2012), 854 p

Nasukawa, K.: Features and recursive structure. *Nordlyd*, **41** (1): 1–19 (2014)

Nasukawa, K.: Why the palatal glide is not a consonantal segment in Japanese: an analysis in a dependency-based model of phonological primes. In: Raimy, E., Cairns, C. (eds), *The Segment in Phonetics and Phonology*, 180–198. Wiley-Blackwell (2015), 358 p

Nasukawa, K., Backley, P.: Affrication as a performance device. *Phonological Studies*, **11**: 35–46 (2008)

Tamaoka, K., Ihara, M., Murata, T., Lim, H.: Effects of first-element phonological-length and etymological-type features on sequential voicing (*rendaku*) of second elements. *Journal of Japanese Linguistics*, **25**: 17–38 (2009)

第 7 章

Bock, J.K.: Syntactic persistence in language production. *Cognitive Psychology*, **18**: 355–387 (1986)

Bock, J.K., Loebell, H.: Framing sentences, *Cognition*, **35**: 1–39 (1990)

Deng, Y., Ono, H., Sakai, H.: How function assignment and word order are determined: evidence from structural priming effects in Japanese sentence production, In: Miyake, N., Peebles, D., Cooper, R.P. (eds), *Proceedings of the 34th Annual Conference of the Cognitive Science Society:* 1488–1493 (2012)

Bock, K., Levelt, W.: Language production: Grammatical encoding. In: Gernsbacher, M.A. (ed), *Handbook of psycholinguistics*, 945–984, San Diego, CA: Academic Press, Inc (1994), 1196 p

Griffin, Z., Bock, K.: What the eyes say about speaking. *Psychological Science*: 274–279 (2000)

McDonald, J., Bock, K., Kelly, M.: Word and world order: semantic, phonological, and metrical determinants of serial position. *Cognitive Psychology*, **25**:

188–230 (1993)

小野加奈子・鄧 螢・小野 創・酒井 弘：文産出に名詞句の有生性と語順の及ぼす影響―視覚世界パラダイムを用いた視線計測による研究, 『電子情報通信学会技術研究報告』, **109** (140): 39–44 (2009)

寺尾 康：言い間違いはどうして起こる？ 岩波書店 (2002), 193 p

第 8 章

Aoshima, S., Yoshida, M., Phillips, C.: Incremental processing of coreference and binding in Japanese. *Syntax*, **12**: 93–134 (2009)

Aoshima, S., Phillips, C., Weinberg, A.: Processing filler-gap dependencies in a head-final language. *Journal of Memory and Language*, **51**, 23–54 (2004)

Chomsky, N.: *Rules and Representations*. Columbia University Press (1980), 307 p

中條和光：日本語単文の理解過程―文理解ストラテジーの相互関係, 『心理学研究』, **54**: 250–256 (1980)

Clifton, C., Frazier, L.: Should given information come before new? Yes and no. *Memory & Cognition*, **32**(6): 886–895 (2004)

Collins, A.M., Loftus, E.F.: A spreading-activation theory of semantic processing. *Psychological Review*, **82**: 407–428 (1975)

Ferreira, V.S., Yoshita, H.: Given-new ordering effects on the production of scrambled sentences in Japanese. *Journal of Psycholinguistic Research*, **32**(6): 669–692 (2003)

Fodor, J.A., Bever, T.G., Garrett, M.F.: *The Psychology of Language*. McGraw-Hill (1974), 555 p

Gibson, E. (1998) Linguistic complexity: locality of syntactic dependencies. *Cognition*, **68**: 1–76 (1998)

Haviland, S.E., Clark, H.H.: What's new? Acquiring new information as a process in comprehension. *Journal of Verbal Learning and Verbal Behavior*, **13**(5): 512–521 (1974)

広瀬友紀：文処理研究と日本語, 『日本語学』, **30**(14): 192–204 (2011)

Imamura, S., Koizumi, M.: A centering analysis of word order in Japanese. *Tohoku Studies in Linguistics*, **20**: 59–74 (2011)

石田 潤：文の読みやすさと文表現形式との関係―語順，統語構造，および代用形使用に関する検討，神戸商科大学経済研究所 (1999)

Kaiser, E., Trueswell, J.C.: The role of discourse context in the processing of a flexible word-order language. *Cognition*, **94**, 113–147 (2004)

Kamide, Y., Altmann, G.T.M., Haywood, S.L.: The time-course of prediction in incremental sentence processing: evidence from anticipatory eye movements. *Journal of Memory and Language*, **49**: 133–156 (2003)

Koizumi, M.: Modal phrase and adjuncts. *Japanese/Korean Linguistics*, **2**, 409–428 (1993)

Koizumi, M., Imamura, S.: Interaction between syntactic structure and information structure in the processing of a head-final language. *Journal of Psycholinguistic Research* (in press)

小泉政利・玉岡賀津雄：文解析実験による日本語副詞類の基本語順の判定，『認知科学』，**13** (3): 392–403 (2006)

久野 暲：談話の文法，大修館書店 (1978), 332 p

Mazuka, R., Ito, K., Kondo, T.: Costs of scrambling in Japanese sentence processing. In: Nakayama, M. (ed), *Sentence processing in East Asian Languages*, 131–166 (2002), 292 p

三原健一：構造から見る日本語文法，開拓社 (2008), 173 p

Miyamoto, E.T., Takahashi, S.: Sources of difficulties in processing scrambling in Japanese. In: Nakayama, M. (ed), *Sentence Processing in East Asian Languages*, 167–188. CSLI. Stanford University (2002), 304 p

Mulders, I.: *Transparent Parsing: Head-Driven Processing of Verb-Final Structures*. Doctoral dissertation, Utrecht: LOT (2002), 201 p

Nakano, Y., Felser, C., Clahsen, H.: Antecedent priming at trace positions in Japanese long-distance scrambling. *Journal of Psycholinguistic Research*, **31**: 531–571 (2002)

Nakayama, M. (ed): *Sentence Processing in East Asian Languages*. CSLI, Stanford University (2002), 304 p

Levelt, W.J.M., Roelofs A., Meyer, A.S.: Multiple perspectives on lexical access. Reply to commentaries. *Behavioral and Brain Sciences*, **22**: 61–72 (1999)

難波えみ・玉岡賀津雄：コーパス検索による副詞の文中における基本生起位置の検討，『国立国語研究所第6回コーパス日本語ワークショップ予稿集』, 165–168 (2014)

Phillips, C., Wagers, M.: Relating Structure and Time in Linguistics and Psycholinguistics. In: Gaskell, G. (ed), *Oxford Handbook of Psycholinguistics*, 739–756. Oxford University Press (2007), 872 p

Prat-Sala, M., Branigan, H.P.: Discourse constraints on syntactic processing in language production: a cross-linguistic study in English and Spanish. *Journal of Memory and Language*, **42**(2): 168–182 (2000)

Pritchett, B.L.: Head position and parsing ambiguity. *Journal of Psycholinguistic Research*, **20**: 251–270 (1991)

Pritchett, B.L.: *Grammatical Competence and Parsing Performance*. University of Chicago Press (1992), 304 p

Stowe, L.: Parsing wh-constructions: evidence for on-line gap location. *Language and Cognitive Processes*, **1**: 227–245 (1986)

Taft, M.: Recognition of affixed words and the word frequency effect. *Memory & Cognition*, **7**: 263–272 (1979)

Tanaka, M.N., Branigan, H.P., McLean, J.F., Pickering, M.J.: Conceptual influences on word order and voice in sentence production: evidence from Japanese. *Journal of Memory and Language*, **65**, 318–330 (2011)

玉岡賀津雄：中国語を母語とする日本語学習者による正順・かき混ぜ語順の能動文と可能文の理解，『日本語文法』, **5**(2): 92–109 (2005)

玉岡賀津雄：メンタルレキシコンと語彙処理―レフェルトのWEAVER++モデル，『レキシコンフォーラム』, **6**: 327–345 (2013)

Tamaoka, K., Sakai, H., Kawahara, J., *et al.*: Priority information used for the processing of Japanese sentences: thematic roles, case particles or grammatical functions? *Journal of Psycholinguistic Research*, **34**: 281–332 (2005)

Tamaoka, K., Asano, M., Miyaoka, Y., Yokosawa, K.: Pre-and post-head processing for single-and double-scrambled sentences of a head-final language as measured by the eye tracking method. *Journal of Psycholinguistic Research*, **43**: 167–185 (2014)

Yamashita, H.: Scrambled sentences in Japanese: linguistic properties and motivations for production. *TEXT-THE HAGUE THEN AMSTERDAM THEN BERLIN-*, **22** (4): 597–634 (2002)

第 9 章

Chomsky, N, Lasnik, H.: The theory of principles and parameters. In: Jacobs, J., von Stechow, A., Sternefeld, W., Vennemann, T (eds), *Syntax: An International Handbook of Contemporary Research*, 506–569. Walter de Gruyter (1993)

Hasegawa, H.: On swiping. *English Linguistics*, **23**: 433–445 (2006)

MacWhinney, B.: *The CHILDES Project: Tools for Analyzing Talk*. Lawrence Erlbaum Associates (2000), 384 p

Murasugi, K.: *Noun Phrases in Japanese and English: A Study in Syntax, Learnability and Acquisition*. Doctoral dissertation, University of Connecticut, Storrs (1991), 280 p

Sano, T.: *Roots in Language Acquisition: A Comparative Study of Japanese and European Languages*. Hituzi Syobo (2002), 155 p

Snyder, W.: On the nature of syntactic variation: evidence from complex predicates and complex word-formation. *Language*, **77**: 324–342 (2001)

Stowell, T.: *Origins of Phrase Structure*. Doctoral dissertation, Massachusetts Institute of Technology (1981), 496 p

Sugisaki, K.: LF *wh*-movement and its locality constraints in child Japanese. *Language Acquisition*, **19**: 174–181 (2012)

Sugisaki, K., Isobe, M.: Resultatives result from the compounding parameter: on the acquisitional correlation between resultatives and N-N compounds in Japanese. In: Billerey, R., Lillehaugen, B.D. (eds), *Proceedings of the 19th*

West Coast Conference on Formal Linguistics, 493–506. Cascadilla Press (2000)

Sugisaki, K., Snyder, W.: Preposition stranding and the compounding parameter: a developmental perspective. In: Skarabela, B., Fish, S., Do, Anna H.-J. (eds), *Proceedings of the 26th annual Boston University Conference on Language Development*, 677–688. Cascadilla Press (2002)

第 10 章

Akmajian, A.: Sentence types and the form-function fit. *Natural Language and Linguistic Theory*, **2**: 1–23 (1984)

Bialystok, E., Craik, F.I.M., Luk, G.: Bilingualism: consequence for mind and brain. *Trends in Cognitive Science*, **16** (4): 240–250 (2012)

DeKeyser, M.R.: The robustness of critical period effects in second language acquisition. *Studies in Second Language Acquisition*, **22**: 499–533 (2000)

Inagaki, S.: Motion verbs with goal PPs in the L2 acquisition of English and Japanese. *Studies in Second Language Acquisition*, **23**: 153–170 (2001)

Lardiere, D.: Case and tense in the "fossilized" state. *Second Language Research*, **14**: 1–28 (1998)

Thierry, G., Wu, Y.J.: Brain potentials reveal unconscious translation during foreign-language comprehension. *Proceeding of National Academy of Sciences*, **104**: 12530–12535 (2007)

Vaughan-Evans, A., Kuipers, J.R., Thierry, G., Jones, M.W.: Anomalous transfer of syntax between languages. *The Journal of Neuroscience*, **34** (24): 8333–8335 (2014)

White, L.: The adjacency condition on case assignment: do L2 learners observe the Subset Principle? In: Gass, S., Schachter, J. (eds), *Linguistic Perspectives on Second Language Acquisition*, 134–158. Cambridge University Press (1989), 304 p

White, L., Spada, N., Lightbown, P.M., Ranta, L.: Input enhancement and L2 question formation. *Applied Linguistics*, **12** (4): 416–432 (1991)

White, L.: *Second Language Acquisition and Universal Grammar*. Cambridge University Press (2003), 331 p

Yuan, B.: The status of thematic verbs in the second language acquisition of Chinese. *Second Language Research*, **17**: 248–272 (2001)

Yusa, N., Koizumi, M., Kim, J., *et al*.: Second-language instinct and instruction effects: nature and nurture in second-language acquisition. *Journal of Cognitive Neuroscience*, **23** (10): 2716–2730 (2011)

遊佐典昭：ナル動詞と英語教育，『最新言語理論を英語教育に活用する』，藤田耕司 他編，336–347．開拓社 (2012), 485 p

第11章

Friederici, A.D.: The brain basis of language processing: from structure to function. *Physiological reviews*, **91**(4): 1357–1392 (2011)

Friederici, A.D., von Cramon, D.Y., Kotz, S.A.: Role of the corpus callosum in speech comprehension: interfacing syntax and prosody. *Neuron*, **53**(1): 135–145 (2007)

Hagiwara, H., Caplan, D.: Syntactic comprehension in Japanese aphasics: effects of category and thematic role order. *Brain and Language*, **38**: 159–170 (1990)

Hagiwara, H.: The breakdown of Japanese passives and theta-role assignment principle by Broca's aphasics. *Brain and Language*, **45**: 318–339 (1993)

Hagiwara, H., Soshi, T., Ishihara, M., Imanaka, K.: A topographical study on the event-related potential correlates of scrambled word order in Japanese complex sentences. *Journal of Cognitive Neuroscience*, **19**(2): 175–193 (2007)

Herrmann, B., Maess, B., Hahne, A., *et al*.: Syntactic and auditory spatial processing in the human temporal cortex: an MEG study. *Neuroimage*, **57** (2): 624–633 (2011)

Hirotani, M., Makuuchi, M., Rüschemeyer, S.A., Friederici, A.D.: Who was the agent? The neural correlates of reanalysis processes during sentence comprehension. *Human brain mapping*, **32**(11): 1775–1787 (2011)

Inui, T., Otsu, Y., Tanaka, S., *et al*.: A functional MRI analysis of comprehension processes of Japanese sentences. *NeuroReport*, **9**(14): 3325–3328 (1998)

Kiefer, M., Pulvermuller, F.: Conceptual representations in mind and brain: theoretical developments, current evidence and future directions. *Cortex*, **48**(7): 805–825 (2012)

Kim, J., Koizumi, M., Ikuta, N., et al.: Scrambling effects on the processing of Japanese sentences: an fMRI study. *Journal of Neurolinguistics*, **22**(2): 151–166 (2009)

Koizumi, M., Kim, J., Kimura, N., et al.: Left inferior frontal activations differentially modulated by scrambling in ditransitive sentences. *The Open Medical Imaging Journal*, **6**: 70–79 (2012)

Lau, E.F., Phillips, C., Poeppel, D.: A cortical network for semantics:(de) constructing the N400. *Nature Reviews Neuroscience*, **9**(12): 920–933 (2008)

Makuuchi, M., Bahlmann, J., Anwander, A., Friederici, A.D.: Segregating the core computational faculty of human language from working memory. *Proceedings of the National Academy of Sciences*, **106**(20): 8362–8367 (2009)

Meyer, M., Alter, K., Friederici, A.D., et al.: FMRI reveals brain regions mediating slow prosodic modulations in spoken sentences. *Human Brain Mapping*, **17**(2): 73–88 (2002)

入戸野宏：心理学のための事象関連電位ガイドブック，北大路書房 (2005), 190 p

Patterson, K., Nestor, P.J., Rogers, T.T.: Where do you know what you know? The representation of semantic knowledge in the human brain. *Nature Reviews Neuroscience*, **8**(12): 976–987 (2007)

Picton, T.W., Bentin, S., Berg, P., et al.: Guidelines for using human event-related potentials to study cognition: recording standards and publication criteria. *Psychophysiology*, **37**(02): 127–152 (2000)

Sammler, D., Kotz, S.A., Eckstein, K., et al.: Prosody meets syntax: the role of the corpus callosum. *Brain*, **133**(9): 2643–2655 (2010)

Sugiura, L., Ojima, S., Matsuba-Kurita, H., et al.: Sound to language: different cortical processing for first and second languages in elementary school children as revealed by a large-scale study using fNIRS. *Cerebral Cortex*, **21**(10):

2374–2393 (2011)

Thompson, C.K., Bonakdarpour, B., Fix, S.C., *et al.*: Neural correlates of verb argument structure processing. *Journal of Cognitive Neuroscience*, **19**(11): 1753–1767 (2007)

第 12 章

飛田良文・浅田秀子：現代副詞用法辞典, 東京堂出版 (1994), 640 p

山崎 誠 編：書き言葉コーパス 設計と構築, 朝倉書店 (2014), 149 p

第 13〜17 章

竹原卓真：SPSS のススメ〈1〉2 要因の分散分析をすべてカバー, 北大路書房 (2007), 302 p

原田 章・松田幸弘：統計解析の心構えと実践―SPSS による統計解析, ナカニシヤ出版 (2013), 295 p

森 敏昭・吉田寿夫：心理学のためのデータ解析テクニカルブック, 北大路書房 (1990), 349 p

索　引

■欧文

c 統御　51
inverse スコープ　51
KWIC コンコーダンス　199
NIRS　189
scalar implicature　62
some　64
surface スコープ　51
truth condition　43
Tukey（テューキー）法　244
t 検定　170, 190, 220
UG に対する原理とパラメータのアプローチ　150
Verb-Particle 構文　157
WEAVER++　131

■あ

曖昧性　50, 136
青空文庫　199
アクセント核　92
アノテーション　198
アントニム　41

言い間違い　115
イェーツの補正　295
異音　86
異化　97
異形態　5
依存関係　134

一元配置の分散分析　137, 238
一値的（欠如的）特性　88
1 要因の分散分析　238
一様性の検定　134
移動動詞　171
移動様態動詞　171
意味　179
意味関係　40
意味の強化　64
意味プライミング　180
韻　93
韻脚　94
インプリカチャー　39
韻律　94
韻律的強位置　95
韻律的弱位置　95
韻律特性　95

エレメント　88
円唇母音　80
エンテールメント　47, 61

音韻　130, 184
音韻的最小単位　88
音韻的表象　131
音韻論　74, 83
音響音声学　75
音響パターン　89
音声　74
音声学　74

音声記号　84
音声的類似　87
音節　93
音節構造　93, 94
音素　86

■か

開音節　93, 99
絵画描写課題　140
回帰分析　191
下位検定　251
下位語　40
外国語としての英語　167
階層構造　132
カイ2乗検定　133, 156, 280
カイ2乗適合度検定　103
カイ2乗独立性検定　104, 106
概念　130
概念接近可能性　139
概念的表象　131
外来語　98
かき混ぜ語順　134, 136, 138, 139
かき混ぜ文　137, 140, 143, 183, 186
核　93
拡散的活性化　130
下接の条件　29
片側検定　215
間隔尺度　217
眼球の動き　135
漢語　98
冠詞　8
観測度数　280
関連性　61

偽　39
棄却域　214
危険率　213

記述統計　210
期待度数　280
機能語　6–9
機能的磁気共鳴画像法　168, 177
基本語順　138, 139
基本語順文　137, 143
帰無仮説　103, 212
旧情報　140, 141
旧情報前置の原則　140
強化　62
共起関係　199
共起頻度　133
凝視　124
協調の原理　58
狭母音　79
共鳴音　77, 78
局所効果　133
局所性　17
局所性理論　16
均衡コーパス　196
近赤外分光法　177

句　95, 132
空核　94
空所補充解析　134
句構造規則違反文　184
唇の形　79
屈折　10, 11, 20
グライス　39, 58
繰り返しのある分散分析　237
繰り返しのない分散分析　237

繋辞　7
繋辞文　141
形態音韻論　5
形態素　4, 94
形態論　4
結果構文　154

索　引　331

結果の副詞　133
限界性　30
限界値　215
言語獲得装置　149
言語獲得における論理的問題　149
言語機能　75, 165
言語形式重視の指導法　174
現代日本語書き言葉均衡コーパス　200
原理　150

語　95
語彙範疇　132
語彙標示過程　117
語彙頻度効果　130
項　15, 16
高位母音　79
構音位置　77
構音（調音）音声学　75
構音方法　77, 78
項構造　135
交互作用　142, 265, 270
合成性　45
構成素　88
後舌母音　80
構造依存性の原理　171
拘束形態素　5
後置詞　8
広母音　79
項目内分析　19
項目分析　138
公理　61
語幹　10
語義失語　179
国際音声学協会　76
国際音声記号　76
語根　9
語順　133, 139, 140
コーパス　195

コーパスの設計　196
語用論的意味　64
コンコーダンサー　199
コンコーダンス　199
コンテクスト（状況）　60

■さ ─────────────

再解釈　136
最小対語　87
採択域　215
3要因　187
3要因混合　191
3要因の分散分析　192

子音　76, 93
使役　11–14
使役文　183
閾値　130
刺激の貧困　149, 165
事後検定　251
自己ペース読文実験　17
事象関連電位　186
視線計測　123
視線停留時間　135–138
自然類　88
持続性前方陰性成分　189
質　61
実験統語論　145
失語　179
質的変数　217
質の公理　61
失文法失語　182
シノニミー　40
島の制約　28
借用語（外来語）　96
自由形態素　5
従属変数　216, 238

自由度　213
主効果　265
主語・助動詞倒置　27
受動的構音器官　78
受動文　139, 183
主要部　132, 135
順序尺度　217
上位語　40
焦点　141
少納言　200
情報構造　140–143
書字　130
書字的表象　131
助動詞　9, 15, 17
処理時間　134
処理負荷　139, 143
真　39
新情報　140, 141
心内辞書　4, 75, 116, 120, 130
真理条件　42
真理値　42
真理値判断課題　45

水準　239
推測統計　210
数量詞　51
数量詞遊離　29
スクランブル効果　134, 135
スケーラー・インプリカチャー　58
スケール　64
スコープ　51
素性　88, 89

正規表現　197
正規分布　133, 213
正順語順　134
正順語順方略　135
静的分布　88, 96

節　132
接近音　78
接辞　9
接続詞　9
舌頂性　98
接頭辞　10
接尾辞　10
舌面の高低位置　79
舌面の最高部の前後位置　79
線形混合効果モデル　31
宣言的知識　167
全称量化詞　52
前舌母音　80
漸増的処理　135
前置詞　8
前置詞残留　157

相関分析　191
相補的分布　87
相補分布　87
阻害音　77, 78, 99
阻害性　99
促音　94
属性　88
存在量化詞　52

■ た

第 1 次基本母音　81
第 1 種の誤り　103, 213
対応のある場合の t 検定　220
対応のない場合の t 検定　220
対格目的語　136
第二言語としての英語　167
第 2 次基本母音　81
第 2 種の誤り　213
代表性　196
タイプ II のエラー　188

タイプⅠのエラー　188
太陽コーパス　199
対立　74
対立仮説　212
対立的分布　86
ターゲット　18
多重検定　14
多重比較　105, 138, 251
他動詞文　141
多変量分散分析　188
ダミー文　137
弾音　78
段階的反義語　41
単純対比　105, 138
談話文法　143
談話法規則違反のペナルティー　143

中位母音　79
中央埋め込み文　183
中間言語　163
中舌母音　80
中納言　200
中立化　98
聴覚音声学　75
超皮質性感覚失語　179
超分節構造　94
超分節特性　91
直音　96, 97

低位母音　79
適合性の検定　134
適合度（一様性）の検定　281
テクル・テイク　15
データ　217
手続き的知識　167
テューキーの HSD 検定　138

転移　164

同一性回避　97, 100
同義語　40
統計的検定　210
統計的推定　210
統語　182
統語的曖昧性　26
統語解析　133
統語構造　139, 141–143
統語的表象　131
統語的プライミング　119
統語的飽和　32, 34
動詞　135
頭子音　93
動詞駆動型処理　135
動詞句副詞　133
動的構音器官　78
動的交替　96, 98
特殊モーラ　92
独立したサンプルの t 検定　220
独立性の検定　133, 281
独立変数　216, 238
度数　280

■な

内容語　6, 7, 9
並べ替え　199

二元配置の分散分析　238, 260
二項検定　159
二項対立反義語　41
二重目的語文　136
二値的（等価的）特性　88
日本語話し言葉コーパス　199
2 要因　187

2 要因の分散分析　142, 238

脳回　178
脳溝　178
脳磁図　177
能動文　139
脳内言語　163
脳波・事象関連電位　177
ノンパラメトリック検定　217
ノンパラメトリック・データ　103

■は

排反関係　42
背理法　212
破擦音　78
派生　10, 11, 20
撥音　94
発声器官　75
発声タイプ　77
発話　75
発話者の意図する意味　59
発話と凝視の対応　125
パラメータ　150
パラメトリック検定　217
破裂音（閉鎖音）　78
反義語　41
反復測定　187
反復測定による分散分析　238
反復測定の二元配置分散分析　173
反復のある一元配置の分散分析　105
反復のある分散分析　138

非円唇母音　80
鼻音　78
被験者間計画　260
被験者間の分散分析　237
被験者間分析　220

被験者間要因　191
被験者内の分散分析　237, 271
被験者内分析　19, 221
被験者内要因　187
被験者分析　137
尾子音　93
非対格動詞　29, 166
左下前頭回　171
必異原理　97, 100
ピッチ　91
ピッチ・アクセント核　91
否定倒置　168
非能格動詞　29, 166
ひまわり　200
標準得点　31
標準偏差　214
表象群　130
表面上のスコープ　51
比率尺度　217
品詞　7
頻度　130
頻度データ　133

フィッシャーの直接確率検定　49, 50, 156, 295
フィラー　18
フィラー文　137
複合語　6, 99, 101
複合語形成過程　98
複合語標識　99
複雑述語　6, 16, 17
副詞　133
符号検定　35
普遍文法　149
プライミング　119, 130
プライミング効果　21
プライミング法　21
ブラウンコーパス　197

プラトンの問題　149
ブローカ失語　182
ブローカ野　171
プロソディ　184
文完成課題　13
文産出実験　140
文産出のモデル　116
分散分析 (ANOVA)　14, 19, 52, 105, 108, 121, 124, 137, 142, 173, 187, 237
分節音　84
分節特性（音韻素性）　91, 95
文法関係　139
文法標示過程　117
文脈　139–141

閉音節　93
平均　214
併合　184
平唇母音　80
変数　216

母音　76, 93
方向動作動詞　171
ホーン・スケール　63
ボンフェローニ法　103, 106, 188, 252, 289

■ま

埋語　134
摩擦音　78

無声音　77
無声阻害音（清音）　98
無標　143

名義尺度　217
名詞複合　154

メタ規則　143

モークリーの球面性検定　255
文字どおりの意味　39, 59
モーラ　91, 101, 105
モーラ性　92

■や

有意差　213
有意水準　213
有声音　77
有声性　85
有声阻害音（濁音）　98–100
有標　143

葉　178
要因　238
拗音　94, 96, 97
様態　61
様態の副詞　133
与格目的語　136
予測処理　135, 136
読み戻り　136

■ら

ライマンの法則　100
ラテン方格法　18, 137

粒子　88
量　61
両側検定　215
量的変数　217
臨界期仮説　167

レジスター　200
連語関係　199
連接文　141

連濁　98, 100
レンマ　116, 130, 131

論理的意味　64

■わ

和語　98, 101, 102, 104

[著者紹介]

編著者

小泉　政利（こいずみ　まさとし）
担当章　第 8 章
1995 年　マサチューセッツ工科大学 言語哲学科博士課程修了
現　在　東北大学大学院文学研究科 教授，Ph.D.（言語学）
専　門　言語学，特に言語認知脳科学（言語と思考を司る脳の構造と機能の研究）
主　著　「文の構造」（共著）研究社 (2001)
　　　　Phrase Structure in Minimalist Syntax. Hitsuzi Syobo (1999)

執筆者

中谷　健太郎（なかたに　けんたろう）
担当章　第 1 章
2004 年　ハーバード大学 言語学科博士課程修了
現　在　甲南大学文学部英語英米文学科 教授，Ph.D.（言語学）
専　門　意味論，心理言語学
主　著　*Predicate Concatenation: A Study of the V-te V Predicate in Japanese.* Kurosio (2013)

小野　創（おの　はじめ）
担当章　第 2 章
2006 年　メリーランド大学 言語学科博士課程修了
現　在　津田塾大学学芸学部英文学科 准教授，Ph.D.（言語学）
専　門　心理言語学，理論言語学
主　著　「言語の設計・発達・進化」（分担執筆）開拓社 (2014)

八代　和子（やつしろ　かずこ）
担当章　第 3・4 章
1999 年　コネチカット大学 言語学部博士課程修了
現　在　ドイツ ZAS 言語研究所 研究員，Ph.D.（言語学）
専　門　統語論，意味論，語用論の言語習得
主　著　*Semantics and Pragmatics: From Experiment to Theory.*（共編）Palgrave Macmillan (2009)

Uli Sauerland
担当章　第 3・4 章
1998 年　マサチューセッツ工科大学 言語哲学科修了
現　在　ドイツ ZAS 言語研究所 研究員・プロジェクトチームリーダー，Ph.D.（言語学）
専　門　意味論，語用論
主　著　*Presupposition and Implicature in Compositional Semantics.*（共編）Palgrave MacMillan (2007)

那須川　訓也（なすかわ　くにや）
担当章　第 5・6 章
2000 年　ロンドン大学 ユニバーシティ・コレッジ・ロンドン 大学院音声学・言語学研究科
　　　　博士課程修了
現　　在　東北学院大学文学部英文学科 教授，Ph.D.（言語学）
専　　門　言語学，特に音韻論
主　　著　*Identity Relations in Grammar.* Mouton de Gruyter (2014)
　　　　The Bloomsbury Companion to Phonology. Bloomsbury (2013)
　　　　A Unified Approach to Nasality and Voicing. Mouton de Gruyter (2005)

酒井　弘（さかい　ひろむ）
担当章　第 7 章
1996 年　カリフォルニア大学アーヴァイン校 大学院社会科学研究科修了
現　　在　早稲田大学理工学術院 教授，Ph.D.（社会科学）
専　　門　認知神経科学（言語，推論，思考）
主　　著　*Handbook of Japanese Psycholinguistics.*（分担執筆）Mouton De Gruyter (2015)

玉岡　賀津雄（たまおか　かつお）
担当章　第 8 章
1990 年　カナダ，サスカチュワン大学 大学院博士後期修了
現　　在　名古屋大学大学院国際言語文化研究科 教授，Ph.D.（心理学）
専　　門　心理言語学
主　　著　*Handbook of Japanese Psycholinguistics.*（分担執筆）Mouton De Gruyter (2015)

杉崎　鉱司（すぎさき　こうじ）
担当章　第 9 章
2003 年　コネチカット大学 大学院言語学科博士課程修了
現　　在　関西学院大学文学部 教授，Ph.D.（言語学）
専　　門　言語心理学
主　　著　「はじめての言語獲得—普遍文法に基づくアプローチ」岩波書店 (2015)

遊佐　典昭（ゆさ　のりあき）
担当章　第 10 章
1982 年　東北大学大学院文学研究科博士前期課程修了
現　　在　宮城学院女子大学学芸学部英文学科 教授
専　　門　言語の認知科学
主　　著　*Advances in Biolinguistics: The Human LanguageFaculty and Its Biological Basis.*
　　　　（共著）Routledge (2016)
　　　　「言語の設計・発達・進化」（共編）開拓社 (2014)
　　　　「シリーズ朝倉〈言語の可能性〉9 言語と哲学・心理学」朝倉書店 (2010)

萩原　裕子（はぎわら　ひろこ）
担当章　第 11 章
首都大学東京大学院人文科学研究科 教授，Ph.D.（言語学）
1987 年　マギル大学大学院博士課程修了
2015 年　病没
専　　門　言語脳科学，言語学，心理言語学

秦　政寛（はた　まさひろ）
担当章　第 11 章
2012 年　首都大学東京大学院人文科学研究科博士後期課程修了
現　在　首都大学東京大学院人文科学研究科 特任研究員，Ph.D.（言語学）
専　門　言語学，認知神経科学

後藤　斉（ごとう　ひとし）
担当章　第 12 章
1983 年　東北大学大学院文学研究科博士後期課程退学
現　在　東北大学大学院文学研究科 教授
専　門　言語学，ロマンス語学，コーパス言語学，エスペラント学
主　著　「単語力から総合的な語学力へ——エスペラント応用語彙論」日本エスペラント協会 (2015)
　　　　「人物でたどるエスペラント文化史」日本エスペラント協会 (2015)
　　　　「日本エスペラント運動人名事典」（共編）ひつじ書房 (2013)

金　情浩（きむ　じょんほ）
担当章　第 13〜17 章
2006 年　東北大学大学院文学研究科博士後期課程修了
現　在　京都女子大学文学部 准教授，博士（文学）
専　門　言語の脳科学，心理言語学，日韓対照言語学
主　著　「言語・脳・認知の科学と外国語習得」（分担執筆）ひつじ書房 (2009)

クロスセクショナル統計シリーズ 4	編著者　小泉政利　ⓒ 2016
ここから始める 言語学プラス統計分析	発行者　南條光章
Series on Cross-disciplinary Statistics: Vol.4 Linguistics and Statistical Analysis for Beginners	発行所　**共立出版株式会社** 〒112–0006 東京都文京区小日向4丁目6番19号 電話（03）3947–2511（代表） 振替口座　00110–2–57035 URL http://www.kyoritsu-pub.co.jp/
2016 年 4 月 30 日　初版 1 刷発行 2025 年 2 月 15 日　初版 3 刷発行	印　刷 製　本　藤原印刷
検印廃止 NDC 801.019, 801.04, 417 ISBN 978–4–320–11120–2	一般社団法人 　自然科学書協会 　会員 Printed in Japan

---

JCOPY ＜出版者著作権管理機構委託出版物＞

本書の無断複製は著作権法上での例外を除き禁じられています．複製される場合は，そのつど事前に，
出版者著作権管理機構（TEL：03–3513–6969，FAX：03–3513–6979，e-mail：info@jcopy.or.jp）の
許諾を得てください．

クロスセクショナル統計シリーズ

照井伸彦・小谷元子・赤間陽二・花輪公雄 [編]

文系から理系まで最新の統計分析を「クロスセクショナル」に紹介！
統計学の基礎から最先端の理論・適用例まで幅広くカバーしながら，その分野固有の事例について丁寧に解説する。【各巻・A5判・並製・税込価格】

❶ 数理統計学の基礎
尾畑伸明 著
目次：記述統計／初等確率論／確率変数と確率分布／確率変数列／基本的な確率分布／他
定価2750円・ISBN978-4-320-11118-9

❷ 政治の統計分析
河村和徳 著
目次：統計分析を行う前の準備／世論調査／記述統計とグラフ表現／他
定価2750円・ISBN978-4-320-11119-6

❸ ゲノム医学のための遺伝統計学
田宮 元・植木優夫・小森 理 著
目次：ヒトゲノムを形作った諸力／他
定価3300円・ISBN978-4-320-11117-2

❹ ここから始める言語学プラス統計分析
小泉政利 編著
目次：言語知識の内容を探る／他
定価4290円・ISBN978-4-320-11120-2

❺ 行動科学の統計学
　社会調査のデータ分析
永吉希久子 著
目次：記述統計量／母集団と標本／他
定価4290円・ISBN978-4-320-11121-9

❻ 保険と金融の数理
室井芳史 著
目次：保険数学で用いられる確率分布／マルコフ連鎖／保険料算出原理／他
定価3300円・ISBN978-4-320-11122-6

❼ 天体画像の誤差と統計解析
市川 隆・田中幹人 著
目次：統計と誤差の基本／確率変数と確率分布／推定と検定／パラメータの最尤推定／他
定価3300円・ISBN978-4-320-11124-0

❽ 画像処理の統計モデリング
　確率的グラフィカルモデルと
　スパースモデリングからのアプローチ
片岡 駿・大関真之・安田宗樹・田中和之 著
目次：統計的機械学習の基礎／他
定価3520円・ISBN978-4-320-11123-3

❾ こころを科学する
　心理学と統計学のコラボレーション
大渕憲一 編著
目次：自由意志はどこまで自由か／他
定価3630円・ISBN978-4-320-11125-7

❿ データ同化流体科学
　流動現象のデジタルツイン
大林 茂・三坂孝志・加藤博司・菊地亮太 著
目次：流体工学とデータ同化／他
定価3630円・ISBN978-4-320-11126-4

⓫ 心理学・社会学のためのデータ分析入門
　SPSSマスターガイド
塩谷芳也・上原俊介・大渕憲一 著
目次：統計分析の基礎／統計的検定／他
定価3960円・ISBN978-4-320-11127-1

（価格は変更される場合がございます）

共立出版